北京市教育委员会共建项目专项资助
全国普通高等院校计算机专业精品规划教材

网络概论

陈　明　张永斌　编著

北京理工大学出版社
BEIJING INSTITUTE OF TECHNOLOGY PRESS

内 容 简 介

本书基于 ISO/OSI 参考模型的层次结构，自底向上介绍了计算机网络，并以 TCP/IP 协议为背景详细讨论了各种网络协议及其应用。主要内容包括网络基础、数据通信、网络组成元素、局域网络、广域网络、无线网络、IP 基础、ARP 与 ICMP、互联网、网络安全、网络管理、网络规划、物联网和云计算等。

本书内容系统而全面，逻辑层次清晰，图文并茂，深入浅出，可作为大学计算机网络及相关课程的教材，也可作为计算机网络工程技术人员的参考书。

图书在版编目（CIP）数据

网络概论 / 陈明，张永斌编著. —北京：北京理工大学出版社，2014.3
ISBN 978-7-5640-7976-5

Ⅰ．①网… Ⅱ．①陈… ②张… Ⅲ．①计算机网络—概论 Ⅳ．①TP393

中国版本图书馆 CIP 数据核字（2013）第 172581 号

出版发行 /	北京理工大学出版社有限责任公司
社　　址 /	北京市海淀区中关村南大街 5 号
邮　　编 /	100081
电　　话 /	（010）68914775（总编室）
	82562903（教材售后服务热线）
	68948351（其他图书服务热线）
网　　址 /	http://www.bitpress.com.cn
经　　销 /	全国各地新华书店
印　　刷 /	北京泽宇印刷有限公司
开　　本 /	787 毫米×1092 毫米　1/16

印　　张 / 20.5		责任编辑 / 申玉琴
字　　数 / 474 千字		文案编辑 / 申玉琴
版　　次 / 2014 年 3 月第 1 版　2014 年 3 月第 1 次印刷		责任校对 / 周瑞红
定　　价 / 41.00 元		责任印制 / 马振武

前　言

计算机科学与技术的产生与发展是 20 世纪科学发展史上最伟大的事件之一，计算机网络技术的出现是计算机应用的又一里程碑，对人类政治、经济和文化将产生深远的影响。十余年前，Sun 公司提出了网络就是计算机的著名理念，在此之后，计算机网络得到了飞速的发展，走过了从局域网、广域网到 Internet 的普及道路。今天，随着云计算和物联网的兴起，网络已经不仅是连接不同计算机的桥梁，更应成为扩展计算能力、提供公共计算服务的平台。

网络是与计算机密切结合的产物，也是计算机科学与技术应用中非常活跃的研究领域。尤其在最近十余年发展迅速，Internet 的出现与发展，改变了人们的学习、生活和工作方式，并对人类社会产生巨大影响。

本书分为 14 章，第 1 章主要介绍计算机网络的基础；第 2 章主要介绍数据通信等；第 3 章主要介绍网络组成元素等；第 4 章主要介绍局域网络等；第 5 章主要介绍广域网络等；第 6 章介绍无线网等；第 7 章介绍 IP 基础等；第 8 章主要介绍 ARP 与 ICMP 等；第 9 章主要介绍互联网等；第 10 章主要介绍网络安全等；第 11 章主要介绍网络管理等；第 12 章主要介绍网络规划等；第 13 章主要介绍物联网等；第 14 章主要介绍云计算。陈明编写了第 1 章～第 12 章、第 14 章，张永斌编写了第 13 章。

通过本课程的学习，学生能够系统地理解计算机网络的基本原理和基础知识，了解计算机网络构建中可能遇到的主要问题，以及解决问题的基本方法，为后续课程的学习及实际应用打下坚实的基础。

由于作者水平有限，书中不足之处在所难免，敬请读者批评指正。

陈明

CONTENTS 目录

第1章

网络基础

本章主要内容

- 网络基本概念与性能指标
- 网络类型
- 对等式网络与主从式网络
- 网络操作系统
- OSI 参考模型
- TCP/IP 参考模型

19 世纪 30 年代人类发明了电报，70 年代发明了电话，而计算机是 20 世纪中叶的重要发明。计算机网络是计算机技术和通信技术相结合的产物。最初，将 1 台计算机通过通信线路与多个终端互联组成多用户分时系统称为计算机网络。经过多年的飞速发展，早期的计算机网络概念与现代计算机网络的概念已有很大差别。

随着半导体技术（主要包括大规模集成电路 LSI 和超大规模集成电路 VLSI 技术）的发展，计算机网络迅速地应用到计算机和通信两个领域。一方面，通信网络为计算机之间数据的传输和交换提供了必要的手段；另一方面，数字信号技术的发展已渗透到通信技术中，推动了通信网络的各项性能的提高。

本章首先介绍了计算机网络的定义，接着介绍了网络的类型、网络操作系统与性能指标，最后介绍了 OSI 参考模型与 TCP/IP 参考模型。

1.1 计算机网络的产生和发展

计算机网络的发展可分为 4 个阶段，即初始阶段、Internet 推广阶段、Internet 普及阶段和 Internet 发展阶段。

1. 初始阶段

1964 年 8 月，美国兰德公司提出题为"论分布式通信"的研究报告。这篇报告使得美国军方一些高层人士对通信系统有了新的设想："建立一个类似于蜘蛛网的网络系统。在现代战争中，如果通信网络的某一个交换结点被破坏，则系统能够自动寻找另外的路径，从而保证通信畅通并可共享计算机中的信息资源。1968 年，加州大学洛杉矶分校的贝拉涅克领导的研究小组开始研究这个项目。1969 年 8 月，该小组成功推出了由 4 个交换结点组成的分组交换式计算机网络系统 ARPANET，这样就出现了计算机网络的雏形。

计算机网络技术的发展与计算机操作系统的发展有着相当密切的关系。AT&T 于 1969 年成功开发了多任务分时操作系统 UNIX，最初的 ARPANET 的 4 个结点处理机 IMP 都采用了装有 UNIX 操作系统的 PDP-11 小型机。基于 UNIX 操作系统的开放性，以及 ARPANET 的出现所带来的曙光鼓舞，许多学术机构和科研部门纷纷加入该网络，致使 ARPANET 在短时期内就得到了较大的发展。

1972 年，美国施乐公司（Xerox）开发成功了著名的以太网（Ethernet），通过这项技术，可以将 500 m 范围内的计算机通过电缆与网卡连接起来，以每秒 10 Mb 速度传输通信数据。

1972 年，ARPANET 成功传输了世界上第一封电子邮件。1973 年，ARPANET 与卫星通信系统 SAT 网络连接。1974 年，赛尔夫和卡恩共同设计开发成功了著名的 TCP/IP 通信协议，并把它插入了 UNIX 系统内核中，为各种类型的计算机通信子网的互相连接提供了标准与接口。

ARPANET 最初出现时并没有得到工业界的认可。从 20 世纪 70 年代初期开始，各计算机公司纷纷加大在计算机网络方面的研究与开发力度，提出自己的网络体系结构，其中的典型代表为 IBM 公司的 SNA 网络，DEC 公司的 DNA 网络等，但是不同体系结构中的计算机网络无法互相连接和通信。为了解决这个问题，国际标准化组织 ISO 在 70 年代末期成立了开放系统互联（Open System Interconnection，OSI）委员会，提出了 OSI（开放系统互联）参考模型，以使各种计算机厂商能够遵循该模型来开发相应的网络产品，从而便于不同厂商的计算机网络软、硬件产品能够互相连接和互相通信与操作。

OSI 参考模型对于推动计算机网络理论与技术的研究和发展起了巨大的作用。但是，因为 OSI 参考模型所规定的网络体系结构在实现上的复杂性，以及 ARPANET 与 UNIX 系统的迅速发展，TCP/IP 协议逐渐得到了工业界、学术界以及政府机构的认可，从而得到了迅速发展，以致形成了当今广泛应用的 Internet 网络。

2. Internet 推广阶段

ARPANET 于 1986 年被正式分成两大部分：美国国家基金会资助的 NSFNET 和军方独立的国防数据网。在美国国家基金会的支持之下，许多地区和院校的网络开始使用 TCP/IP 协议来和 NSFNET 连接。使用 TCP/IP 协议连接的各个网络被正式改名称为 Internet。1986 年，美国 Cisco 公司成功开发出了世界上首台多协议路由器，为 Internet 网络产品的开发和发展提供了产业基础。

日内瓦欧洲粒子物理实验室于 1989 年开发成功了万维网（World Wide Web，WWW），为在 Internet 上存储、发布和交换超文本的图文信息提供了强有力的工具。

1986—1989 年，这一时期的 Internet 处于推广阶段，Internet 的用户主要集中在大学和有关研究机构，学术界认为 Internet 与 TCP/IP 协议将向 OSI 参考模型转换。OSI 参考模型无论是在学术界还是在工业界和政府部门都具有相当大的影响力。

3. Internet 普及阶段

1990 年开始，FTP、电子邮件、消息组等 Internet 应用越来越广泛，TCP/IP 协议在 UNIX 系统中的实现进一步推动了这一发展。1993 年，美国伊利诺伊大学国家超级计算中心开发成功了网上浏览工具 Mosaic，后来发展成 Netscape。通过使用 Mosaic 或 Netscape，Internet 用户可以自由地在 Internet 上浏览和下载 WWW 服务器上发布和存储的各种软件与文件，WWW 与 Netscape 的结合引发了 Internet 的第二次大发展高潮。各种商业机构、企业、机关团体、军事部门、政府部门和个人开始大量进入 Internet，并在 Internet 上大量发布 Web 主页广告，进行网上商业活动，一个网络上的虚拟空间开始形成。

随着 Internet 规模的日益扩大，不同地域和国家之间开始建立相应的交换中心。Internet 的管理中心开始把相应的 IP 地址分配权向各地区交换中心转移。

4. Internet 发展阶段

从 1993 年开始，OSI 参考模型已不是计算机网络发展的主流，从学术界、工业界、政府部门到广大用户，都看出了 Internet 的重要性和巨大潜力，纷纷开始支持和使用 Internet。以 Internet 为代表的计算机网络进入了迅速发展阶段。

1993 年，美国宣布正式实施国家信息基础设施计划。美国国家科学基金会也宣布，自 1995 年开始不再向 Internet 注入资金，以使其完全进入商业化运作。

光纤通信技术的发展极大地促进了计算机网络技术的勃兴。光纤作为一种高速率、高带宽、高可靠的传输介质，为建立高速的网络奠定了基础。网络带宽的不断提高，更加刺激了网络应用的多样化和复杂化，网络应用正迅速朝着宽带化、实时化、智能化、集成化和多媒体化的方向发展。

目前，计算机科学技术进入了以网络为中心的新的历史阶段。1996 年出现了跨平台的网络语言 JAVA 语言和网络计算机概念，1997 年提出了 Internet NGI（Next Generation Internet）和 Internet II 等新研究计划。现在，网格计算、对等计算、普适计算、云计算和大数据技术问题已成为计算机科学技术研究的热点，物联网（The Internet of Things）的出现是计算机科学技术的新挑战。物联网通信无所不在，所有的物体从洗衣机到冰箱、从房屋到汽车都可以通过物联网进行交易。物联网技术融入了射频识别（Radio Frequency Identification，RFID）技术、传感器技术、纳米技术、智能技术与嵌入技术。物联网技术将是改变人们生活和工作方式的重要技术。

1.2 网络基本概念

个人计算机已逐渐普及于家庭与办公室。有了计算机之后，接着便会面临计算机之间必须交换信息的问题。就像在办公室，同事之间总是会因职务所需，彼此交换公文、档案、便条等等，计算机与计算机之间也必须相互交换信息。

在个人计算机兴起的年代，其实已有网络产品问世。可是那时候一张 3Com 公司的网卡将近 8 000 元，价格昂贵。因此，只好利用软驱实现信息交换，即用户可将信息存储在软盘上，再通过人工方式来交换软盘，如图 1-1 所示。

当然，这种做法现在看来相当不便。不过，那时网络没有普及，个人计算机所能处理的数据量也都不大，利用软盘交换信息也很适用。随着设备成本的降低，加上计算机数目不断增加，处理的数据也越来越大，软盘逐渐无法满足实际需求，计算机网络时代终于宣告来临了。

图 1-1 通过软盘交换信息

计算机网络便是将一群计算机通过线缆（或其他无线传输介质）互相连接起来，彼此可以共享信息，如图 1-2 所示。

图 1-2 网络让用户之间共享信息更为容易，也更有效率

1.2.1 网络的主要资源

计算机之间通过网络可以共享数据资源、信息、外部设备，甚至应用程序等，这些统称为网络资源。在网络上常共享的主要资源如下所述。

1. 数据资源

数据资源主要包括文件与数据库。网络上最早出现也是最常见的操作便是交换文件。文件交换的基本原理虽然简单，但却派生出许多种应用，从 Windows 平台上的文件夹共享到互联网上的文件上传与下载，都是文件交换的应用。文件存储在硬盘、软盘、光盘等存储设备中，因此共享文件等于是让其他用户可以访问这些存储设备上的文件系统。

2. 信息

网络上有许多种形式的信息，但目前最流行的便是电子邮件。早期的电子邮件只能传送文字，但现在可以附带传送图像、声音、动画等各类文件，这让邮件内容更为丰富、多样化。电子邮件远较传统邮件迅速、方便，因此无论是个人还是企业都逐渐以电子邮件来取代传统的邮件。

3. 外部设备

网络上的计算机彼此之间除了共享存储设备上的文件外，也可共享外部设备，其中最常见的便是打印机。只要网络上有一部计算机安装了打印机，其他计算机便可通过网络使用该打印机。除了打印机之外，只要操作系统支持，许多外部设备也都能在网络上共享，例如，传真机、扫描仪等。

4. 应用程序

计算机可通过网络共享彼此的应用程序。例如，A 计算机通过网络从远程执行 B 计算机上的应用程序，B 计算机再将执行结果返回 A 计算机。应用程序的共享机制通常较为复杂，需要得到操作系统与应用程序的支持。

网络资源的应用种类繁多，要实现资源共享，不仅需要将计算机相互连接，还必须有硬件、协议、操作系统、应用程序等配合。

1.2.2 网络的组成

计算机网络是由不同通信媒体连接的、物理上互相分开的多台计算机组成的、通过网络软件实现网络资源共享的系统。通信媒体可以是电话线路、有线电缆（包括数据传输电缆与有线电视信号传输电缆等）、光纤、无线、微波以及卫星等。利用这些通信媒体把相应的交换和互连设备连接，组成相应的通信网络，也称为通信系统。因此，计算机网络也可以看作是由地理上分散的多台计算机，利用相应的数据发送和接收设备以及通信软件与通信网络连接，通过发送、接收和处理不同长度的数据分组，从而共享信息与计算机软、硬件资源的系统。

1. 计算机

与计算机网络连接的计算机可以是巨型机、大型机、小型机或工作站、PC 机以及笔记本电脑，或其他具有 CPU 处理器的智能设备。这些设备在计算机网络中具有唯一的可供计算机网络识别和处理的通信地址。但是，并不是所有连在一起的计算机组建的系统都是计算机网络。例如，由一台主控机和多台从属机组成的系统不是网络，同样的道理，一台含有大量终端的大型计算机也不能称为网络。处于计算网络中的计算机应具有独立性。如果一台计算机可以强制启动、停止和控制另一台计算机，或者说如果把一台计算机与网络的连接断开，它就不能工作了，这台计算机就不具备独立性。

2. 网络设备

计算机网络也可以看作是在物理上分布的相互协作的计算机系统。其硬件部分除了计算机、光纤、同轴电缆以及双绞线等传输媒体之外，还包括插入计算机中用于收发数据分组的各种通信网卡、把多台计算机连接到一起的集线器、扩展带宽和连接多台计算机用的交换机等。

3. 软件

与计算机网络有关的软件部分大致可分为 5 类。

（1）操作系统核心软件

操作系统核心软件是网络软件系统的基础。一般来说，计算机网络连接的主机或交换设备所使用的操作系统必须是多任务的，否则将无法处理来自不同计算机的数据的收发任务。这也是 UNIX 操作系统能够成为 Internet 主流操作系统的原因。

（2）通信控制协议软件

协议则是计算机网络中通信双方所必须遵守的规则的集合，它定义了通信双方交换信息时的语义、语法和定时。协议软件是计算机网络软件中最重要、最核心的部分。计算机网络的体系结构由协议所决定。网络管理软件、交换与路由软件以及应用软件等都要通过协议才能发生作用。

（3）管理软件

管理软件管理计算机网络用户与网络的接入、认证、安全以及网络运行状态和计费等工作。

（4）交换与路由器软件

交换与路由器软件负责为通信用户各部分之间建立和维护传输信息所需的路径。

（5）应用软件

计算机网络通过应用软件为用户提供网络服务，即信息资源的传输和共享。应用软件可分为两类：一类是由网络软件公司开发的通用应用软件工具，包括电子邮件、Web 服务器以及相应的浏览搜索工具等。例如，使用电子邮件软件传输信息，使用网络浏览查询 Web 服务器上的各类信息等。另一类应用软件则是依赖于不同的用户业务，例如，网络上的金融、电信管理，制造厂商的分布式控制与操作。与操作系统为开发用户程序提供系统调用功能一样，计算机网络为一类应用软件的开发提供相应的接口和服务。通常把此类应用软件的开发与网络建设一起称为系统集成。

综上所述，计算机网络是将具有独立功能的两个以上的计算机系统（自治计算机系统），通过通信设备和线路（或无线）连接起来，由功能完善的网络软件（网络协议、网络操作系统）实现网络资源共享和信息交换的系统。自治计算机、通信标准和协议、资源共享是计算机网络的 3 个基本要素。

1.3 网络类型

根据网络规模大小可将网络分成三种基本类型：局域网、城域网与广域网。

1.3.1 局域网

局域网（Local Area Network，LAN）为规模最小的网络，范围通常在 2 km 内，如图 1-3 所示，例如，同一层楼的办公室，或是同一栋建筑物内的网络。

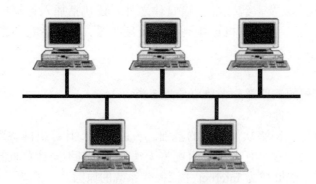

图 1-3 小型办公室的局域网

由于局域网的范围较小，所以可使用质量较高、速度较快的传输线缆。此外，局域网的设备也都比较便宜，一般小型企业甚至个人都可负担得起。

1.3.2 城域网

城域网（Metropolitan Area Network，MAN）的范围在 2～10 km，大概是一个城市的规模。城域网可视为数个局域网相连所组成。例如，一所大学内各个校区分布在整个城市各处，将这些网络相互连接起来，便形成一个城域网，如图 1-4 所示。城域网比局域网稍慢，设备也比较昂贵。

图 1-4 由三个局域网相连组成的城域网

1.3.3 广域网

广域网（Wide Area Network，WAN）为规模最大的网络，涵盖的范围可以跨越都市、国家甚至洲界。例如，大型企业在全球各个城市都设立分公司，各分公司的局域网相互连接，即形成广域网，如图 1-5 所示。广域网的连线距离极长，连接速度通常低于局域网或城域网，使用的设备也都相当昂贵。

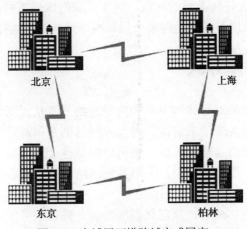

图 1-5 广域网可横跨城市或国家

1.3.4 三种网络类型的比较

局域网、城域网与广域网三种网络类型的特性比较如表 1-1 所示。

表 1-1 网络类型的比较

类 型	范 围	传输速度	成 本
局域网	2 km 内，同一栋建筑物内	快	便宜
城域网	2～10 km，同一城市内	中等	昂贵
广域网	10 km 以上，可跨越国家或洲界	慢	昂贵

因为城域网的规模介于局域网与广域网之间，彼此的分界并不是很明确，所以有些人在区分网络类型时，只分为局域网与广域网两类，而略过城域网。

1.3.5 互联网

互联网是指将多个计算机网络相互连接构成的计算机网络集合，图 1-6 所示的是 4 个网络用 4 台路由器相互连接构成的互联网。

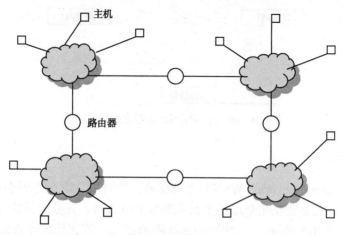

图 1-6　互联网

　　在图 1-6 中，云图代表任何类型的网络，例如广域网或局域网；也可以是一条点到点拨号线路或专线。互联网的常用形式就是将多个局域网通过广域网连接起来。

1.4　网络的基本操作方式

　　网络按操作的方式可分为对等式与主从式两种网络。主从式网络中的计算机可分为客户端与服务器，客户端可对服务器请求资源。对等式网络则是每部计算机可同时扮演客户端与服务器的角色，可提供资源给其他计算机，也可以向其他计算机请求资源。虽然理论上可区分上述两种网络操作方式，不过实际上，大多数的网络系统都结合了这两种方式，可称为混合式网络。

　　服务器一词译自英文的 Server，原意代表服侍者、提供服务的人，例如，旅馆、餐厅的服务生。如果应用到计算机环境，通常是指提供服务的计算机。例如，网络上有 A、B、C 三台计算机，其中 C 计算机提供自己的打印机与硬盘给 A、B 两台计算机使用，于是 C 计算机便扮演了打印机服务器与文件服务器两种角色；至于 A、B 这两台享受服务的计算机，则通常称为客户端。

1.4.1　对等式网络

　　最简单的网络类型便是对等式网络。在对等式网络中，每部计算机都可以扮演客户端与服务器的角色。在此种网络中，没有集中式的资源存储系统。数据与资源分布在整个网络上，每个用户都可将其资源提供给其他计算机使用，如图 1-7 所示。

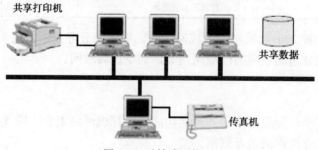

图 1-7　对等式网络

1. 对等式网络的优点

对等式网络最大的优点在于成本低廉。对等式网络适用于小型网络（例如在 10 台计算机以下），例如，家庭办公室或个人工作室等等。由于对等式网络不需要功能强大的专属服务器，所以架设这类网络的成本也较低，安装过程相当容易。只要具备了网卡、传输线缆（或其他传输介质）、操作系统，将数台独立的计算机连接起来即可架设对等式网络。

2. 对等式网络的缺点

当网络规模较大时（例如大于 10 台计算机时），对等式网络的效率明显下降。试想一个由 20 部计算机所组成的对等式网络，如果每部计算机都共享两三种资源，要从这么多的资源中找出所需要的信息，将是一件费时费力的事情。此外，在对等式网络中，每个用户都必须了解共享资源的方法，换言之，对用户的要求较高。当用户人数众多时，培训的工作量就大为增加，对等式网络的管理也是一个大问题。由于资源分散在网络上的各部计算机中，所以等于资源处于一种"无政府状态"。对于网络管理员而言，管理这些分散各处的资源，几乎是不可能的任务。

1.4.2 主从式网络

在主从式网络中（如图 1-8 所示），可能有一部或数部服务器，专门提供客户端计算机所需的资源。这些服务器会根据其提供的服务而配备较好的硬件设备。例如，提供文件资源的服务器可能配备容量较大、访问速度较快的硬盘，等等。

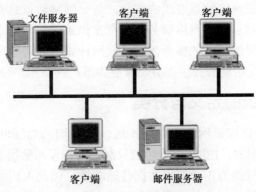

图 1-8 主从式网络

1. 主从式网络的优点

与对等式网络相比较，主从式网络最大的优点即适用于较大的网络，例如，10 台以上计算机所组成的网络环境。由于主从式网络的资源集中放在服务器上，无论是访问或管理，都比对等式网络来得容易。对于网络管理员而言，只要设置好这些有限的服务器，即可管理网络上的所有资源。

2. 主从式网络的缺点

主从式网络的主角是服务器。一般而言，主从式网络对于服务器的要求较高。例如，必须能长时间开机运作。因此，服务器等级的计算机也都较为昂贵，这对于许多企业来说，是一笔不小的负担。

此外，服务器上的操作系统或应用程序通常较为复杂，管理员必须受过相当高的训练才能妥善地管理服务器。

1.4.3 混合式网络

上述对等式与主从式网络的区分，比较偏向于理论，实际操作中通常是两者混合使用。对小型办公室而言，可能架设一部或两部服务器，专门存放重要的数据或执行重要的应用程序，其他计算机则作为客户端。但是，这些客户端计算机仍然能够共享彼此之间的资源。例如，共享的文件夹，等等。因此，整个网络同时以对等式与主从式两种方式在运作，如图1-9所示。

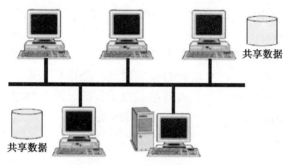

图1-9 混合式网络

1.5 网络操作系统

网络操作系统是计算机网络的重要组成部分，每个网络结点只有安装网络操作系统后，才能作为网络成员对其他结点提供网络服务。单机操作系统只能为本地用户使用本机资源提供服务，不能满足开放的网络环境的服务需求。联网计算机的资源既是本机资源又是网络资源，它们既要为本地用户使用资源提供服务，又要为远程网络用户使用资源提供服务。

1.5.1 网络操作系统的定义与分类

OSI 参考模型定义的计算机网络由七层构成，而初期的局域网标准只定义低层（物理层、数据链路层）协议。例如，IEEE 802 协议只涵盖物理层与数据链路层的内容。实现局域网协议的硬件与驱动程序只能为用户提供数据传输功能，因此人们将早期的局域网定义为通信网络。局域网要为用户提供完备的网络服务功能，就必须具备局域网高层软件（即网络操作系统）。

1. 网络操作系统的定义

网络操作系统（Network Operating System，NOS）是具有网络功能的操作系统，用于管理网络通信与共享网络资源，协调网络环境中多个网络结点中的任务，并向用户提供统一的、有效的网络接口的软件集合。网络操作系统主要有网络通信、资源管理、网络服务、网络管理与互操作能力等功能。网络操作系统通常包括两个组成部分：客户端操作系统与服务器端操作系统。网络操作系统的基本任务就是：屏蔽本地资源与网络资源的差异性，为用户提供各种网络服务功能，并提供网络系统的安全性服务。

2. 网络操作系统的分类

纵观近十多年来网络操作系统的发展，网络操作系统经历了从对等结构向非对等结构演变的过程。图1-10给出了网络操作系统的演变过程。

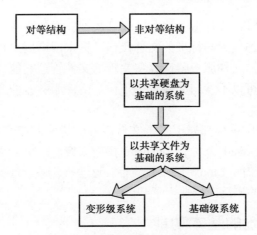

图 1-10　网络操作系统的演变过程

　　网络操作系统可以分为面向任务型与通用型两种类型。其中，面向任务型的网络操作系统是为某种特定的网络应用而设计的操作系统；通用型的网络操作系统能够提供基本的网络服务功能，并且支持用户在各个网络应用领域的需求。通用型的网络操作系统又可以分为变形级系统与基础级系统两种。其中，变形级系统是在原有的单机操作系统的基础上，通过增加网络服务功能而形成的；基础级系统则是以计算机硬件为基础，根据网络服务的特殊要求，利用计算机硬件与少量软件专门设计的网络操作系统。

　　对等结构网络操作系统中的所有网络结点地位平等，安装在每个结点的操作系统软件相同，并且网络结点的资源可以相互共享。每个网络结点都以前、后台方式工作，前台为本地用户提供服务，后台为其他结点的网络用户提供服务。局域网中任何两个结点之间都可以直接通信。对等结构操作系统可以共享硬盘、打印机、屏幕与 CPU 服务等。对等结构网络操作系统的优点是结构简单，任何结点之间都能直接通信。对等结构网络操作系统的缺点是每个网络结点既是工作站又是服务器，结点既要完成本地用户的信息处理任务，又要承担较重的网络通信管理与共享资源管理任务，这将会增加网络结点的负荷。因此，对等结构操作系统支持的网络系统一般规模较小。

　　非对等结构网络操作系统分为服务器端软件与工作站端软件两个部分。由于服务器集中管理网络资源与服务，因此服务器是局域网的逻辑中心部分。服务器运行的网络操作系统的功能与性能，直接决定着网络服务、系统性能与安全性。早期的非对等结构网络操作系统中，通常在局域网中安装一台或几台带大容量硬盘的服务器。服务器硬盘可以作为多个网络工作站使用的共享硬盘空间。

　　服务器将共享的硬盘空间划分为多个虚拟盘体。虚拟盘体可以分为专用盘体、公用盘体与共享盘体三个部分。专用盘体可以被分配给不同的用户，用户通过网络命令将专用盘体连接到工作站，并通过口令、盘体属性来保护存储的用户数据；公用盘体为只读属性，它允许多个用户同时进行读操作；共享盘体的属性为可读写，它允许多用户同时进行读写操作。共享硬盘服务系统的缺点是：用户每次使用服务器硬盘时首先要连接，需要自己用 DOS 命令建立专用盘体上的目录结构，因此导致使用不便、效率低与安全性差。

1.5.2　文件服务器的概念

　　为了克服共享硬盘服务系统的缺点，研究人员提出基于文件服务的网络操作系统。这种

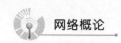

网络操作系统分为两个部分：文件服务器与工作站软件。文件服务器具有分时系统文件管理的全部功能，它支持文件的概念与标准的文件操作，提供网络用户访问文件、目录的并发控制与安全保密措施。因此，文件服务器应具备完善的文件管理功能，能够对全网实行统一的文件管理，各工作站用户可以不参与文件管理工作。文件服务器能为网络用户提供完善的数据、文件和目录服务。

目前，流行的网络操作系统都属于基于文件服务的操作系统。例如，Microsoft 公司的 Windows NT 操作系统、Novell 公司的 NetWare 操作系统、IBM 公司的 LAN Server 操作系统、UNIX 操作系统与开放的 Linux 操作系统等。这些操作系统能够提供强大的网络服务功能，它们的发展为局域网的广泛应用奠定了基础。

1.5.3　网络操作系统的基本功能

网络操作系统除了具备单机操作系统的基本功能，还需要具有能够提供网络通信与资源共享等功能。尽管不同网络操作系统具有不同的特点，但是它们提供的网络服务功能有很多相同点。网络操作系统都具有以下几种基本功能。

（1）文件服务

文件服务是最重要、最基本的网络服务功能。文件服务器以集中方式管理共享文件，网络工作站根据权限对文件进行读写或其他操作。文件服务器为网络用户的文件安全提供了必需的控制方法。

（2）打印服务

打印服务是基本的网络服务功能之一。打印服务可以通过设置专门的打印服务器完成，或者由工作站或文件服务器来担任。在局域网中安装一台或几台网络打印机，网络用户就可以远程共享网络打印机。打印服务负责实现打印请求接收、打印机配置、打印队列管理等功能。网络打印服务在接收用户打印请求后，基于先到先服务的原则，将多个用户需要打印的文件排队打印。

（3）数据库服务

数据库服务是一种重要的网络服务功能。数据库服务可以提供远程的数据库查询功能。客户端可以用结构化查询语言（SQL）向数据库服务器发送查询请求，由服务器进行查询后将查询结果返回客户端。

（4）通信服务

通信服务是一种重要的网络服务功能。网络通信服务主要包括：工作站与服务器之间的通信服务、工作站与工作站之间的对等通信服务等。

（5）网络管理服务

网络管理服务是一种重要的网络服务功能。网络操作系统提供了丰富的网络管理工具，可以提供网络性能分析、网络状态监控、网络存储管理等多种服务功能。

（6）Internet 服务

为了适应 Internet 与 Intranet 的网络应用，网络操作系统一般都支持 TCP/IP 协议，提供各种 Internet 服务与支持 Java 开发工具，使局域网服务器很容易成为 Internet 服务器，全面支持对 Internet 与 Intranet 的访问。

1.5.4 常用的网络操作系统

1. Windows NT 操作系统

Windows NT 操作系统是 Microsoft 公司开发的网络操作系统。它是目前流行的、有很多版本的一种网络操作系统。Windows NT 操作系统分为 Windows NT Server 与 Windows NT Workstation 两个部分。其中，Windows NT Server 是服务器软件，而 Windows NT Workstation 是客户端软件。Windows NT 操作系统定位在高性能台式机、工作站与服务器，以及政府机关、大型企业网络等多种应用环境。Windows NT 操作系统具有友好易用的图形用户界面，并且能够提供很强的网络服务与安全功能，使得它适用于构建各种规模的网络系统。Windows NT 操作系统对 Internet 的支持，使它成为 Internet 服务器的重要操作系统之一。尽管 Windows NT 操作系统的版本不断变化，但是从网络操作与系统应用角度来看，工作组模型与域模型这两个概念始终没有变化。

（1）域的概念

Windows NT 操作系统以域为单位对网络资源进行集中管理。Windows NT 域中的服务器可以分为主域控制器、后备域控制器与普通服务器三种类型。主域控制器负责为用户与用户组认证提供信息，同时具有与 NetWare 中的文件服务器相似的功能；后备域控制器的主要功能是提供系统容错，它保存着用户与用户组的信息备份；普通服务器不负责进行用户与用户组认证。

图 1-11 给出了典型 Windows NT 域的组成。在一个 Windows NT 域中，只能有一个主域控制器，但可以有多个后备域控制器与普通服务器，它们都是运行 Windows NT Server 的计算机。后备域控制器与主域控制器都能处理用户请求。当主域控制器正常的情况下，由主域控制器单独处理用户请求；当主域控制器失效的情况下，后备域控制器将会自动升级为主域控制器，由它来代替主域控制器处理用户请求。

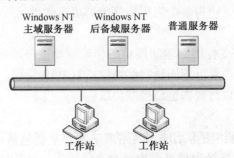

图 1-11 典型 Windows NT 域的组成

Windows NT 操作系统使用用户管理器来管理用户与组。每个用户账号记录着有关用户的所有信息，包括用户名、密码、组成成员身份、用户权限与访问权限等。Windows NT 操作系统有两个内置的账号：Administrator 与 Guest。其中，Administrator 是系统管理员账号，是拥有系统中最高权限的特殊身份用户。通常是由安装人员在安装系统时指定，Administrator 账号的名称可以改变，但是这个账号不能被删除。Guest 是供用户临时访问计算机或域而设置的账号，它只拥有很少的几种用户权限。

（2）NTFS 文件系统

Microsoft 公司早期的操作系统使用的是 FAT 文件系统，例如 MS-DOS 与 Windows9x 操

作系统。FAT 文件系统是基于文件分配表的文件系统。16 位的 FAT 文件系统有以下几个缺点：内部文件碎片、2GB 的容量限制，以及缺少对文件的访问控制等。虽然 32 位的 FAT32 文件系统解决了大小与碎片的问题，但是它的性能与功能还比较有限。针对 FAT 文件系统存在的先天缺陷，Microsoft 公司决定推出一种新的文件系统，以便支持 Windows NT 操作系统的安全性与可靠性。

随着 Windows NT3.1 操作系统的推出，出现了全新的 NTFS（New Technology File System）文件系统。NTFS 文件系统提供了很好的兼容性与可扩展性，支持不同类型的文件系统、符号连接与文件系统类型的转变，例如将 FAT 分区上的文件系统改为 NTFS 格式。NTFS 文件系统提供了原子事务的文件系统可恢复性。原子事务是数据库中处理数据更新的一种技术。它的基本原则是作为事务的数据库操作只能完成或不完成，如果不完成就要通过回退返回原来的稳定状态，以致数据库的正确性与完整性不受系统失败的影响。NTFS 文件系统采用这种处理模式来保证文件系统的可恢复性。

NTFS 文件系统对关键的文件系统信息采用冗余存储。即使是磁盘中的某个扇区出现问题，NTFS 文件系统仍然能访问关键数据。NTFS 文件系统的安全性来源于 Windows NT 的对象模型，它的基本思想是将目录与文件看作对象与对象的集合。每个目录与文件对象都带有安全描述字，这些描述字作为文件的一部分存储在磁盘中。当进程打开任何一个文件对象的句柄时，Windows NT 系统首先要检查该进程是否有足够的权限。用户登录系统时的密码与安全描述字共同确定了该进程的权限，这样就保证只有管理员或文件拥有者授权的用户才能访问该文件。

（3）Windows NT 特点

① 内存与任务管理。

Windows NT 操作系统内部采用 32 位体系结构，使应用程序能访问的内存空间达到 4GB。内存保护通过为操作系统与应用程序分配分离的内存空间来防止冲突。Windows NT 操作系统采用线程进行管理，使得多个应用程序能够更有效地运行。

② 开放的体系结构。

Windows NT 操作系统支持网络驱动接口与传输驱动接口，允许用户使用不同的网络协议。Windows NT 操作系统内置以下四种网络协议：TCP/IP 协议、Microsoft 公司的 NWLink 协议、NetBIOS 扩展用户接口与数据链路控制协议。

③ 内置的安全管理。

Windows NT 操作系统利用域信任关系实现对大型网络的管理。Windows NT 操作系统通过内部安全保密机制，使网络管理员可以为每个文件设置不同的访问权限，规定用户对服务器操作权限及进行用户审计。

④ 工作站管理。

Windows NT 操作系统通过用户描述文件对用户工作站的优先级、网络连接、程序组与用户注册进行管理。

2. NetWare 操作系统

NetWare 操作系统是 Novell 公司开发的网络操作系统。它是早期流行的、有很多版本的一种网络操作系统。

Novell 公司是一家著名的网络软件公司，它开发的网络操作系统比 Microsoft 公司要早。1981 年，Novell 公司提出文件服务器的概念。1983 年，Novell 公司开始推出 NetWare 操作系统。NetWare 操作系统的优点是对计算机与网络硬件的要求较低。

（1）NetWare 操作系统的特点

NetWare 文件系统的所有目录与文件都建立在服务器硬盘中。网络环境中的硬盘通道工作是十分繁重的，这是由于文件读写是文件服务的基本操作。由于服务器 CPU 与硬盘通道的操作是异步的，CPU 在完成其他任务时必须保持硬盘的连续操作，因此 NetWare 文件系统采用多路硬盘处理与高速缓冲算法来加快硬盘通道访问控制速度。

NetWare 的用户类型包括：网络管理员、组管理员、网络操作员和普通网络用户。网络管理员负责文件目录结构的创建与维护，负责建立用户、用户组与设置用户权限，设置目录文件权限与目录文件属性，完成网络安全、文件备份、网络维护与打印队列管理等任务。网络管理员对网络运行状态与系统安全性负有重要责任。对于一个大型的 NetWare 网络系统，为了减轻网络管理员的工作负担，NetWare 系统增加了组管理员这种用户。组管理员可以管理自己创建的用户与组，并管理用户与组使用的网络资源。网络操作员是具有一定特权的用户，通常包括 FCONSOLE 操作员、队列操作员、控制台操作员等。普通网络用户简称用户。用户由网络管理员（或有相应权限的用户）创建，是对网络资源有一定访问权限的网络使用者。每个用户都有用户名、口令与访问权限，用户访问权限由网络管理员设定。

NetWare 的网络安全机制要解决以下几个问题：限制非授权用户注册网络与访问文件；防止用户查看不该查看的网络文件；保护应用程序不被复制、删除、修改或窃取；防止用户因误操作而删除或修改不应修改的重要文件。NetWare 操作系统提供了四级安全保密机制：注册安全性、用户信任者权限、最大信任者权限屏蔽、目录与文件属性。

（2）NetWare 的系统容错技术

文件服务器是 NetWare 网络中的核心设备。文件服务器故障可能造成网络数据丢失，甚至造成整个网络的瘫痪。NetWare 操作系统提供了以下三种容错技术。

① 三级容错机制。

NetWare 第一级系统容错（SFT I）主要针对硬盘表面磁介质可能出现的故障，用来防止硬盘表面磁介质因频繁进行读写操作而损坏造成的数据丢失。SFT I 采用了双重目录与文件分配表、磁盘热修复与写后读验证等措施。NetWare 第二级系统容错（SFT II）主要针对硬盘或硬盘通道的故障，用来防止硬盘或硬盘通道故障造成数据丢失。SFT II 包括硬盘镜像与硬盘双工功能。NetWare 第三级系统容错（SFT III）提供了文件服务器镜像功能。

② 事务跟踪系统。

事务跟踪系统（Transaction Tracking System，TTS）用来防止在写数据库的过程中因系统故障而造成数据丢失。TTS 将数据库的更新过程看作一个完整的"事务"来处理，这个事务只能全部完成或返回初始状态。这样可以避免在数据库文件的更新过程中，因为系统硬件、软件、电源供电等意外事故而造成数据丢失。

③ UPS 监控。

SFT 与 TTS 考虑了硬盘表面磁介质、硬盘通道、文件服务器与数据库文件更新过程中的系统容错问题，还有一类问题是网络设备供电系统的保障问题。为了防止由于网络供电系统电压波动或突然中断而影响文件服务器与关键网络设备的工作，NetWare 操作系统提供了 UPS 监控功能。

3. UNIX 操作系统

UNIX 操作系统是一些公司或研究机构开发的操作系统。它是一系列流行的、有很多版本的网络操作系统的统称。UNIX 操作系统作为工业标准已被很多计算机厂商接受，并被广泛应用于大型机、中型机、小型机、工作站与微型机，特别是工作站几乎全部采用 UNIX 操作系统。TCP/IP 作为 UNIX 的核心协议，使得 UNIX 与 TCP/IP 共同得到普及与发展。1969年，AT&T 公司的 Bell 实验室的研究人员创造了 UNIX，至今 UNIX 操作系统已经发展成为主流操作系统之一。UNIX 是一个通用的多任务、多用户的操作系统。运行 UNIX 的计算机可以同时支持多个计算机程序，其中典型的是支持多个登录的网络用户。UNIX 支持对网络用户的分组，管理员可以将多个用户分配在同一个组中。

UNIX 的核心是分时操作系统的内核。操作系统控制着一台计算机的各种资源，并将这些资源分配给计算机上运行的应用程序。外壳程序与用户进行交互，使用户能运行程序、复制文件、登录或退出系统等。外壳程序可以显示简单的命令行提示光标，或显示一个有图标与窗口的图形用户界面。外壳程序与其他应用程序利用内核提供的服务，共同对文件系统与外部设备进行管理。

UNIX 操作系统具有很好的网络通信功能，用户可以通过直接使用 UNIX 主机，也可以通过终端使用 Modem 拨号进入 UNIX 主机。用户可以在 UNIX 主机上运行文件服务器软件，可以接收与处理工作站的服务请求。工作站可以运行 DOS、OS/2 或 UNIX 操作系统。文件重定向程序使工作站能方便地存储与检索 UNIX 文件。

UNIX 操作系统主要有以下几个特点：UNIX 系统是一个多用户系统；UNIX 系统是一个多任务操作系统；UNIX 系统具有良好的用户界面；UNIX 系统的文件、目录与设备采用统一处理方式；UNIX 系统具有很强的核外程序功能；UNIX 系统具有很好的可移植性；UNIX 系统可以直接支持网络功能。UNIX 操作系统的主要缺点是不同的 UNIX 不兼容。

4. Linux 操作系统

Linux 操作系统是一些公司、研究机构或个人开发的操作系统。它是一系列流行的、有很多版本的网络操作系统的统称。Linux 操作系统已逐渐被国内用户所熟悉。Linux 操作系统是可以免费使用与自由传播的软件包，它可将普通 PC 变成装有 Linux 操作系统的工作站。Linux 操作系统是 Internet 的产物，代表了一种开放、平等、自由与梦想。Linux 操作系统支持很多种应用软件，其中包括大量的免费软件。最初萌发设计 Linux 念头的是一位来自芬兰的年轻人 Linus Torvalds。1991 年 5 月，Linus Torvalds 发布了有一万多行代码的 Linux v0.01，它在新闻组 comp.os.mimix 发布并被命名为 Freax，目标是成为一个基于 Intel 硬件、在微型机上运行、类似于 UNIX 的新操作系统。Linux 操作系统虽然与 UNIX 操作系统类似，但是它并不是 UNIX 操作系统的变种。Linus Torvalds 开始编写内核代码时就仿效 UNIX，几乎所有 UNIX 工具都可以运行在 Linux 中。因此，熟悉 UNIX 的人就能很容易掌握 Linux。Linus Torvalds 将源代码放在芬兰最大的 FTP 站点中，建了一个 Linux 子目录来存放这些源代码，结果 Linux 这个名字就被使用并沿用至今。

Linux 系统受到广大用户与计算机爱好者的欢迎，最主要的原因是它属于自由软件的范畴，无需支付任何费用就可以获得 Linux 源代码。Linux 受欢迎的另一个原因是具有 UNIX 的大部分功能。最初的内核只能支持 UNIX 系统服务集中的一小部分，现在的 Linux 系统已经发展到包括绝大多数 UNIX 功能。早期 Linux 的发展中心是操作系统内核，其主要功能是管理所有的系统资源，以及与计算机的硬件直接进行交互。Linux 内核是从零开始开发的完全原创的软件。

Linux 系统保留了传统的 UNIX 操作系统的模型。Linux 系统结构是由三部分代码组成：内核、系统程序库与系统应用程序。其中，内核是 Linux 系统的核心与灵魂部分，包括进程调度、进程通信、虚拟内存、文件系统、网络支持与输入/输出等。所有内核代码都在处理器的特许模式下运行，并且能够访问计算机中的所有物理资源，Linux 系统将这个特权模式称为内核模式。任何用户模式的代码都未被加入到内核中。系统程序库定义了一系列用来实现某种系统功能的函数；应用程序通过系统调用来与内核进行交互。操作系统支持的而无须内核模式运行的代码都放入系统程序库。系统应用程序是指那些独立的，特别是管理任务的程序。系统应用程序包括所有使系统初始化的必要程序，例如，配置网络设备、加载内核模块、运行服务器程序等。

Linux 系统主要有以下几个特点：Linux 系统是可以免费与开源的软件；Linux 系统不限制应用程序可用内存的大小；Linux 系统具有虚拟内存的能力，可以利用磁盘空间来扩展内存；Linux 系统允许同时运行多个应用程序；Linux 系统支持多个用户同时使用主机；Linux 系统具有先进的网络能力，可以通过 TCP/IP 协议与其他计算机连接；Linux 系统符合 UNIX 标准，可以将 Linux 程序移植到 UNIX 主机运行。但是，Linux 系统的发行版本众多，这也会影响 Linux 系统得到普及的程度。

1.5.5　客户端操作系统

局域网的组建模式通常有对等网络和客户端/服务器网络两种。客户端/服务器网络是目前组网的标准模型。客户端/服务器网络操作系统由客户端操作系统和服务器操作系统两部分组成。Novell NetWare 是典型的客户端/服务器网络操作系统。

客户端操作系统的功能是让用户能够使用本地资源和处理本地的命令和应用程序，实现客户端与服务器的通信。这类版本通常比较简单，仅提供基本的网络功能，价格也比较便宜。例如，Windows NT Workstation、Windows 2000 Professional，等等。这类版本的网络操作系统通常仍具有共享资源的功能，以便在对等式网络中与其他计算机共享资源。

服务器操作系统的主要功能是管理服务器和网络中的各种资源，实现服务器与客户端的通信，提供网络服务和提供网络安全管理。

1.6　网络性能指标

在进行网络学习和深入分析之前，了解并理解计算机网络性能的主要指标十分必要。这些指标包括响应时间、利用率、带宽、容量、吞吐量等。

1.6.1　响应时间、延迟时间和等待时间

响应时间、延迟时间和等待时间是网络的重要指标，它们都是以时间为基础的指标，将对网络的性能产生较大影响。下面主要讲解一下响应时间。

响应时间是指从发出请求信号开始到接收到响应信号为止所用的时间，它主要用来评价终端向主机交互式地发出请求信息所用的时间。例如，响应时间是当用户按下 Enter 键开始到全部的数据返回到终端显示器上所经历的全部时间。影响响应时间的因素有连接速度、协议优先机制、主机繁忙程度、网络设备等待时间和网络配置等。一般来说，响应时间依赖于

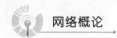

网络和处理器的工作情况。

下面以一个例子来说明响应时间。

（1）主从式结构中的响应时间

图 1-12 给出了传统的 IBM 网络中典型响应时间的组成部分。从图 1-12 中可以看出，响应时间是数据通过网络中的每一部分所用时间之和。每一个设备、通信连接以及处理过程的自身延迟都会影响整个响应时间。

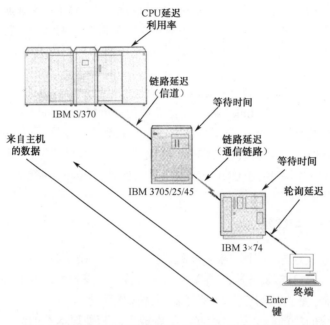

图 1-12　传统 IBM 网络的主从式结构中响应时间的组成

描述响应时间的 4 个组成部分如下：

① 轮询延迟。

轮询是在不平衡数据通信配置结构中控制主从结点间进行通信的一种方法。如果网络设备有数据需要发送，它必须一直等到主设备（上级控制者或主机）对它进行查询，才能发送数据。

② 链路延迟。

链路延迟与在指定链路上传输数据的速度相关。链路的速度越快，在两点间传输数据的速度越快，延迟就越短。在传统的 IBM 网络结构中，一般的链路速度是 9.6 kb/s 或 19.2 kb/s。

③ 等待时间。

等待时间指的是网络设备如网桥或路由器在收到数据包后分解和重发所耗费的时间。

④ CPU 延迟。

CPU 延迟指的是服务器的中央处理器处理网络请求所用的时间。一般来说，CPU 越繁忙，处理请求的时间就越长。

（2）客户机/服务器结构中的响应时间

在客户机/服务器网络结构中，响应时间指的是服务器响应客户工作站提出的请求所用的时间。客户机/服务器网络结构如图 1-13 所示。

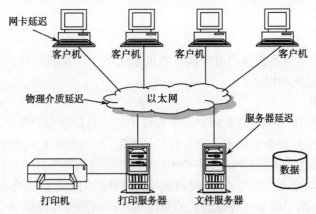

图 1-13 客户机/服务器网络结构

在这种结构中，影响响应时间的因素如下：

① 网卡延迟。

在网络信道中网卡会引起不同的延迟。当一个应用程序提出一个网络连接请求时，就会产生一个延迟用于网卡处理请求并访问物理介质。

② 物理介质延迟。

响应时间取决于网络结构细节决定的传输速度。在 4 Mb/s 的令牌环网上传输数据当然会比在 100 Mb/s 的 FDDI 网络上传输数据所用的时间长。使用位数较长的信息帧传输文件比使用位数较短的信息帧所用的时间长。

③ 服务器延迟。

由于处理器的速度不同和服务器处理请求的平均数量不同，服务器响应时间可能会有很大的变化。影响服务器延迟的因素是队列延迟和磁盘存取延迟。

另一个影响响应时间的因素是网络延迟，如图 1-14 所示。当请求/应答通信流通过公共广域网的时候，响应时间会发生很大的变化。例如，当使用 Internet 时，响应时间会产生很大的变化，甚至会因为超时而断开网络连接。这类网络延迟非常难以预测，而且会随着时间而产生变化。

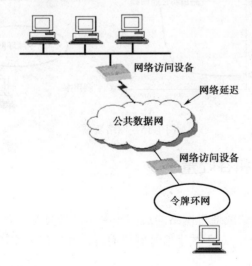

图 1-14 网络延迟

1.6.2 利用率

利用率反映出指定设备在使用时所能发挥的最大能力。在网络分析与设计过程中，通常考虑 CPU 利用率和链路利用率。

（1）CPU 利用率

CPU 利用率是指在处理网络发出的请求和做出响应时处理器的繁忙程度。网络设备互联（例如路由器）要处理的数据包越多，则所耗费的 CPU 时间就越长。由于 CPU 的处理能力一定，如果新的工作需要更快的 CPU，则有些工作就必须排队等待。

从图 1-15 中可以看出路由器 CPU 利用率与网络性能的关系。当路由器的 CPU 利用率超过了某个值后，路由器不能及时处理涌入的数据包，网络的整体性能就会随之下降。图 1-15 中路由器的有效最大利用率低于 100%。路由器必须处理转发数据以外的事务。例如，各个路由器之间需要交换数据来维护路由表，许多设备保存管理信息，并要处理相应网络管理命令。随着设备越来越复杂，就必须利用更多的 CPU 时间来处理这些"额外"事务。

（2）链路利用率

链路利用率指的是链路总带宽的有效使用百分比。例如，购买了一条 T1 线路，它有 24 条信道，最大带宽为每条信道 64 kb/s，如果只充分利用了 6 条信道，则这条线路的利用率就是 64 kb/s×6=384 kb/s，即为最大带宽的 25%（384/（64×24））。

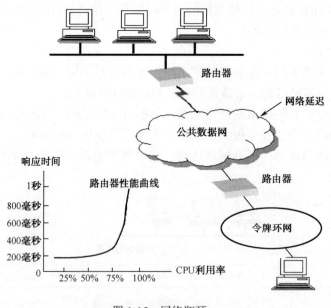

图 1-15 网络瓶颈

1.6.3 带宽、容量和吞吐量

（1）带宽

带宽是指通过通信线路或通过网络的最高频率与最低频率之差。带宽对于模拟信号网络而言，其单位为赫兹（Hz）；对于数字信号网络而言，其单位为比特/秒（b/s）。表 1-2 列举了一些常见的网络带宽参数。

表 1-2　网络带宽参数表

技 术 类 型	数据传输率	物理媒体	应 用 环 境
拨号线路	14.4～56 kb/s	双绞线	本地和远程低速访问
租用线路	56 kb/s	双绞线	小型商业低速访问
综合业务数字网（ISDN）	128 kb/s	双绞线	小型商业、本地应用、中等速度
IDSL	128 kb/s	双绞线	小型商业应用、中等速度
卫星（直接用 PC）	400 kb/s	无线电波	小型商业应用、中等速度
帧中继	56 kb/s～1.544 Mb/s	双绞线	小型～中等商业应用
T1	1.544 Mb/s	双绞线、光纤	中等商业应用、Internet 访问、端到端网络连通
E1	2.048 Mb/s	双绞线、光纤	中等商业应用、Internet 访问、端到端网络连通
ADSL	1.544～8 Mb/s	双绞线	中等商业应用、高速本地应用
电缆调制解调器	512 kb/s～52 Mb/s	同轴电缆	本地应用、商业应用、中等到高速的访问
以太网	10 Mb/s	同轴电缆或双绞线	局域网
令牌环网	4 Mb/s 或 16 Mb/s	双绞线	局域网
E3	34.368 Mb/s	双绞线或光纤	16 个 E1 信号
T3	45 Mb/s	同轴电缆	连接 ISP 到 Internet 基础结构、大型商业应用
OC-1	51.84 Mb/s	同轴电缆	主干网、校园网连接 Internet ISP 到主干网
快速以太网	100 Mb/s	双绞线、光纤、同轴电缆	高速局域网
光纤分布式数据接口（FDDI）	100 Mb/s	光纤	局域网主干
铜线分布式数据接口（CDDI）	100 Mb/s	双绞线	主机连通
OC-3	155.52 Mb/s	光纤	大型公司主干网
千兆位以太网	1 Gbt/s	光纤铜线（受限）	高速局域网的连通
OC-24	1.244 Gbt/s	光纤	Internet 主干网、高速的公司主干网
OC-48	2.488 Gbt/s	光纤	Internet 主干网

为能够正常发挥作用，不同类型的应用需要不同的带宽。一些典型应用的带宽如下：

● PC 通信：14.4～50 kb/s。

● 数字音频：1～2 Mb/s。

● 压缩视频：2～10 Mb/s。

● 文档备份：10～100 Mb/s。

● 非压缩视频：1～2 Gb/s。

（2）容量

容量指的是通信信道或通信线路的最大数据传输能力。它经常用来描述通信信道或连接的能力。例如，一条 T1 信道的容量是 64 kb/s。但这并不意味着通信信道将总是处于 64 kb/s

的数据传输状态，而是指它具有 64 kb/s 的数据传输的上限。容量和带宽可互换使用。

（3）吞吐量

吞吐量是指在网络用户之间有效地传输数据的能力。如果说带宽给出了网络所能传输的比特数，那么吞吐量就是它真正有效的数据传输率。

吞吐量常用来评估整个网络的性能，如图 1-16 所示。对吞吐量进行度量的一种有效方法是信息比特吞吐率（TRIB），有效的吞吐量与响应时间是直接相关的，有效吞吐量越高，响应时间越快。有效吞吐量和吞吐量经常互换使用。一般以数据包每秒（PPS）、字符每秒（CPS）、每秒事务处理数（TPS）或每小时事务处理数（TPH）为吞吐量的单位。

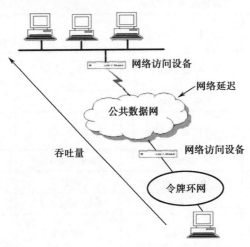

图 1-16　吞吐量示意

影响吞吐量的因素有以下几个方面：

● 协议效率，不同的协议传输数据的效率不同。

● 服务器/工作站 CPU 类型。

● 网卡（NIC）类型。

● 局域网（LAN）/链路（Link）容量。

● 响应时间。

每秒事务处理数和每小时事务处理数是最常见的度量吞吐量的方法。知道 TPH 还不足以衡量整个网络的性能，还必须知道 TPH 的平均大小和一天中什么时间发生的 TPH。图 1-17 显示了给定网络吞吐量的不同度量值和吞吐量与分组包大小之间的关系。

1.6.4　可用性、可靠性和可恢复性

（1）可用性

可用性是指网络或网络设备（例如主机或服务器）可用于执行预期任务的时间的总量（百分比）。网络管理员的目标有时就是关注网络的可用性。换句话说，就是使网络的可用性尽可能地接近 100%。任何关键的网络设备的停机都会影响到可用性。例如，一个可提供每天 24 小时、每周 7 天服务的网络，如果网络在一周 168 小时之内运行了 166 小时，其可用性是 98.81%。

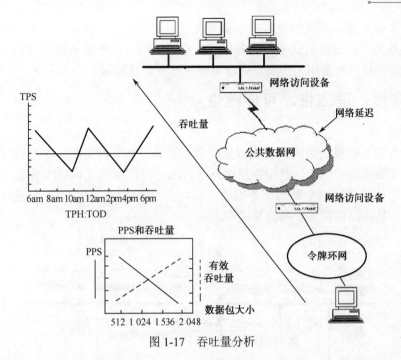

图 1-17 吞吐量分析

可用性通常表示平均可运行时间。95%可用性意味着 1.2 h/d 的停机时间，而 99.99%的可用性则表示 8.7 s/d 的停机时间。

一般而言，可用性与网络运行时间的长短有关，它通常与冗余有关，尽管冗余并不是网络的目标，而是提供网络可用性的一种手段。可用性还与可靠性有关，但比可靠性更具体。

（2）可靠性

可靠性是网络设备或计算机持续执行预定功能的可能性。可靠性经常用平均故障间隔时间（MTBF）来度量。这种可靠性度量也适用于硬件设备和整个系统。它表示了系统或部件发生故障的频率。例如，如果 MTBF 为 5 800 小时，则意味着大约每 8 个月可能发生一次故障。

网络设计中的可靠性设计主要是为了要找到以下问题的答案：

● 一个特殊设备在网络中发生故障的可能性有多大？

● 设备的故障是否会导致网络的崩溃？

● 网络的故障将会对企业的生产力产生什么样的影响？

可靠性与可用性紧密相关。它们都是企业计算环境设计的目标。可用性可用来度量可靠性，可用性越高，可靠性越好。

（3）可恢复性

可恢复性是指网络从故障中恢复的难易程度和时间。可恢复性即指平均修复时间（MTTR）。平均修复时间用来估算当故障发生时，需要花多长时间来修复网络设备或系统。影响 MTTR 的因素有以下方面。

● 维护人员的专业知识。

● 设备的可用性。

● 维护合同协议。

● 发生时间。

● 设备的使用年限。

● 故障设备的复杂程度。

在设备或系统方面，不同的设备需要不同级别的可恢复性。例如，为了应付意外情况的发生，可能需要为中心交换机储备一台备用的交换机。对于一个总共使用 12 个传真设备的公司而言，只需要用一台备用的传真设备就可解决可恢复性问题。

1.6.5　冗余度、适应性、可伸缩性

（1）冗余度

冗余是指为避免停机而为网络增加双重信道和设备。冗余度是另一个在网络设备和系统设计与实施中需要考虑的因素，是指在局域网（LAN）或广域网（WAN）中提供备用的路径来传输信息。当原来的链路中断后，备用的路径将会发挥作用，图 1-18 是链路冗余度示意图。备用路径与基本路径都需要考虑性能需求。

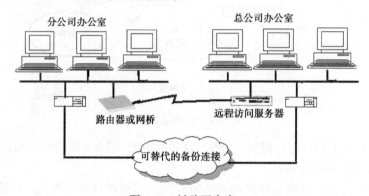

图 1-18　链路冗余度

在关键的网络设备设计与实施中，冗余度是需要考虑的因素。大型交换机可以支持大量的客户连接，同时还保留一定冗余的能量供给、处理器电路卡等，并提供自动故障处理和切换装置，以应付意外情况的发生。

（2）适应性

适应性是指在用户改变应用要求时网络的应变能力。一个优秀的网络设计应当能适应新技术和新变化。例如，使用手提电脑的移动用户对通过访问企业局域网来实现电子邮件和文件传输服务的需求正是对网络适应性的检验。

灵活的网络设计还能适应不断变化的通信模式和服务质量的要求。例如，某些用户要求选用的网络技术能够支持提供恒定速率的服务。

此外，以多快的速度适应出现的问题和进行升级是适应性的另一方面。例如，交换机能以多快的速度适应另一个交换机的故障，适应树状拓扑结构发生的变化；路由器能以多快的速度适应加入拓扑结构的新网络等。

（3）可扩缩性

可扩缩性是指网络技术或设备随着用户需求的增长或减少而扩充或缩小的能力。对于许多企业网设计而言，可扩缩性是最基本的目标。有些企业常以很快的速度增加客户数量、应用种类以及与外部的连接。因此在网络分析和设计时就应充分考虑网络扩充问题。

1.6.6　效率与费用

效率是指网络如何更有效地使用所提供的带宽。网络费用是指与传输的用户数据相关的协议信息的数量。可以用多种方法来度量效率，其中一种是在数据链路层（DLL）度量效

率，而不考虑上层协议报头的数量。当比较处于同一层的两种协议时，这将是一种很不错的比较方法。ATM 与 FDDI 的效率比较如表 1-3 所示。

表 1-3　ATM 与 FDDI 的效率比较

效率公式	ATM 效率	FDDI 效率
效率=（帧长-帧头和帧尾）/（帧长）×100% 额外开销=（100-效率）/100	ATM 效率=90.5% ATM 额外开销=9.5% （53-5）/53×100%=90.5% （100-90.5）/100×100%=9.5%	FDDI 效率=99.5% FDDI 额外开销=0.5% （4 478-22）/4 478×100%=99.5% （100-99.5）/100×100%=0.5%

除了以上方面的比较外，还有其他方面的可比之处。因为 FDDI 采用的是典型的共享介质技术，而 ATM 采用的是交换技术。考虑到这一点，100 Mb/s 的 ATM 在可用带宽上将远大于 100 Mb/s 的 FDDI。

1.7　协议

计算机网络的通信需要有协议以及相应的网络软件。因为仅仅使用硬件来进行通信就好像用 0 和 1 二进制编程那样难以实现。为了方便网络通信，计算机利用网络软件，自动处理底层的通信细节和问题。因此大多数应用程序依靠网络软件通信，并不直接与网络硬件打交道。网络通信是指在不同系统中的实体之间的通信。实体是指能发送和接收信息的任何对象，包括终端、应用软件和通信进程等。

1.7.1　协议的概念

实体之间通信需要一些规则和约定，例如，传送的信息块采用何种编码和格式；如何识别收发者的名称和地址；传送过程中出现错误如何处理；发送和接收速率不一致怎么办。简单地说，将通信双方在通信时需要遵循的一些规则和约定统称为协议。网络协议就是为不同的系统提供共同的用于通信的环境。例如，为了让两个工作站能够充分地进行通信，它们必须使用相同的协议。

系统可以包含一个或多个实体，两实体间要能通信，就必须能够相互理解，共同遵守都能接受的协议。因此协议也可被称为两实体间控制数据交换规则的集合，用来实现计算机网络资源共享、信息交换，各实体之间的通信和对话。

1.7.2　协议的基本要素

协议有以下 3 个基本要素：
- 语义：控制信息的内容，规定了需要发出何种控制信息及完成动作与做出的响应。
- 语法：数据与控制信息的结构和格式，确定通信时采用的数据格式、编码及信号电平等。
- 同步：对事件实现顺序的详细说明。

通信协议的规则主要包括对通信的发送者和接收者完成的操作（语义）和交换信息的格式（语法）等。

以两个人打电话为例来说明协议的概念。

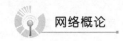
甲要打电话给乙，首先甲拨通乙的电话号码，对方电话振铃，乙拿起电话，然后甲乙开始通话，通话完毕后，双方挂断电话。

在这个过程中，甲乙双方都遵守了打电话的协议。其中，电话号码就是语法的一个例子，一般电话号码由 5～8 位阿拉伯数字组成，如果是长途要加拨区号，国际长途还有国家代码等。

甲拨通乙的电话后，乙的电话振铃，振铃是一个信号，表示有电话打进，乙选择接电话，讲话；这一系列的动作包括了控制信号、响应动作、讲话内容等，就是语义的例子。

同步的概念更容易理解，因为甲拨了电话，乙的电话才会响，乙听到铃声后才会考虑要不要接，这一系列事件的因果关系十分明确，不可能没有人拨乙的电话而乙的电话会响，也不可能在电话铃没响的情况下，乙拿起电话却从话筒里传出甲的声音。

由此可见，通信是一个很复杂的过程，特别是计算机网络通信。如果没有严格的协议，数据通信过程是不可能完成的。

1.7.3　协议的层次结构

为简化问题，降低协议设计复杂性，便于维护，提高运行效率，协议采用了层次结构。每一层都建立在下层之上，每一层都是为其上层提供服务，并对上层屏蔽服务实现细节。各层协议互相协作，构成一个整体，常被称为协议集或协议族。

同层实体叫作对等实体。对等实体间通信必须遵守同层协议。实际上数据并不是在两个对等实体间直接传送，而是由发送方实体将数据逐层传递给它的下一层，直至最下层通过物理介质实现实际通信，到达接收方；又由接收方最下层逐层向上传递直至对等实体，完成对等实体间的通信。

协议也有高低层次之分，低层协议直接描述物理网络上的通信，高层协议描述较为复杂、较抽象的功能。通信双方以各自的高层使用自己低层为它提供的服务来完成通信功能。不仅如此，各部分之间还必须要互相识别要交换的数据格式。从应用层到物理层是一直能够由抽象到具体、自上而下的单向依赖关系，而从物理层到应用层则是一个逐渐抽象和完善的过程。

计算机网络体系结构指的是网络的基本设计思想及方案，各个组成部分的功能和定义。而层次结构是描述体系的基本方法，其特点是每一层多建立在前一层基础上，低层为高层提供服务。因此网络设计者通常依据逻辑功能的需要来划分网络层次，使每一层实现一个定义明确的功能集合，尽量做到相邻层间接口清晰。另外，合理选择层数，使层次数足够多，每一层都易于管理；同时，层数又不能太多，避免综合开销太大。通信系统采用了层次化的结构，具有许多优点。

- 抽象化。每一个层次的内部结构对上层、对下层的抽象，均是不可见的。
- 便于系统化和标准化。
- 层次接口清晰，减少层次间传递的信息量，便于层次模块的划分和开发。
- 与实现无关，允许用等效的功能模块灵活地替代某层模块，而不影响相邻层次的模块。
- 各层之间相互独立，高层不必关心低层的实现细节。
- 有利于实现和维护，某个层次实现细节的变化不会对其他层次产生影响。

1.8 OSI 模型

这里主要介绍 OSI 模型（Open Systems Interconnection Model，OSI Model）的用途、与网络地址的关系。

1.8.1 模型的用途

举例说明模型的用途。

假设小陈是某社区开发案的专案负责人，要在发表会上说明整个专案的背景、设计理念与特色。如果小陈仅以书面材料和口头做报告，那么，尽管他说得天花乱坠、栩栩如生，听众的反应也会很冷淡。因为小陈所讲的都是看不到、摸不着、很抽象的画面，而且每个人所想象的画面可能大相径庭，自然激不起共鸣和热烈的反响。反之小陈如果将社区的设计尺寸按等比例缩小，制作一个栩栩如生的模型，在发表会上利用该模型逐项讲解，听众就能够具体地看到各种设施的外观、位置，因此能充分了解整个设计的优点，必然给予较正面的回应。

由上例观之，一个适当的模型能将复杂的事情具体化、简单化，网络上的工作错综复杂，如果能利用一个好的模型来说明，肯定能对学习有正面的帮助。然而网络模型的设计，实无定法，各家的模型都有所长。以下所要介绍的模型，是被公认为最著名、最具影响力的 OSI 参考模型。

1.8.2 OSI 模型简介

国际标准组织（International Standards Organization，ISO）于 1984 年发表了 OSI 模型。它将整个网络系统分成七层，每层各自负责特定的工作，如图 1-19 所示。七层的功能简述如下。

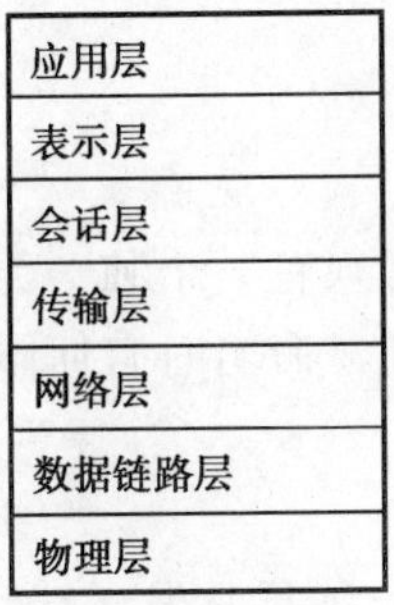

应用层
表示层
会话层
传输层
网络层
数据链路层
物理层

图 1-19 OSI 参考模型的 7 层结构

1. 物理层

物理层主要功能如下：

① 传输信息的介质规格。

② 将数据以实体呈现并传的规格。

③ 接头的规格。

无论哪种通信，双方最终得通过实体的传输介质来连接。例如，同轴电缆、双绞线、无线电波、红外线等等（无线电波、光波也是实体的）。而不同的介质有不同的特性，所以 0 与 1 的数字信息在传送之前，可能会经过转换，将数字信息转变为光脉冲或电脉冲以方便传输，这些转换及传输工作由物理层负责。此外，传输带宽、工作脉冲、电压高低、相位等等

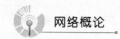

细节，也都是在此层规定。

例如，在个人计算机上广泛运用的 RS.232（正式名称应为 EIA.232）及讨论调制解调器时必谈的 V.90、V.92 等等，都是此层通信协议。

2. 数据链路层

数据链路层的主要功能如下。

（1）同步

网络上可能包含不同厂商的设备，不能保证所有设备都能同步操作。因此数据链路层协议在传送数据时，同时进行连接同步化，使传送与接收双方达到同步，确保数据传输的正确性。

（2）检测

接收端收到数据之后，首先检查该数据的正确性，才决定是否继续处理。检查错误的方法有许多种，在数据链路层最常用的是：传送端对于即将送出的数据，先经过特殊运算产生一个 CRC（Cyclic Redundancy Check）码，并将这个 CRC 码随着数据一起传过去。而接收端也将收到的数据经过相同的运算，得到另一个 CRC 码，将这个 CRC 码与对方传过来的 CRC 码相比较，即可判定收到的数据是否完整无误。

接收端在许多层都能做检测工作，但数据链路层是第一关，如果过不了这一关，通常这份数据就直接被舍弃掉。至于是否通知对方再重送一份，则根据每种数据链路层协议的做法不同，有的自己做，有的交给上层的协议来处理。

（3）介质访问控制方法

当网络上的多个设备都同时传输数据时，要决定其优先顺序。常用的方法是抢占优先，或是赋予每个设备不同的优先等级，这套管理办法通称为介质访问控制方法（Media Access Control Method，MAC Method）。

3. 网络层

此层的主要工作包括下述内容。

（1）定址

在网络世界里，所有网络设备都必须有一个独一无二的名称或地址，才能相互找到对方并传送数据。至于究竟采用名称或地址、命名时有何限制、如何分配地址，这些工作都是在网络层决定。

（2）选择传送路径

由 4 台计算机连接所形成的网络，如果从发送端到接收端有许多条路径，如图 1-20 所示，就要决定走哪一条路径最佳。

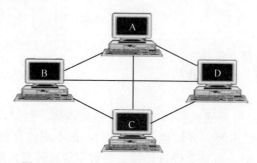

图 1-20 由 4 台计算机连接所形成的网络

从 A 传数据到 D 有多达 5 条路径，如表 1-4 所示。

表 1-4 在网络中传送数据的可能路径

编　　号	路　　径
1	A→D
2	A→B→D
3	A→C→D
4	A→B→C→D
5	A→C→B→D

似乎以第 1 号路径距离最短，因为它没经过其他结点，所以传输速率最快。然而实际上却未必如此，还应该考虑线路质量、可靠度、使用率、带宽、成本等因素，才能选出最佳路径。

4. 传输层

此层的主要功能如下。

（1）编定序号

当所要传送的数据量很大时，便会予以切割成多段较小的数据，而每段传送出去的数据，未必能遵循"先传先到"的原则，有可能"先传后到"，因此必须为每段数据编上序号，以利接收端收到后能组回原貌。

（2）控制数据流量

如同日常生活中难免遇到塞车，网络传输也会遇到堵塞情况。此时传输层协议便负责通知传送端："这里堵塞了，请暂停传送数据！"等到恢复顺畅后，再告知传送端继续传送数据。换言之，就像交通指挥员，控制数据流的顺畅。

（3）检测与错误处理

这里所用的检测方式，可以和数据链路层相同或不同，两者完全独立。一旦发现错误，也未必要求对方重送。例如，TCP 协议会要求对方重送，但 UDP 协议则不要求对方重送。

5. 会话层

负责通信的双方在正式开始传输前的沟通，目的在于建立传输时所遵循的规则，使传输更顺畅、有效率。沟通的议题包括：使用全双工模式或半双工模式、如何发起传输、如何结束传输、如何设置传输参数等。

6. 表示层

此层的主要功能如下。

（1）内码转换

在键盘上输入的任何数据，到了计算机内部都会转换为代码，这种内部用的代码称为"内码"。现今绝大多数的计算机都是以 ASCII（American Standard Code for Information Interchange）码为内码，可是早期的计算机却可能采用 EBCDIC（Extended Binary Coded Decimal Interchange Code）代码为内码，于是这台计算机的"0"可能变成另一部计算机的"9"，如此势必天下大乱。遇到这种情况，表示层协议就可以在传输前或接收后，将数据转换为接收端所用的内码系统，以免解读有误。

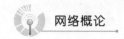

（2）压缩与解压缩

为了提高传输效率，传送端可在传输前将数据压缩，而接收端则在收到后予以解压缩，恢复为原来数据，这个压缩、解压缩工作可由表示层协议来做。但是实际上，有些应用层的软件却能做得又快又好，广受大众青睐。因此压缩、解压缩的工作反而较少由表示层协议来做。

（3）加密与解密

网络安全一直是令人头疼的问题，没人敢担保在线上传输的数据不会被窃取。因此在传输敏感性数据前，应该予以加密。如此即使黑客截取到该数据，也未必能看懂真正的内容。理论上来说，加密的次数越多、加密的方法越复杂，被破解的概率越低，可是这样也会耗费较多的时间，所以效率会下降。一种好的表示层协议，便能在安全与效率之间取得平衡，可靠又快速地执行加密任务。

7. 应用层

直接提供文件传输、电子邮件、网页浏览等服务给用户。在实际操作上，大多是化身为成套的应用程序，例如，Internet Explorer、Netscape、Outlook Expresss，等等，而且有些功能强大的应用程序，甚至涵盖了会话层与表示层的功能，因此 OSI 模型上 3 层（第 5、6、7 层）的分界已然模糊，往往很难精确地将产品归类为某一层。

在以上 7 层中，应用层是最接近用户的层级，属于此层的都是用户较熟悉、可直接操作的软件，而越往下层则距离用户的操作越远，反而与硬件的关联越大。例如，链路层所负责的工作，几乎都是由网卡控制芯片和驱动程序来做；至于物理层的工作，那更是由硬件设备一手掌控，用户完全无法干涉。但是，OSI 模型只是定义出"原则"。这些原则说明了总共分成几层，各层应该做哪些事情，并未规定各层必须采用哪种通信协议与产品。所以纵然同是遵循 OSI 模型所开发的产品，却未必会采用相同的通信协议。

1.8.3 OSI 模型运作方式

数据由传送端的最上层（通常是指应用程序）产生，由上层往下层传送。每经过一层，都在前端增加一些该层专用的信息，这些信息称为报头，然后才传给下一层，可将加上的报头想象为套上一层信封。因此到了最底层时，原本的数据已经套上了七层信封，而后通过网线、电话线、光纤等介质，传送到接收端。

接收端接收到数据后，从最底层向上层传送，每经过一层就拆掉一层信封（即去除该层所认识的报头），直到最上层，数据便恢复成当初从传送端最上层产生时的原貌，如图1-21所示。

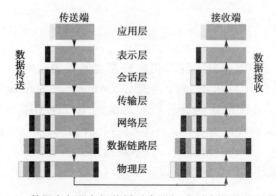

图 1-21　数据在各层之间传播时会附加或删除报头/报尾信息

如果以网络的术语来说，这种每一层将原始数据加上报头的操作，便是数据的封装，而封装前的原始数据则称为数据承载。在传送端，上层将数据传给下层，下层将上层传过来的数据当成数据承载，再将数据承载封装成新的数据，继续传给更下一层去封装，直到最底层为止。

在上述的封装操作中，在某些层除了加上报头之外，还会在数据的尾部加上一些信息，这些信息称为报尾。由于报头与报尾的运作原理相同，故只以前者为例说明。

1.8.4 OSI 模型的优点

综观整个 OSI 模型的设计，可以归纳出以下优点。

1. 分工合作，责任明确

性质相似的工作划分在同一层，性质相异的工作则划分到不同层。如此一来，每一层所负责的工作范围，都区分得很清楚，彼此不会重叠。万一出了问题，很容易判断是哪一层没做好，就应该先改善该层的工作，不至于无从着手。

2. 对等交谈

对等是指所处的层级相同。对等交谈意指同一层找同一层谈，例如，第 3 层找第 3 层谈、第 4 层找第 4 层谈……依此类推。所以某一方的第 N 层只与对方的第 N 层交谈，只要收到、解读自己所送出的信息就好，完全不必关心对方的第 N-1 层或第 N+1 层会如何做，因为那是由一方的第 N-1 层与第 N+1 层来处理。

其实，双方都是对等身份交谈是常用的规则，这样的最大好处是简化了每个层所负责的事情。因此，通信协议应该说是对等个体通信时的一切约定，如图 1-22 所示。

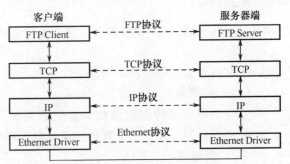

图 1-22 只有位于同一层的协议才会彼此交谈

TCP 通信协议用来联系客户端与服务器端的同一层（TCP 层），IP 通信协议则用来联系客户端与服务器端的同一层（IP 层），依此类推。对于不同端、相同层的沟通约定，我们才称之为"协议"；至于在同一端、不同层的沟通程序，那不叫做通信协议，而是称为接口。但是 OSI 模型不是用接口这个名词，而是用 SAP（Service Access Point，服务访问点）代替。换言之，各层之间都是通过 SAP 对上、对下沟通。

3. 逐层处理，层层负责

既然层次分得很清楚，处理事情时当然应该按部就班，逐层处理，决不允许越过上一层，或是越过下一层。因此，第 N 层收到数据后，一定先把该办的事办得妥妥当当，才可将数据向上传送给第 N+1 层；如果收到第 N+1 层传下来的数据，也是处理无误后才向下传给第 N-1 层。任何一层收到数据时，都可以相信上一层或下一层已经做完它们该做的事，层级的多少还要考虑效率与实际操作的难易，并非层数越多越好。

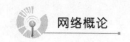

1.9　TCP/IP 参考模型

OSI 模型虽然广受支持，但是部分网络系统并未参考它，例如目前的互联网就是典型的例子。因为互联网采用 TCP/IP 协议，而 TCP/IP 协议诞生于 OSI 模型之前，所以自然无法参考 OSI 模型。因此，在这里介绍 TCP/IP 协议独特的网络模型，即 TCP/IP 参考模型。

其实是先有了 TCP/IP 协议组合，后来才建立 TCP/IP 模型，而 OSI 却是先有模型，后有协议。两者正好相反。

1.9.1　TCP/IP 协议组合

在许多文件中，时常提到 TCP/IP 协议族。它除了代表 TCP 与 IP 这两种通信协议外，更包含了与 TCP/IP 相关的数十种通信协议，例如，SMTP、DNS、ICMP、POP、FTP、Telnet 等等。其实平常所谓的 TCP/IP 通信协议，其背后真正的意义就是指 TCP/IP 协议族，而非单指 TCP 和 IP 两种通信协议。

因为当年互联网的前身 ARPANet 选择 TCP/IP 协议族为其通信协议，整个网络结构便沿袭迄今。以目前趋势来看，很难有其他通信协议，能取代 TCP/IP 协议族在互联网上的霸主地位。

TCP/IP 协议组合大多数都定义在 RFC（Request For Comments）文件内，如果需要，可到 www.rfc.editor.org/index.html 下载。

1.9.2　TCP/IP 参考模型简介

TCP/IP 模型所定的结构，分工不像 OSI 模型那么精细，而只是简单地分为如图 1-23 所示的四层。

图 1-23　TCP/IP 参考模型

这四层的功能简述如下。

1. 应用层

应用层定义应用程序如何提供服务，例如，浏览程序如何与 WWW 服务器沟通、邮件软件如何从邮件服务器下载邮件，等等。

2. 传输层

传输层又称为主机对主机层，负责传输过程的流量控制、错误处理、数据传送等工作，TCP 和 UDP 为此层最具代表性的协议。

3. 网络层

网络层又称为互联网层，决定数据如何传送到目的地，例如，编定地址、选择路径等等。IP 便是此层最著名的通信协议。

4. 数据链路层

数据链路层又称为网络接口层，负责对硬件的沟通。例如，网卡的驱动程序或广域网的 Frame Relay 便属于此层。

虽然 TCP/IP 模型与 OSI 模型各有自己的结构，但是大体上两者仍能互相对照，如图 1-24 所示。

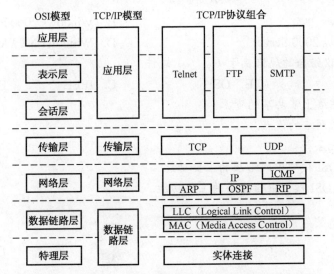

图 1-24 OSI 模型、TCP/IP 模型与 TCP/IP 协议组合的对照

由上图可以看出，TCP/IP 模型与 OSI 模型有以下两点主要差异：

- TCP/IP 模型的应用层相当于 OSI 模型的第 5、6、7 三层。
- TCP/IP 模型的数据链路层相当于 OSI 模型的第 1、2 层。

毕竟 TCP/IP 模型的分工比较粗略，不像 OSI 模型那么精细。在实际操作中，TCP/IP 模型比较简单和有效率；在学习上，参考 OSI 模型较容易理清各层的职责。两者可以说是各有千秋。此外，TCP/IP 模型的网络层对应 OSI 模型的网络层、TCP/IP 模型的传输层对应 OSI 模型的传输层，双方不但功能相同，连名词都一样，容易记忆。

从表面上来看，既然互联网采用 TCP/IP 协议组合，而 TCP/IP 模型就是为 TCP/IP 协议组合而量身定做的，那么以 TCP/IP 模型来说明互联网的运作，自然是顺理成章、天经地义的事。但是从学习的角度来看，OSI 模型是一个优良的范本，在整个网络界占有举足轻重、不可忽视的地位，掌握其结构十分必要。

小　结

本章主要介绍了计算机网络的产生与发展过程、网络基本概念与性能指标、网络类型、对等式网络与主从式网络、网络操作系统、OSI 参考模型和 TCP/IP 参考模型等内容。对于这些内容的介绍，立足于概念。掌握这些概念之后，可以对计算机网络有初步的认识。

拓展练习

1. （　　）不是网络上可共享的资源。

    A. 文件　　　　　　　B. 打印机　　　　　C. 内存　　　　D. 应用程序

2. 局域网可涵盖的范围大约在（　　）。

    A. 2 km 内　　　　　B. 2～10 km　　　　C. 10 km 以上　D. 没有范围限制

3. 主从式网络的特性是（　　）。

    A. 架设容易　　　　　　　　　　　　B. 成本低廉

    C. 适用于小型网络　　　　　　　　　D. 资源集中管理

4. 适用于服务器的操作系统是（　　）。

A. Windows 98   B. Windows 2000 Professional

C. Windows 2000 Server   D. Windows NT Workstation

5. TCP/IP 协议组合的规格属于（　　）文件。

A. RFC   B. OSI   C. IEEE   D. IETF

6. 列举 3 种网络上常共享的资源。

7. 说明主从式网络的优点。

8. 画出 OSI 七层模型。

9. 简单说明 OSI 模型中网络层的主要功能。

10. 简单说明 OSI 模型中传输层的主要功能。

第2章

数据通信

本章主要内容

- 数字与模拟
- 数据传输方式
- 基带编码技术
- 频带调制技术
- 数据传输同步方式
- 单工与双工
- 通信方式
- 带宽

数据通信是计算机网络的基础，没有数据通信技术的出现与发展，就没有计算机网络。因此，学习计算机网络，首先要掌握数据通信技术。

数据要通过传输介质从发送端传递到接收端，先按照传输介质的特性，将数据转换成传输介质上所承载的信号。接收端从传输介质取得信号后，再将其还原成数据。不同传输介质所承载的信号类型各不相同，信号的物理特性也不同，铜制线缆的数据传输如图 2-1 所示。

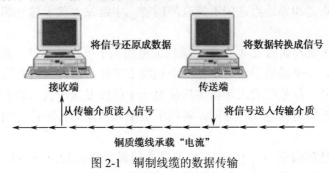

图 2-1　铜制线缆的数据传输

光纤线缆的数据传输如图 2-2 所示。

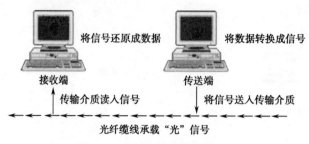

图 2-2　光纤线缆的数据传输

无线类型的数据传输如图 2-3 所示。

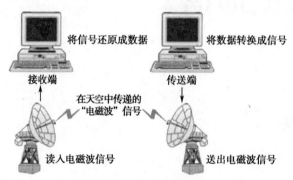

图 2-3　无线类型的数据传输

尽管不同传输介质承载各自不同的信号，铜质线缆承载的是电流信号，光纤线缆承载的是光信号，无线通信则通过天空传递电磁波信号。但是，各种信号之间的差异无论有多大，数据与各类信号之间的转换的方式却大致相同。

地面微波通信是指在可视范围内，利用微波波段的电磁波进行信息传播的通信方式。显然，利用地面微波进行长距离通信，需要使用中继站。中继站的作用是进行变频、放大和功率补偿。一般将微波天线安装在地势较高的位置，天线的位置越高所发出的信号就越不容易被建筑物或高山遮挡，进而传播的距离就越远，两者之间的关系可以用如下公式表示：

$$D=7.14(kh)^{1/2} \tag{2-1}$$

其中 D 为天线之间的最大距离，单位为 km；h 为天线的高度；k 为调节因子，一般为 4/3。

地面微波通信的优点是频带宽，通信容量大，在长距离传输中建设费用低，更易克服地理条件的限制。缺点是相邻站点之间不能有障碍物，中继站不便于建立和维护，通信保密性差，易被窃听。

卫星通信的工作原理如图 2-4 所示。通信卫星相当于一个中继站，两个或多个地球站通过它实现相互通信。一个通信卫星可以在多个频段上工作，这些频段称为转发器信道。卫星从一个频段接收信号，信号经放大和再生后从另一个频段发送出去。通常将用于地面站向卫星传输信号的转发器信道称为上行通道，将用于卫星向地面站传输信号的转发器信道称为下行通道。

卫星传输的最佳频段是 1～10 GHz。卫星通信最显著的特点是传输延时长、传输损耗大，这与传输距离、频率和天气都有关系。与其他通信方式相比较，卫星通信覆盖范围大、传输距离远，卫星使用微波频段，可使用频段宽广，并且通信容量大；卫星通信机动灵活、不受地面影响，通信质量好，可靠性高。其缺点是远距离传输延时较大，发射功率较高。

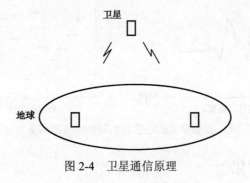

图 2-4 卫星通信原理

2.1 数字与模拟

2.1.1 数据的数字与模拟

数字泛指一切可数的信息，模拟则是那些只能通过比较技巧进行区分的不可数信息。

举例来说，传统的水银温度计就是模拟装置，现代的数字温度计则是数字设备，如图 2-5 所示。在传统的温度计上，水银的体积会随温度的变化而热胀冷缩，通过玻璃管柱旁的刻度便可读出温度值。水银在管柱内升降时，不见得就会准确地落在刻度上，刻度与刻度之间，有着无限多种可能的高度，所以是模拟设备。相比之下，现代的数字温度计上的温度有变化时，每个温度值则会直接跳到下一个温度值，两个温度值之间并不存在其他间隔状态，所以它是数字设备。

传统温度计（模拟）　　　　　数字温度计（数字）

图 2-5 模拟与数字温度计

数字信息由可数的信息元素所组成。可数的信息有一个最小的分阶单位，元素与元素之间，不存在任何中间状态，也就是说元素与元素之间不存在其他中间元素。依次将可数元素排列起来会呈现出锯齿状的不连续性分布。

模拟信息由不可数的信息元素所组成。不可数的数字信息元素不分阶，元素与下一个元素之间可以存在无限多种中间状态，换句话说也就是元素与元素之间还存在着无数个中间元素。依次将不可数元素排列起来会呈现出流线型的连续性分布，如图 2-6 所示。

数字表是数字设备，指针表也不例外。指针表的指针在齿轮的带动下，在表面刻度间停停走走，时间一到，立即跳到下一个刻度上停下来，不在刻度之间的位置稍做停留。所以，它也是一种数字设备。

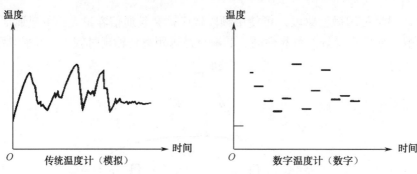

图 2-6　模拟信息的连续分布与数字信息的离散分布

2.1.2　数据的数字化

未量化的模拟数据，经过量化的采样过程后，还是可以转换成数字数据。

模拟数据经过采样、量化之后就变成了数字信息，所以这种采样、量化过程又被称为数字化过程。采样的作用是把时间上连续的信号，变成在时间上不连续的信号序列，如图 2-7 所示。为了概念性的说明，我们采用的是较简单的正弦波形，但实际的声波波形要复杂得多。根据采样定理，采样的频率至少高于信号最高频率的 2 倍。

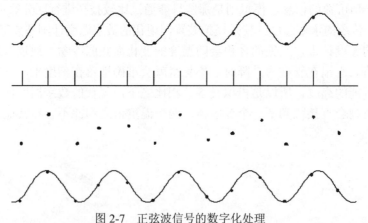

图 2-7　正弦波信号的数字化处理

把采样所得的值（通常为反映某一瞬间声波幅度的电压值）数字化，即用二进制来表示模拟量，进而实现模/数转换。显然，用来表示一个电压模拟值的二进数位越多，其分辨率也越高。

2.1.3　信号的数字与模拟

在传统的电话系统之下，发话端利用声音的模拟震动直接改变传输电流大小，在铜质线缆上产生出模拟电流变动，接收端则根据模拟电流变动还原出模拟震动的声音。在整套传输过程中没有对信号的电流变化状态进行量化操作，所以是模拟信息通过模拟信号传递的典型例子。

传统的调幅/调频（AM/FM）广播电台可以通过相同方式以模拟震动产生模拟无线电信号。至于现代的局域网数字传输技术，以二阶的基带传输为例，在传送由 0 与 1 所组成的数字信息时，发送端按照数据位的内容（0 或 1）分别输出高低两种电位状态。接收端则根据电位的高低状态还原出数据内容。在传输过程中发送端送出的信号状态只有两种，接收端也只根据这两种信号状态还原数据。信号制作与解读时都对信号状态进行分阶操作，所以是数字信息通过数字信号传递的典型例子。

由于数字信号的信号状态有分阶，所以抗干扰能力较强。以+1 V 与-1 V 所组成的二阶基带信号为例，发送端与接收端只承认这两种电位状态。发送端若送出一个+1 V 信号，传输途中就算有一个-0.1 V 的噪声混入，接收端依旧会将这个+0.9 V 的信号视为+1 V 信号，将噪声所造成的干扰信息过滤掉了。

2.1.4　数字化信息的转换、压缩、传输与存储

声音、图像、图片等信息，通过数字化处理转变成数字数据，再接着进一步的压缩、传递与存储。早期还有通过模拟信号传递模拟信息的数据通信方式，现今随着数字通信技术的突飞猛进，模拟信息通过数字化处理转变成数字信息，再通过数字传输技术传送。这已成为一种典型的流行方法。

2.2　数据传输方式

根据数据在传输线上原样不变地传输还是调制后再传输，数据传输分为基带传输和频带传输。在本节，主要介绍二进制数字信号的这两种传输方式。其中基带传输是直接控制信号状态的传输方式；频带传输则是控制载波信号状态的传输技术。

在各种新闻介质与广告中，常常会出现宽带上网这类术语。这里的宽带是表示线路的传输带宽很宽，所以连接速率很快，相比之下传统的调制解调器连接则被称为窄带连接。

2.2.1　基带信号的发送与接收

基带传输是直接控制信号状态的传输方式，例如数字信号以原来的 0 或 1 形式原封不动地在信道中传送，称为基带传输。在基带传输时，传输信号的频率可以从 0 到几兆赫，要求信道有较宽的频率特性。一般的电话线路不能满足这个要求，需要根据传输信号的范围选用专用的传输线路。基带传输的信号频率可以很低，含有直流成分，因此也叫直流传输，以铜质线缆上的电流信号为例，便是直接改变电位状态来传输数据，如图 2-8 所示。

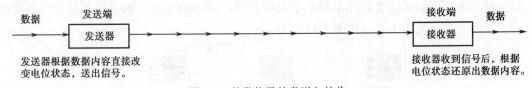

图 2-8　基带信号的发送与接收

2.2.2　频带信号的发送与接收

频带传输方式是指通过载波信号的调制与解调来实现数据的传输。载波是指可以用来载送数据的信号。因为数据并不是直接转换为信号送出去，而是要通过改变载波信号的特性来承载数据，信号到达目的地之后，才由接收端将数据从载波信号上分离出来。在实际上，以正弦波信号作为载波，并根据数据内容是 0 或 1 来改变载波的特性（通常是改变频率、振幅或相位其中一种），接收端收到这个被修改过的载波后，将它与正常的载波（正弦波）比较，便可得知哪些特性有变动，再从这些变动部分推出原本的数据，这种传输方式便是宽带

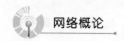

传输的重要特性，其过程如图 2-9 所示。

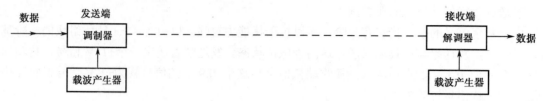

图 2-9　频带信号的发送与接收

　　上述将数据放上载波的操作称为调制，执行调制操作的装置或程序称为调制器；而将数据与载波分离的操作称为解调，执行解调操作的设备或程序称为解调器。

2.2.3　载波传输不等于模拟传输

　　由于早期的载波传输都应用在模拟传输上，例如 AM 与 FM 无线电广播、模拟电话系统、模拟式无线电视系统、模拟式有线电视系统等，所以早期的教科书都将载波传输与模拟传输画上等号。然而宽带传输也用到载波传输，于是宽带传输就被归类成模拟传输，其实这种认识并不正确。

　　随着载波在数字传输上的应用越来越频繁，通信卫星的无线载波通信早已数字化，逐渐普及的高清晰度电视（HDTV）、广播信号也采用数字载波信号传送电视节目，图 2-10 所示的是 HDTV 发送过程。

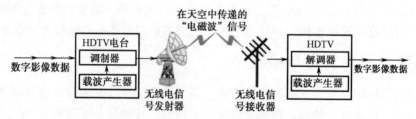

图 2-10　HDTV 无线广播发送流程图

2.2.4　载波传输不等于单向传输

　　以太网络中采用同轴线缆的 10BASE-2 基带传输，即 10BASE-2 的基带信号可以沿着同轴线缆上的两个方向传递出去，如图 2-11 所示。

图 2-11　10BASE-2 的两个方向传递

　　以太网络中也采用 10Broad-36 宽带传输，即 10Broad-36 的宽带信号仅能沿着同轴线缆上一个固定方向传递过去，如图 2-12 所示。

　　传输信号可以区分出的信号状态越多阶，所能代表的信息也就越多。随着数字信号处理技术的进步，相信未来无论是基带传输或是宽带传输，可以区分出更多逻辑状态的传输控制技术将呈现在我们面前。

图 2-12 10Broad-36 的一个固定方向传递

2.3 基带编码技术

为了解释各种基带（Baseband）传输控制技术如何将数据转换成信号，下面以电流脉冲为例说明。至于光纤与无线电磁波的基带传输，则原理相同。

2.3.1 二阶基带信号的编码方式

在基带传输的演变过程中，最早出现的是采用二阶信号的基带传输。所谓的二阶信号，是指信号上仅能区分出两种逻辑状态。以电流脉冲来说，就是电位的"高"与"低"。

1. Nonreturn-To-Zero（NRZ，不归零）方式

1=高电位

0=低电位

NRZ 方式是最原始的基带传输方式，它的主要缺点是接收方和发送方不能保持正确的定时关系，并且当信号中包含的 1 的个数与 0 的个数不同时，存有直流分量。

100VG-AnyLAN 网络便采用这种传输方式，如图 2-13 所示。

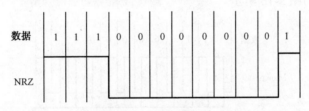

图 2-13 NRZ 示意图

2. Return-To-Zero（RZ，归零）方式

1=在位的前半段保持高电位，后半段则恢复到低电位状态

0=低电位

10 Mb/s ARCNET 网络采用这种传输方式，如图 2-14 所示。

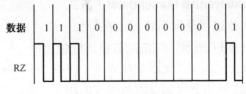

图 2-14 RZ 示意图

3. Nonreturn-To-Zero-Inverted（NRZI，不归零反转）方式

1=变换电位状态

0=不变换电位状态

10BASE-F 网络采用这种传输方式，假设无论数据内容是 0 还是 1，前一位的电位为低电位，NRZI 的示意图如图 2-15（a）所示，假设前一位的电位为高电位，NRZI 的示意图如图 2-15（b）所示。

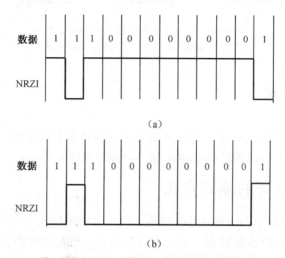

（a）

（b）

（a）前一位的电位为低电位；（b）前一位的电位为高电位

图 2-15 NRZI 示意图

4. 曼彻斯特（Manchester）方式

曼彻斯特方式中的代码每一位中间（1/2 周期时）都有跳变，该跳变可以作为时钟，也可以代表数字信号的取值。当每位中间由低电位转变到高电位跳变时，代表 1；由高电位转变到低电位代表 0，如图 2-16 所示。

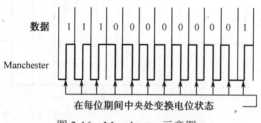

图 2-16 Manchester 示意图

1=由低电位转变到高电位

0=由高电位转变到低电位

10BASE-T 网络采用这种传输方式。

5. 微分式曼彻斯特（Differential Manchester）方式

微分式曼彻斯特继承和改进了曼彻斯特固定在每位中变换电位状态的做法，电位状态的变化方式则有所不同，如图 2-17 所示。二进制数据的取值由每一位开始的边界是否存有跳变而定，一位的开始边界有跳变代表 0，无跳变代表 1。在图 2-17（a）中，表示无论数据内容是 0 或 1，前一位周期边界出现由低电位升到高电位的跳变；在图 2-17（b）中，表示前一位的数据内容无论是 0 或 1，前一位周期边界出现由高电位降到低电位的跳变。

Token Ring 网络采用这种传输方式。

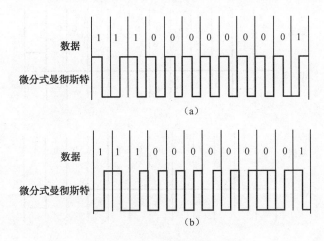

图 2-17 微分式曼彻斯特示意图

2.3.2 多阶基带信号的编码方式

对三阶的电流脉冲来说，信号通常分成三种电位状态，分别为：正电位、零电位、负电位。三阶的基带传输方式有：

① Bipolar Alter nate Mark Inversion（Bipolar-AMI，双极交替记号反转）：早期 T-Carrier 网络采用这种传输方式。

② Bipolar-8-Zero Substitution（B8ZS，双极信号八零替换）：新式 T-Carrier 网络采用这种传输方式。

③ High Density Bipolar 3（HDB3，高密度双极信号 3）：E-Carrier 网络采用这种传输方式。

④ Multilevel Transmission 3（MLT-3，多阶传输 3）：100BASE-TX 网络采用这种传输方式。

后来可以区分出五种逻辑状态的"脉冲振幅调制 5"（PAM5）基带传输也出现了，100BASE-T2 与 1000BASE-T 都采用这种五阶基带传输方式。

在众多三阶基带传输技术中，100BASE-TX 网络所采用的 MLT-3 传输方式是 Crescendo Communications 公司（在 1993 年被 Cisco 公司并购）所发明的基带传输技术，是由 Mario Mazzola、Luca Cafiero 与 Tazio De Nicolo 三人共同开发出此技术的，也因此将其命名为"MLT-3"。

MLT-3 的运作方式很简单：

0=不变化电位状态

1=按照正弦波电位顺序（0、+、0、−）变换电位状态，如图 2-18 所示。

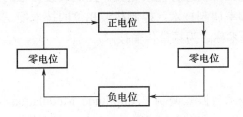

图 2-18 MLT-3 电位时态变换示意图

所以数据行"111000000001"将转变成下列四种信号状态变化方式，如图 2-19 所示。

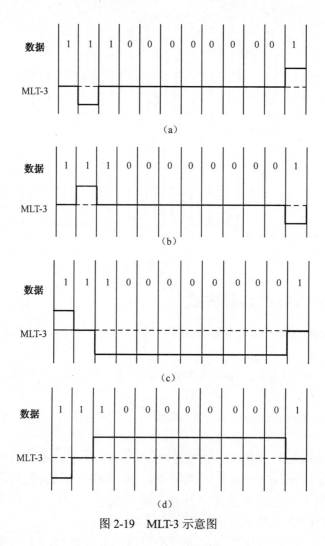

图 2-19　MLT-3 示意图

2.4　频带调制技术

远距离通信时，一般的通信线只适于传输音频范围的模拟信号，不适于直接传输基带信号。需先要将模拟信号转换为数字信号，发送端根据数据内容，命令调制器改变载波的物理特性，接收端则通过解调器从载波上读出物理特性的变换，将其还原成数据。调制常通过改变载波的振幅、频率、相位三种物理特性来完成。控制载波振幅的技术称为振幅调制技术；控制载波频率的技术则为频率调制技术；控制载波相位的技术便是相位调制技术。这种通过载波的控制来传递数据的技术称之为频带传输技术。

2.4.1　振幅调制技术

控制载波振幅的调制技术为振幅调制（Amplitude Modulation，AM）技术；数字振幅调制技术称为振幅键控（Amplitude Shift Keying，ASK）调制技术。它以振幅较弱的信号状态代表 0，以振幅较强的信号状态代表 1，如图 2-20 所示。

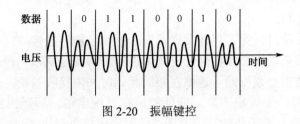

图 2-20　振幅键控

2.4.2　频率调制技术

控制载波频率的调制技术为频率调制（Frequency Modulation，FM）技术；数字频率调制技术称为频移键控（Frequency Shift Keying，FSK）调制技术。它以频率较低的信号状态代表 0，以频率较高的信号状态代表 1，如图 2-21 所示。

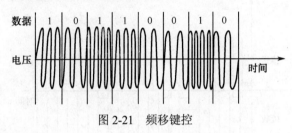

图 2-21　频移键控

2.4.3　相位调制技术

控制载波相位的调制技术为相位调制（Phase Modulation，PM）技术；数字相位调制技术则称为相移键控（Phase Shift Keying，PSK）调制技术。它以信号相位状态的改变代表 1，以信号相位状态不变代表 0，如图 2-22 所示。

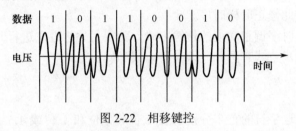

图 2-22　相移键控

2.4.4　正交幅度调制技术

除了上述三种典型的调制方式外，新的正交幅度调制（Quadrature Amplitude Modulation，QAM）技术是一种结合 ASK 与 PSK 的综合型调制技术，同时控制载波的振幅强度与相位偏移量，让同一个载波信号得以呈现出更多的逻辑状态。

2.5　数据传输同步方式

发送端将数据转换成信号，通过传输介质传递出去，接收端取得信息后，再将其转换成原先的数据。在上述过程中，发送端与接收端需相互配合，才能顺利完成数据的传递任务。接收端要顺利将信号转换成原先的数据，它需要确定从哪个时间点开始检测信号的逻辑状态

与传输一位所占用的时间。

数据在数据线上传输时，为了保证发送端发送的信息能够被接收端准确无误地接收，要求发送端和接收端的选择动作必须在同一时间内进行，即发送端以一种速率在一定的起始时间内发送数据，接收端也必须以同一速率在相同起始时间内接收数据，否则只要双方的时钟有些微的误差，长时间传输累积下来，便使得采样过程出错，解译出错误的数据。举例来说，采用 NRZ（不归零）基带传输，但发送端的时钟比接收端快了 1%，如此一来，发送端每送出 100 位，接收端便会以为收到了 99 位。除了平白少一位数据外，由于采样的时间点走偏了，也会使接收端将信号转译成错误的数据，如图 2-23 所示。

也就是说，同步是指只需让发送端与数据端参考同一套时钟即可。除非传送端通过另一条传输线路将时序信号传送给接收端，让接收端得以随时修正时序。

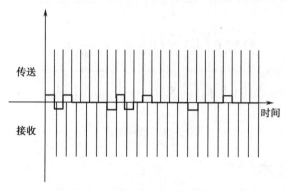

图 2-23　时序非同步引发的错误

有些传输方式本身就有时序调整功能，从另一个角度来看，这些传输方式也算是在数据信号中混入了时序信号。例如曼彻斯特与微分式曼彻斯特传输方式固定在每位中变换信号逻辑状态，接收端可以借此修正取样时序。

至于其他本身不具时序调整功能的传输方式，就得另外想办法进行时序同步了。

常用的数据传输同步方式有两种，即异步方式和同步方式。

2.5.1　异步方式

异步方式规定在传送字符的首末分别设置 1 位起始位和 1 位或 1.5 位或 2 位停止位，它们分别表示字符的开始和停止，1 位检验位可以是奇检验或偶检验。起始位是低电平，数字"0"状态；停止位是高电平，数字"1"状态。字符可以是 5 位或 8 位，一般 5 位字符的停止位是 1.5 位，8 位字符的停止位是 2 位，8 位字符包括 1 位检验位和 7 位信息位。在异步方式中，大多采用偶检验。图 2-24（a）（b）分别给出了 5 位字符和 8 位字符的异步方式字符结构。

在不传输字符时，传输线处于停止位状态，即高电平。但接收端检测出传输线状态的变化，即电平的变化，这就表明发送端已开始发送字符，接收端立即利用这个电平的变化启动定时机构，按发送的顺序接收数据，待发送字符结束，发送端又使传输线处于高电平，一直到发送下一个字符为止。

从图 2-24 中不难看出，在异步方式中，每个字符所含位数相同，传送每个字符所用的时间由起始位和终止位之间的时间间隔所决定，为了固定值，起始位起了一个字符内的各位同步的作用，但是由于各字符之间的间隔没有规定，可以任意长短，因此各字符间不同步。

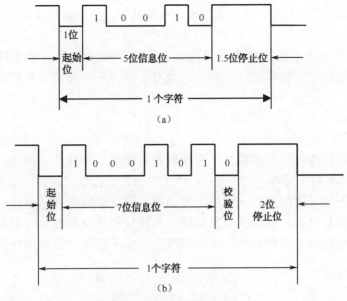

图 2-24 异步方式字符结构

异步方式实现简单，但传输效率低。每个字符传送需要外加专用的同步信息，即加起始位和停止位，异步方式适于低速的终端设备（每秒 10～1 500 个字符）。

2.5.2 同步方式

同步方式是在被传送的字符之前增加 1 位或 2 位同步字符 SYN。同步字符之后可以连续发送任意多个字符，每个字符不需要任何附加位。发送端和接收端应先约定同步字符的个数及每个同步字符的代码，以便实现接收和发送的同步。其过程是：接收端检测发送端同步字符模式，一旦检测到 SYN，说明已找到了字符的边界，接收端向发送端发确认信号，表示准备接收字符，发送端就开始逐个发送字符，一直到控制字符指出一组字符传送结束。

同步方式用于信息块的高速传送，传输效率高于异步，但发送端和接收端较异步复杂。

2.6 单工与双工

2.6.1 单工

在此传输模式下，信息的发送端与接收端，两者的角色分得很清楚。发送端只能发送信息出去，不能接收调制；接收端只能接收信息，不能发送信息出去，如图 2-25 所示。

图 2-25 单工传输

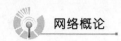

单工传输在生活中很常见，例如电视机、收音机等，它只能接收来自电台的信息，但不能返回信息给电台。

双工模式分为半双工模式和全双工模式两种。半双工模式两端都具有接收和发送功能，但却不能同时进行接收和发送的操作。全双工模式下，通信端可以同时进行数据的发送和接收。

2.6.2　半双工

虽然调制端可以接收与发送数据，但是调制只能做一种操作。例如，常用的无线对讲机就是采用典型的半双工传输，如图 2-26 所示，平常没按任何按钮时处于收话模式，仅可以接收信息，但不能发送信息；一旦按下发话钮，便立即转成发话模式，此时就不能接收信息，只能发送信息出去，直到放开发话钮，又恢复收话模式时，才能继续接收信息。所以像这种虽然具有收与发两种功能，即可以双工，却不能同时收发的传输模式，便称为半双工传输。

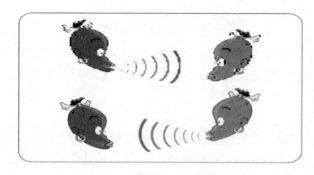

图 2-26　半双工

2.6.3　全双工

在全双工传输模式下通信端可以同时进行数据的接收与发送操作。举例来说，电话便是一种全双工传输工具，我们在听对方讲话的同时，也可以发话给对方。像这种收发同时两全的传输模式，便称作全双工传输，如图 2-27 所示。

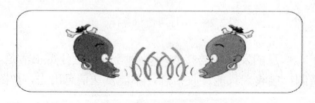

图 2-27　全双工传输

2.7　通信方式

2.7.1　异步/同步通信

通信方式可以分为异步通信和同步通信两种。异步通信是指发送方和接收方之间不需要合作。也就是说，只要被发送的数据已经是可以发送，发送方就可以在任何时间发送数据。接收者则只要数据到达，就可以接收数据。

与异步通信相反，同步通信则要求发送和接收数据的双方进行合作，按照一定的速度向前推进。也就是说，发送者只有得到接收者送来的允许发送的同步信号之后才能发送数据。而接收者也必须收到发送者所指示的数据发送完毕、允许接收电信号之后才能接收。同步通信是一个发送者和接收者之间相互制约、相互通信的过程。

计算机网络中的通信既包括异步通信，也包括同步通信。异步通信比较适于那些并不是经常有大量数据传送的设备。

2.7.2 串行/并行通信

通信方式按另外一种分类方法，可以分为串行通信与并行通信。如果数据的各位在导线上逐位传输，则被称为串行通信。与串行通信相对的是并行通信，并行通信使用多条导线，并允许同时在每一导线上传输一位。

1. 串行通信

在计算机中，通常是用 8 位的二进制代码来表示一个字符。在数据通信中，可以按图 2-28（a）所示的方式，将待传的每个二进制代码按由低位到高位的顺序，依次发送。

2. 并行通信

并行通信是指在数据通信中，可以按图 2-28（b）所示的方式，将表示一个字符的 8 位二进制代码通过 8 条并行的通信信道同时发送出去，每次发送一个字符代码。

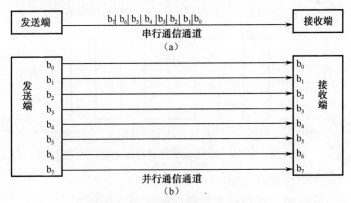

图 2-28 串行通信与并行通信

（a）串行通信；（b）并行通信

对于远程通信来说，在同样传输速率的情况下，并行通信在单位时间内所传送的字符是串行通信的 n 倍，在本例中 $n=8$。由于并行通信需要建立多个信道，并行通信造价高，在远程通信中，一般采用串行通信方式。

2.7.3 异步串行通信方式 RS-232

PC 机的 RS-232 口采用的是异步串行通信方式。

RS-232 异步字符传输是由电子工业协会（EIA）提出的标准，已经成为一个被广泛接受的标准，用于在计算机与调制解调器、键盘或终端之类的设备之间传输字符。EIA 标准 RS-232-C，常简称为 RS-232。尽管后来的 RS-422 标准在功能上更好一些，但各种设备仍流

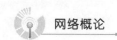

行使用 RS-232，所以，专业上仍使用老标准的名字。该标准详细说明了电器特性，例如，用于传输的两个电压值在-15 V～+15 V 之间，以及物理连接的细节，如连线必须在 50 英尺（1英尺=30.48 厘米）之内。因为 RS-232 被设计为用来与调制解调器或终端设备通信，它详细定义了字符的传输，通常每个字符由 7 个数据位组成。

RS-232 定义了串行的异步传输。RS-232 允许发送方在任何时刻发送一个字符，并可在发送另一个字符前延迟任意长的时间。不仅如此，一个给定字符的发送也是异步的。因为发送方与接收方之间在传输前并不协调彼此的行动。但是，一旦开始传输一个字符，发送硬件一次将所有的位全部送出，在位与位之间没有延迟。更重要的是，RS-232 硬件并不在导线上存在 0V 状态，而是当发送方不再发送时，它使导线处于一个负电压状态，而这代表位 1。

因为导线在各位间隙并不回到 0 伏，接收方并不能从电压的消失来标记一位的结束和另一位的开始。发送器和接收器必须使每一位上电压维持的时间保持完全一致。当字符的第一位到达时，接收器启动一个计时器，并且使用该计时器定时测量每一个后续位的电压。因为接收器不能对线路的空闲状态（处于位 1）和一位真正的 1 做出区分，RS-232 标准要求发送器在传输字符的各位之前先传输一位额外的 0，这一附加位就是起始位。

虽然在一个字符结束与下一个字符开始之间的空闲时间可以持续任意长，但 RS-232 要求发送方必须使线路保持空闲状态至少达到某一最小时间，通常所选定的最小时间就是传输一位所需的时间。在 RS-232 中，这位被称为终止位。

图 2-29 中的波形图说明了在用 RS-232 传输一个字符时导线上的电压是如何变化的。虽然例子中所显示的字符仅包含 7 位，但 RS-232 在传输中增加了起始位和终止位。这样，整个传输需要 9 位。图中显示 RS-232 用-15V 表示 1，+15 V 表示 0。

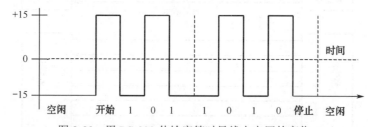

图 2-29　用 RS-232 传输字符时导线上电压的变化

可以将 RS-232 的主要性能归纳如下：

RS-232 是计算机实现短距离异步串行通信的一个流行标准。

RS-232 在每一字符前用一位起始位做前导，在每个字符后跟随至少一位的空闲周期，并且传输每一位都使用相同的时间。

2.8　带宽

在数字通信时代之前。带宽指的是以模拟信号传递模拟数据时的信号波段频带宽度。随着数字通信技术的出现，带宽一词也用来代表数字传输技术的线路传输速率。随着网络传输技术的普及，数据传输效益已成了研究的热点，此时带宽一词也用来代表网络各处的数据传输流量。

无论带宽一词指的是频带宽度、传输速率，还是传输流量，反正带宽越大，可以承载的数据量也就越高，相对的传输效益也就越高。

2.8.1 信号带宽表示信号频率的变动范围

带宽一词最早出现在模拟通信时代，指的是信号频率的变动范围，通常由最高频率减去最低频率而得，单位为赫兹（Hz）。以传统的模拟电话系统为例，电话线上的信号频率变动范围约 200～3 200 Hz，所以说它的带宽为 3 000 Hz（3 200-200=3 000）。

通常所占的带宽越大，越能够传输高质量的信号。例如，AM 无线电广播上用来传送一个单音声道的信号带宽为 5 000 Hz，所以 AM 收音机所输出的声音质量比电话好。而 FM 无线电广播上用来传送一个单音声道的信号带宽高达 15 kHz，所以 FM 收音机所输出的声音质量又比 AM 收音机更好，如图 2-30 所示。

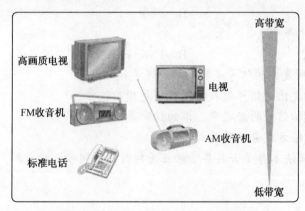

图 2-30　信号带宽表示信号频率的变动范围

2.8.2 线路带宽表示线路传输速率

随着数字传输技术的问世，带宽又指通信介质的"线路传输速率"（Wire Speed），也就是传输介质每秒所能够传输的数据量。由于数据传输最小单位为一位，所以线路带宽的单位为 b/s（bit per second，每秒传输位数）。

例如，10BASE-T 网络的线路传输速率为 10 Mb/s，传输线路每秒可传输 10 Mb 的数据。100BASE-TX 网络的线路传输速率为 100 Mb/s，传输线路每秒可传输 100 Mb 的数据。

通信网络实际操作中该使用哪种传输方式，是基带或宽带、全双工或半双工、三阶信号，还是五阶信号，都得根据网络介质特性与实际需求而定。不同的传输介质各有不同的适用场合，应按照各种应用需求搭配各种数据传输模式。无论采用何种网络介质，都得考虑其传输距离、传输的可靠性、数据传输量、布线成本、网络设备的价钱等因素。各种网络介质与网络设备，正是下一章我们所要介绍的内容。

● 小　　结

计算机网络是计算机技术与通信技术相结合的产物，计算机网络的主要功能是进行数据交换。本章主要介绍了数字与模拟、数据传输方式、基带编码技术、频带调制技术、数据传输同步方式、单工与双工、通信方式、带宽等内容。通过本章的学习，可以建立通信技术的基础，进而为学习计算机网络打下坚实的基础。

拓展练习

1. 通过收音机收听广播电台节目是（　　）。

    A. 全双工   B. 半双工   C. 单工

2. 铜质线缆传送的是（　　）。

    A. 电流   B. 电磁波   C. 光信号

3. AM 调制技术改变的是载波的（　　）。

    A. 振幅   B. 频率   C. 相位

4. FM 调制技术改变的是载波的（　　）。

    A. 振幅   B. 频率   C. 相位

5. QAM 调制技术等于（　　）。

    A. ASK+FSK   B. FSK+PSK   C. PSK+ASK

6. FM 广播电台所发出的信号是数字信号还是模拟信号？

7. HDTV 电台所发出的信号是数字信号还是模拟信号？

8. 数字信号与模拟信号两者之中，谁的抗噪声能力较强？

9. 信号的基本传输方式分为哪两大类？

10. 曼彻斯特编码法本身是否具备了修正采样时序的同步化功能？

第3章

计算机网络的组成元素

◀◀◀◀◀

本章主要内容

- 传输介质
- 连接方式
- 网络拓扑
- 网络设备

要了解网络，需要首先了解构建网络的元素，否则在学习网络的原理时，会难以理解其概念。所以这章我们将从传输介质、网络拓扑和网络设备三个部分介绍网络的组成元素，进而为学习计算机网络奠定坚实的基础。

3.1 传输介质

计算机网络中的传输介质主要包括有线传输介质和无线传输介质两类。

（1）有线传输介质

有线传输介质是指在两个通信设备之间实现的物理连接部分，利用它能将信号从一方传输到另一方。有线传输介质主要有双绞线、同轴电缆和光纤。双绞线和同轴电缆传输电信号，而光纤传输光信号。

（2）无线传输介质

无线传输介质指周围的物理空间。利用无线电波在物理空间的传播可以实现多种无线通信。在物理空间传输的电磁波根据频谱可将其分为无线电波、微波、红外线、激光等，信息被加载在电磁波上进行传输。

3.1.1 双绞线

双绞线是一种最廉价的传输媒体，并且易于使用。双绞线也可支持高带宽的传输，因此

作为一种最主要的网络传输介质被广泛应用于计算机网络中。

1. 双绞线工作原理

双绞线采用了一对互相绝缘的铜导线，互相绞合在一起，形成有规则的螺旋形，来抵御一部分外界电磁波干扰，更主要的是降低自身信号的对外干扰。通常是把若干对双绞线集成一束，并且用护套包住外皮，形成了典型的双绞线电缆。把多个线对扭在一块可以使各线对之间或其他电子噪声源的电磁干扰最小。通常所说的双绞线是指由 8 芯（4 对）组成的，如图 3-1 所示。仔细观察可以发现，每一对线在同一长度内绞数不同，而且每一对线可以用不同的颜色分类。

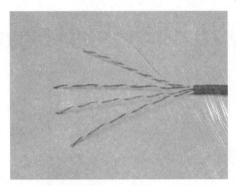

图 3-1　双绞线示意图

双绞线需要通过 RJ-45 连接器（俗称水晶头）与网卡、集线器或交换机等设备相连。

2. 双绞线类型

双绞线主要分为两大类，即屏蔽双绞线（Shielded Twisted-Pair，STP）和非屏蔽双绞线（Unshielded Twisted-Pair，UTP）。

（1）屏蔽双绞线

屏蔽双绞线在双绞线与外层绝缘封套之间有一个金属屏蔽层。屏蔽层可减少辐射，防止信息被窃听，也可阻止外部电磁干扰的进入。屏蔽双绞线比同类的非屏蔽双绞线具有更高的传输速率。屏蔽系统在干扰严重的环境下，不仅可以安全地运行各种高速网络，还可以安全地传输监控信号，避免干扰带来的监控系统假信息、误动作等。一些对传输有特殊要求的网络，包括涉及安全的重要信息，一定要使用屏蔽双绞线。屏蔽系统能防止电磁辐射泄露，保证机密信息的安全传输。

（2）非屏蔽双绞线

非屏蔽双绞线是一种数据传输线，由四对不同颜色的传输线所组成，就是常用的普通电话线或数据线，广泛用于以太网络和电话线中。非屏蔽双绞线一般可以满足用户的电话业务及数据业务需求，也是物美价廉、最易于安装和使用的传输媒介。非屏蔽系统可以在普通的商务楼宇环境下稳定工作，但不适合在对信息安全有高度要求，或者有电磁干扰的环境中使用。

（3）非屏蔽双绞线的分类

非屏蔽双绞线具有成本低廉、柔性好、传输性能好等特点，是全世界范围内综合布线工程中应用最广泛的电缆。EIA/TIA（电子工业协会/电信工业协会）按照电气性能的不同，将 UTP 双绞线定义为 7 种类别。

① 一类线：主要用于模拟语音传输（一类标准主要用于 80 年代初之前的电话线缆）。

② 二类线：用于语音传输和最高传输速率 4 Mb/s 的数据传输。

③ 三类线：用于语音传输及最高传输速率为 10 Mb/s 的数据传输。

④ 四类线：用于语音传输和最高传输速率 16 Mb/s 的数据传输。

⑤ 五类线：该类电缆增加了绕线密度，外套是一种高质量的绝缘材料，传输频率为 100 MHz，用于语音传输和最高传输速率为 100 Mb/s 的数据传输，主要用于 100BASE-T 和 1 000BASE-T 网络。在五类线与六类线之间定义了超五类线，其主要性能如下：超 5 类具有衰减小，串扰少，并且具有更高的衰减与串扰的比值（ACR）和信噪比（Structural Return Loss）、更小的时延误差，性能得到很大提高。超 5 类线主要用于百兆位以太网（100 Mb/s），也可用于千兆位以太网（1 000 Mb/s）。这是最常用的以太网电缆。

⑥ 六类线：该类电缆的传输频率为 1 MHz～250 MHz，六类布线系统在 200 MHz 时综合衰减串扰比（PS-ACR）应该有较大的余量，它提供 2 倍于超五类的带宽。六类布线的传输性能远远高于超五类标准，最适用于传输速率高于 1 Gb/s 的应用。六类与超五类的一个重要的不同点在于：改善了在串扰以及回波损耗方面的性能，对于新一代全双工的高速网络应用而言，优良的回波损耗性能是极重要的。六类标准中取消了基本链路模型，布线标准采用星型的拓扑结构，要求的布线距离为：永久链路的长度不能超过 90 m，信道长度不能超过 100 m。

⑦ 七类线：带宽为 600 MHz，可能用于今后的 10 Gb 以太网。

通常主要使用超五类线、六类线作为语音或数据传输系统。六类非屏蔽双绞线可以非常好地支持千兆以太网，并实现 100 m 的传输距离。六类双绞线虽然价格较高，但由于与超五类布线系统具有非常好的兼容性，且能够非常好地支持 1 000BASE-T，所以正逐渐成为主流产品。七类线是一种新的双绞线产品，性能优异，但目前价格较高，施工复杂且可选择的产品较少，目前使用较少。

3.1.2　同轴电缆

同轴电缆以硬铜线为芯，外包一层绝缘材料，如图 3-2 所示为同轴电缆剖视图，其内部的铜芯主要用于实现信号的传输；屏蔽层通常由金属丝编织网构成，以实现与外界干扰的隔离，同时防止外界电磁场对铜芯上传输信号的干扰；内部绝缘层主要隔离铜芯与屏蔽层；外部绝缘层较厚并具有较好的弹性。

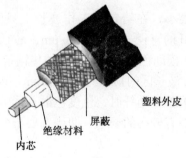

塑料外皮

屏蔽

绝缘材料

内芯

图 3-2　同轴电缆结构

同轴电缆可分为粗缆和细缆两种。粗缆用于较大型局域网的构建，具有通信距离长、可靠性较高等优点；细缆主要应用于总线型局域网的建设，成本低、安装方便。

同轴电缆曾经被广泛用于 10BASE-5 和 10BASE-2 以太网中。当前，已经被双绞线和光纤取代。

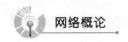

3.1.3　光纤

1．光纤结构

光纤是光导纤维的简写，是一种利用光在玻璃或塑料制成的纤维中的全反射原理而达成的光传导工具。光纤是一种细小、柔韧并能传输光信号的介质。利用光纤作为传输介质的通信方式叫光通信，是一种传输频带宽、通信容量大、传输损耗低、中继距离长、抗电磁干扰能力强、无串话干扰和保密性好的传输介质。

在局域网或广域网组网工程布线构建中，光缆是一种主要使用的综合布线材料。一根光缆包含有多条光纤，比较常见的有 4 芯、8 芯、12 芯、24 芯、48 芯、96 芯甚至更大芯数的光缆。光缆最核心的部分是它所包含的纤芯，纤芯通常是石英玻璃制成的横截面积很小的双层同心圆柱体，质地脆、易断裂。纤芯外面包围着一层折射率比芯线低的玻璃封套作为包层，以使光纤保持在芯内。在实际组网工程时所用到的光纤都已经加装了保护套层，以形成一个保护外壳，增强光缆的机械抗拉强度，有利于在实际布线中使用。图 3-3 所示为光缆结构图。

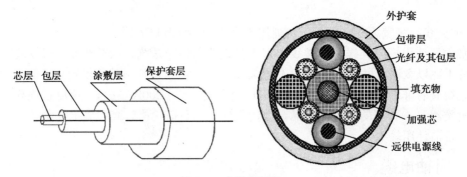

图 3-3　光缆结构图

2．光纤分类

（1）按传输点模数分类

按传输点模数分类，光纤可分为单模光纤（Single Mode Fiber）和多模光纤（Multi Mode Fiber）。

① 单模光纤的纤芯直径很小，在给定的工作波长上只能以单一模式传输，传输频带宽，传输容量大。常用单模光纤的直径一般为 125 μm，芯径为 8.3 μm 左右。在单模光纤中，只有一个模式传播，不存在模间色散，具有较大的传输带宽，并且在 1 310 nm 波长区的损耗约 0.4 dB/km，在 1 550 nm 波长区的损耗约 0.3 dB/km，因损耗较低而被广泛应用于高速长距离的光纤通信系统中。使用单模光纤时，色度色散是影响信号传输的主要因素，这样单模光纤对光源的谱宽和稳定性都有较高的要求，即谱宽要窄，稳定性要好。单模光纤一般必须使用半导体激光器激励。

② 多模光纤是在给定的工作波长上，能以多个模式同时传输的光纤。与单模光纤相比，多模光纤的传输性能较差。常用多模光纤的直径也为 125 μm，其中芯径一般为 50 μm 和 62.5 μm 两种。在多模光纤中，可以有数百个光波模在传播。多模光纤一般工作于短波长（0.8 μm）区，损耗与色散都比较大，带宽较小，适用于低速短距离光通信系统中。多模光纤的优点在于其具有较大的纤芯直径，可以用较高的耦合效率将光功率注入多模光纤中。多模

光纤一般使用发光二极管（LED）激励。

（2）按折射率分布分类

按折射率分布光纤可分为跳变式光纤和渐变式光纤。跳变式光纤纤芯的折射率和保护层的折射率都是一个常数。在纤芯和保护层的交界面，折射率呈阶梯式变化。渐变式光纤纤芯的折射率随着半径的增加按一定规律减小，在纤芯与保护层交界处减小为保护层的折射率。纤芯的折射率的变化近似于抛物线。

国际上单模光纤的标准是 ITU-T G.652 "单模光纤和光缆特性"；多模光纤的标准主要是 ITU–T 的 G.651 "50/125 μm 多模渐变折射率光纤和光缆特性"。我国的光纤标准包括国家标准 GB/T15912 系列和信息产业部颁布的通信行业标准 YD/T 系列。关于光纤详细的性能参数，在实际工作中用到时建议查阅相关国际标准和国内标准。

3.1.4　光缆

光纤是一种传输光束的细微而柔韧的传输介质。光缆由一捆纤芯组成，是数据传输中最有效的一种传输介质。光缆一般可以按以下三种方式分类。

① 按敷设方式分有：自承重架空光缆，管道光缆，铠装地埋光缆和海底光缆。

② 按光缆结构分有：束管式光缆，层绞式光缆，紧抱式光缆，带式光缆，非金属光缆和可分支光缆。

③ 按用途分有：长途通信用光缆、短途室外光缆、混合光缆和建筑物内用光缆。

这些光缆使用不同的光纤作为纤芯，并采用不同的方法制成各种各样的光缆。光缆常见的有 GYTA 光缆、GYTS 光缆、GYXY 光缆、GYTA53 光缆、GYTY53 光缆等多种单模或多模光缆，如 GYTA 是一种松套层绞式非铠装光缆，室外光缆中的一种，可管道、可架空。两种常用的光缆内部结构如图 3-4 所示。

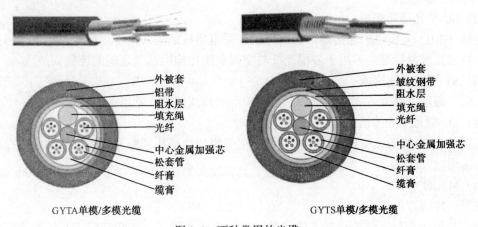

图 3-4　两种常用的光缆

3.1.5　光纤连接器

光纤连接器（又称光纤跳线）是在一段光纤两端安装连接插头，在光纤与光纤之间进行可拆卸连接的器件。它把光纤的两个端面精密对接起来，以使发射光纤输出的光能量能最大限度地耦合到接收光纤中去。由于其介入光链路，所以对系统造成的影响应减到最小，这是对光纤连接器的基本要求。在一定程度上，光纤连接器也影响了光传输系统的可靠性和各项

性能。常用的光纤连接器如图 3-5 所示。

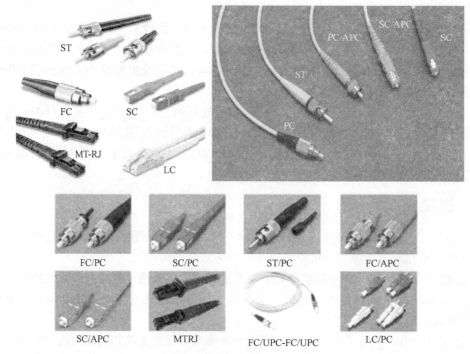

图 3-5 常见光纤连接器的种类

（1）FC 型光纤连接器

外部加强方式是采用金属套，紧固方式为螺丝扣，金属双重配合螺旋终止型结构。一般在 ODF 配线架采用。

（2）SC 型光纤连接器

连接 GBIC 光模块的连接器，紧固方式是采用插拔销闩式，不需旋转。矩形塑料插拔式结构；特点是容易拆装。多用于多根光纤与空间紧凑结构的法兰之间的连接。

（3）ST 型光纤连接器

外壳呈圆形，紧固方式为螺丝扣，金属圆形卡口式结构。常用于光纤配线架。

（4）LC 型光纤连接器

连接 SFP 模块的连接器，它采用操作方便的模块化插孔（RJ）闩锁机理制成，在路由器接口上常用。

（5）MT-RJ

收发一体的方形光纤连接器，一头双纤，收发一体。

以上是指接头与光纤桥接器（法兰盘）之间的连接形式，这些结构主要任务是实现接头与法兰盘之间的坚固连接，并将两端光纤的轴线引导到一条线上。

连接器插芯连接的损耗应该是越小越好，因此，对于活动接头的端面的要求标准比较高，以下是针对端面而制定的一些标准形式。

（1）FC 型

端面呈球形，接触面集中在端面的中央部分，反射损耗 35 dB，多用于测量仪器。

（2）APC 型

接触端的中央部分仍保持 PC 型的球面，但端面的其他部分加工成斜面，使端面与光纤轴线的夹角小于 90 度，这样可以增加接触面积，使光耦合更加紧密。当端面与光纤轴线夹角为 8 度时，插入损耗小于 0.5 dB。窄带（155 Mb/s 以下）光传输系统中常采用这种结构的接头。

（3）UPC 型

超平面连接，加工精密，连接方便，反射损耗 50 dB，常用于宽带（155 Mb/s 及以上）光纤传输系统中。

3.1.6 无线通信传输介质

有线传输并不是在任何条件下都能实现。例如，通信线路要通过一些高山、岛屿或公司临时在一个场地做宣传而需要连网时这样就很难施工，而且代价较大。因此，无线传输能起到较好的替补作用。另外一方面，随着 3G 通信、无线网络技术的发展，无线传输也得到了前所未有的发展。

无线通信传输介质主要有无线电短波、微波、红外线或其他无线电波等，它们具有较高的通信频率，理论上可以达到很高的数据传输速率。

1. 无线电短波

无线电短波的信号频率低于 100 MHz，它主要靠电离层的反射来实现通信，而电离层的不稳定所产生的衰落现象和离层反射所产生的多径效应使得短波信道的通信质量较差。因此，当必须使用短波无线台传输数据时，一般都是低速传输，速率为一个模拟话路每秒传几十至几百个比特。只在采用复杂的调制解调技术后，才能使数据的传输速率达到每秒几千字节。

短波通信是指波长在 100 m 以下、10 m 以上的电磁波，其频率为 3～30 MHz。其电波通过高层大气的电离层进行折射或反射而回到地面，又由地面反射回电离层，可以反射多次，因而传播距离很远（几百至上万千米），而且不受地面障碍物阻挡，从而实现远距离通信。由于电离层的高度和密度容易受昼夜、季节、气候等因素的影响，所以短波通信的稳定性较差，噪声较大。它广泛应用于电报、电话、低速传真通信和广播等方面。

2. 微波

微波通常是指波长在 1 mm～1 m（不含 1 m）的电磁波，对应的频率范围为 300 MHz～300 GHz，它介于无线电波和红外线之间。微波通信不需要固体介质，当两点间直线距离内无障碍时就可以使用微波传送。微波是一种定向传播的电波，收发双方的天线必须对应才能收发信息，即发送端的天线要对准接收端，接收端的天线要对准发送端。

我国微波通信广泛应用 L、S、C、X 等频段，K 频段的应用尚在开发之中。微波的频率极高，波长又很短，其在空中的传播特性与光波相近，也就是直线前进，遇到阻挡就被反射或被阻断，因此微波通信的主要方式是视距通信，超过视距以后需要中继转发。一般说来，由于地球球面的影响以及空间传输的损耗，每隔 50 km 左右，就需要设置中继站，将电波放大转发而延伸。这种通信方式，也称为微波中继通信或称微波接力通信。长距离微波通信干线可以经过几十次中继而传至数千千米仍可保持很高的通信质量。

微波通信具有容量大、质量好并可传至很远距离的优点，因此是国家通信网的一种重要通信手段，也普遍适用于各种专用通信网。

3. 红外线

红外是一种无线通信方式，由国际红外数据协会（IrDA）提出并推行，可以进行无线数据的传输。自 1974 年发明以来，得到很普遍的应用，如红外线鼠标，红外线打印机，红外线键盘等等。红外使用 850 nm 的红外光来传输数据和语音，已广泛使用在笔记本电脑、移

动电话等移动设备中。红外被广泛应用于室内短距离通信。

红外技术的主要特点有：利用红外传输数据，无需专门申请特定频段的使用执照；具有设备体积小、功率低的特点；由于采用点到点的连接，数据传输所受到的干扰较小，数据传输速率高，速率可达 16 Mb/s，称之为超高速红外（VIFR）。

由于红外技术使用红外线作为传播介质。红外线是波长为 0.75～1 000 μm 的无线电波，是人用肉眼看不到的光线。红外数据传输一般采用红外波段内波长为 0.75～25 μm 的近红外线。国际红外数据协会（IrDA）成立后，为保证不同厂商基于红外技术的产品能获得最佳的通信效果，规定所用红外波长为 0.85～0.90 μm，红外数据协会也相继制订了很多红外通信协议，有些注重传输速率，有些则注重功耗，也有二者兼顾的。

随着科学的进步，红外已经逐渐退出市场，逐渐被 USB 连线和蓝牙所取代。红外发明之初短距离无线连接的目的已经不如直接使用 USB 线和蓝牙方便，所以，市场上带有红外收发装置的机器会逐步退出人们的视线。

4．蓝牙技术

蓝牙技术（Bluetooth）是无线数据和语音传输的开放式标准，它将各种通信设备、计算机及其终端设备、各种数字数据系统，甚至家用电器采用无线方式连接起来。它的传输距离为 10 cm～10 m，如果增加功率或是加上某些外设便可达到 100m 的传输距离。它采用 2.4 GHz ISM 频段和调频、跳频技术，使用权向纠错编码、ARQ、TDD 和基带协议。蓝牙支持 64 kb/s 实时语音传输和数据传输，语音编码为 CVSD，发射功率分别为 1 mW、2.5 mW 和 100 mW，并使用全球统一的 48 比特的设备识别码。由于蓝牙采用无线接口来代替有线电缆连接，具有很强的移植性，并且适用于多种场合，加上该技术功耗低、对人体危害小，而且应用简单、容易实现，所以易于推广。

蓝牙是一种短距无线通信的技术规范，它最初的目标是取代现有的掌上电脑、移动电话等各种数字设备上的有线电缆连接。在制定蓝牙规范之初，就建立了统一的全球目标，向全球公开发布，工作频段为全球统一开放的 2.4 GHz 工业、科学和医学（Industrial Scientific and Medical，ISM）频段。从目前的应用来看，由于蓝牙体积小、功率低，其应用已不局限于计算机外设，几乎可以被集成到任何数字设备之中，特别是那些对数据传输速率要求不高的移动设备和便携设备。

利用蓝牙技术，能够有效地简化掌上电脑、笔记本电脑和移动电话手机等移动通信终端设备之间的通信，也能够成功地简化以上这些设备与 Internet 之间的通信，从而使这些现代通信设备与 Internet 之间的数据传输变得更加迅速高效，为无线通信拓宽道路。说得通俗一点，就是蓝牙技术使得现代一些轻易携带的移动通信设备和电脑设备，不必借助电缆就能联网，并且能够实现无线访问 Internet，其实际应用范围还可以拓展到各种家电产品、消费电子产品和汽车等信息家电，组成一个巨大的无线通信网络。

3.2　连接方式

1．点到点连接方式

最直观和简单的计算机网络连接方式是点到点的直接连接方式。直接连接方式通过不同的通信线路把计算机连接起来，每一个信道只连接两台计算机，并且仅被这两台计算机独占。按这种连接方式构成的网络称为点对点网络，其特点如下。

① 因为每个连接都是独立的，所以可以选择性地使用硬件。例如，基础线路的传输能力和调制解调器不必在所有连接中都相同。

② 因为连接的计算机独占线路，所以能确切地决定如何通过连接来传送数据。它们能选择帧格式、差错检测机制和最大帧尺寸。

③ 因为只能两台计算机使用通路，其他计算机不能得到使用权，所以加强安全性和私有性是很容易的，没有其他计算机能处理数据，并且没有其他计算机能得到使用权。

当然，点对点连接也有缺点，当多于 2 台的计算机需要互相通信时，在为每一对计算机提供不同的通信信道的点对点方案中，连接信道的数量随着计算机数量的增长而迅速增长。

例如，图 3-6 中描述了当计算机有 2 台、3 台、4 台时连接数量的变化。可以看出，2 台计算机只需 1 条连接，3 台计算机需要 3 条连接，4 台计算机需要 6 条连接。连接的总数量比计算机的总数量增长的快。从数学上看，N 台计算机所需的连接数量同 N 的平方成正比，表达式如下：

$$连接数量＝（N^2-N）/2 \hspace{3cm} (3-1)$$

直观地看，如果在原来的系统中增加一台新的计算机，则新增加的计算机必须与每一台已存在的计算机相连接。这样，增加第 N 台计算机就需要 N-1 条新的连接。

实际上，这种连接代价高昂，因为许多连接都按相同的物理路径连接。例如，假设一个单位有 5 台计算机，其中 2 台在一个地点（假设在一幢大楼的底层），另 3 台在另一地点（假设在同一幢大楼的顶层）。图 3-7 表明如果每一台计算机与所有其他计算机有一条连接，那么在两个地点之间有 6 条连接，在许多情况下这样的连接有相同的物理路径。

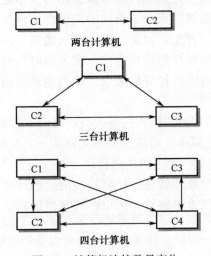

图 3-6　计算机连接数量变化

图 3-7 所示的点对点网络中，在两个地点之间的连接数量通常超过计算机的总数量。如果有另一台计算机要添加到地点 1 中，致使地点 1 的计算机数量增至 3 台，网络中的计算机的总数量变成了 6 台，而在两个地点之间的连接数量增加到 9 条。

2. 共享通信信道

在 60 年代后期和 70 年代前期之间，出现了局域网，计算机网络发生了巨大的变化。每一个局域网包括一种共享信道（介质），通常是电缆，许多计算机都连在上面。计算机按顺序使用共享介质来传送数据。

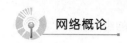
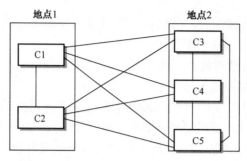

图 3-7　两个地点之间计算机的连接数量

不同的局域网具有不同的使用电压与调制技术等。共享的通信信道能够消除重复性，所以降低了费用，进而使局域网技术得以流行。

允许多台计算机共享通信介质的网络可用于局域通信，点对点连接可用于长距离网络和一些其他特殊情况。

共享网络只用于局域通信的原因是：共享网络中的计算机必须协调使用网络，而协调需要通信。首先，通信所需的时间由距离决定，计算机之间的地理上的长距离带来了较长的延迟。长延迟的共享网络是不适用的。其次，要用更多时间来协调共享介质的使用，传送数据的时间就更少了。最后，提供长距离高带宽的通信信道比提供同样带宽的短距离通信信道要昂贵得多，所以长距离网络使用点对点连接，局域网适用于使用共享方式。

3. 局部性原理

目前，局域网技术已经成为计算机网络中最成熟的技术之一。对局域网高需求的主要原因是计算机网络中的访问局部性原理。访问的局部性原理是指在一组计算机中通信不是随机的，而是有一定的规律。首先，如果一对计算机通信一次，那么这对计算机很有可能在不久的将来再通信，然后周期性地进行通信，称为临时访问的局部性，它表示时间上的关系。其次，计算机经常与附近的计算机通信，称为物理访问的局部性，它强调了地理上的关系。

访问的局部性原理很容易理解，因为它与人类的通信方式类似。例如，人们经常与附近的其他人（例如，一起工作的同事）通信。另外，如果一个人与某个人（例如朋友或家庭成员）通信，那么他很有可能与同一个人再次通信。

总的来说，访问的局部性原理就是：计算机与附近的计算机通信的可能性大，并且计算机很有可能与同一个计算机重复通信。所以，局域网现在比其他网络类型可连接更多的计算机。

3.3　网络拓扑

拓扑学（Topology）是一种研究与大小、距离无关的几何图形特性的方法。在计算机网络中，将网络中的计算机等设备抽象成点，将网络中的传输介质抽象为线，就形成了计算机网络的拓扑结构。

3.3.1　总线网络

把各个计算机或其他设备均连接到一条公用的总线上，各个计算机公用这一总线，而在任何两台计算机之间不再有其他连接，这就形成了总线的计算机网络结构。总线网络拓扑结构如图 3-8 所示。

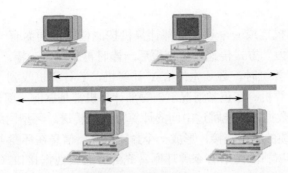

图 3-8　总线型结构

总线型结构的主要特性，就是以一条共用的网线来连接所有计算机，但它并非真的是一条很长的网线，其实是很多条较短的网线所接起来的。所以从宏观角度来看，它算是一条网线；但是从微观角度来看，应该是许多段网线所连接而成。

总线型网络在早期非常盛行，因为它具有成本低廉和布线简单的优点。只需网线、接头和网卡，不需要其他额外的网络设备，就可以架起总线型网络，达到资源共享的目的。这种网络类型的缺点是只要其中任何一段线路故障，整个网络就瘫痪了，而且在追查该故障线路时比较麻烦；如果要加入或减少一部计算机时，就会使网络暂时中断。

3.3.2　星型网络

星型网络是继总线型结构后兴起的网络结构，此种网络不再是前一个接后一个，而是所有计算机都接到一个特殊装置，该装置通常是集线器（Hub），通过集线器在各计算机间传递信号。换言之，以集线器为中心向外呈放射状，因此称为星型网络，如图 3-9 所示。

图 3-9　星型网络

星型网络的优点也就是弥补总线型网络的缺点。

① 局部线路故障只影响局部区域，不会导致整个网络瘫痪。除非整个网络只有一部集线器，而碰巧问题出在集线器，这样才会整个网络都停止。

② 追查故障点时相当方便，通常从集线器的灯号便能很快得知。

③ 新增或减少计算机时，不会造成网络中断。

至于它的唯一缺点是必须增加购买集线器的成本，但是由于集线器的价格日益滑落，使得这个缺点的影响逐渐缩小，因此星型网络已成为目前小型局域网的趋势。

3.3.3 环型网络

环型网络是将计算机连成一个环，每部计算机按照位置不同而有一个顺序编号，信号会按照该顺序编号以"接力"方式传递，传到最后一棒时再传给第一棒。以图 3-10 为例，X 计算机欲传送数据给 Z 计算机时，必须先传给 Y 计算机，Y 计算机收到信号后发现这不是给自己的，于是再传给 Z 计算机。在正常情况下，每部计算机都是靠前一部计算机（即"顺序编号较小"的计算机）传来数据，不能跳过中间的计算机直接传送。环型网络是将各个计算机与公共的线缆连接，同时线缆的首尾连接，形成一个封闭的环，信息在环路上按固定方向流动。

最常见的采用环型拓扑的网络有令牌环网、光纤分布式数据接口（FDDI）和铜线电缆分布式数据接口（CDDI）网络。

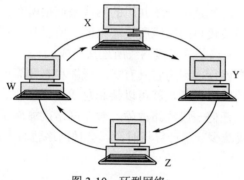

图 3-10　环型网络

环型网络的特点如下：

① 前两种网络其实都还有共同的缺点，那就是可能发生两部（或多部）计算机同时传送数据，因此发生了信号冲突，导致整个网络暂时无法工作。但是环型网络就不会有这个问题，因为在环型网络上的计算机要传送信号前，必须先取得令牌（Token），有令牌的计算机才准传送，而令牌只有一张，并且是按照顺序编号轮流传递，所以不会发生冲突情况。

② 因为环型网络的软硬件设备成本较高，影响到其普及性。

③ 如果任一线路或结点故障，则整个环型网络便会瘫痪，不过这个问题可以采用备援线路的方式解决（见图 3-11）。当主要线路上任一段网线损毁时，可以利用备援线路让网络继续运作，不会因此而中断。不过这种方式只能避免线路故障，如果是结点故障，网络仍会瘫痪。但是这种双环型网络结构，架设成本较高，一般只有光纤网络才会采用这种模式。

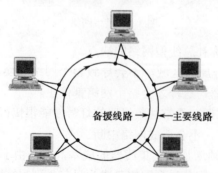

图 3-11　环型网络的主要线路和备份线路

④ 环型网络的另一项特点，在于逻辑拓扑与实体拓扑的不同。逻辑拓扑指的是其数据

传输方式，实体拓扑指的则是实际布线的模样。图 3-12 是标准的环型网络，实体拓扑与逻辑拓扑模样都相同。

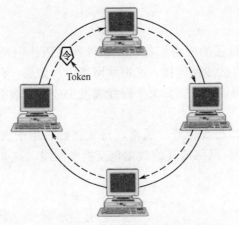

图 3-12　实体拓扑与逻辑拓扑都为环型结构

但是有时候如图 3-13 所示，实体拓扑为总线型网络，但数据传输方式却是环型网络的模样。

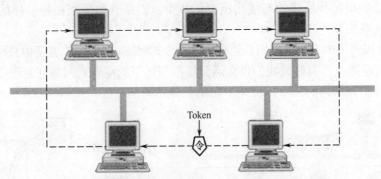

图 3-13　逻辑拓扑为环型网络、实体拓扑为总线型网络

当然，也有可能看到如图 3-14 所示的环型网络。

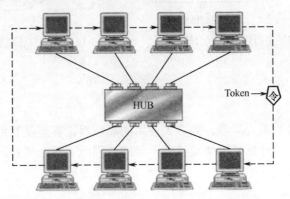

图 3-14　逻辑拓扑为环型网络、实体拓扑为星型网络

所以在确定网络拓扑时，不要只从布线方式来看，也要从逻辑拓扑上观察，这样才能正确地判断出是哪种拓扑结构。

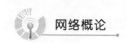

常见的物理布局采用星型拓扑的网络有 10BASE-T 以太网、100BASE-T 以太网，令牌环网、ARCnet 网、FDDI 网络、CDDI 网络、ATM 网络等。

3.3.4 网状网络

网状拓扑是容错能力最强的网络拓扑。在这种网络拓扑中，每个计算机（或某些计算机）与其他计算机有多条直接线路连接。在网状网络中，如果一台计算机或一段线缆发生故障，网络的其他部分依然可以运行。如果一段线缆发生故障，数据可以通过其他的计算机和线路到达目的计算机。

网状拓扑建网费用高，布线困难。通常，网状拓扑只用于大型网络系统和公共通信骨干网，如帧中继网络、ATM 网络或其他数据包交换型网络，这些网络主要强调网络的高可靠性。

3.3.5 混合式网络

每一个拓扑结构都有其优点与缺点，没有一种拓扑结构对所有情况都是最好的。环型拓扑使计算机容易协调使用以及容易检测网络是否正确运行。然而，如果其中一根电缆断掉，整个环型网络都要失效。星型网络能保护网络不受一根电缆损坏的影响，因为每根电缆只连接一台机器。总线型拓扑所需的布线比星型拓扑少，但是有和环型拓扑一样的缺点：如果总线断开，网络就要失效。

可以在计算机网络中采用多种拓扑结构构成混合式网络。图 3-15 就是由总线型和星型所组合出来的混合式网络，而有时候我们也会遇到星型与环型的混合式网络（见图 3-16）。这样可以充分发挥各种拓扑结构的优点，优化了网络整体结构的性能。

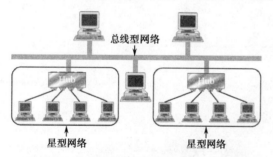

图 3-15 由总线和星型所组合成混合式网络

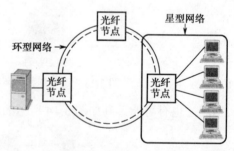

图 3-16 星型与环型所组合成的混合式网络

3.4 网络设备

从调制解调器拨号的单人环境，到多人使用的局域网，甚至是互联网这种无界限的广域网，不管工作范围大小，计算机网络设备必不可缺。因此下面介绍在网络中常用的各种网络设备。

3.4.1 调制解调器

调制解调器主要功能是完成调制和解调制的任务。调制解调器可以采用下列两种分类方式：基于连接方式分类和基于上网带宽分类。

1.　基于连接方式分类

从调制解调器与计算机的连接方式不同考虑，可分为内置调制解调器和外置调制解调器。

（1）内置调制解调器

内置调制解调器也称为数据卡。安装时要拆卸主机外壳才能安插到主板上。由于内置调制解调器是直接使用主板上的电源，因此不需要另外供应电源，如图 3-17 所示。

图 3-17　调制解调器

（2）外置调制解调器

外置调制解调器是连接到计算机的 RS-232 连接端口，又称为 COM 连接端口，如图 3-18 所示。

外置调制解调器也出现了采用 USB 接口的类型，如图 3-19 所示。

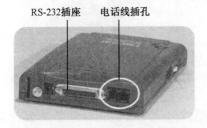

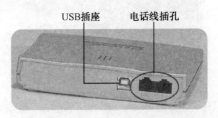

图 3-18　使用 RS232 端口的调制解调器　　图 3-19　带 USB 接头的调制解调器

除此之外，另有 2 种外置调制解调器则是通过网卡和主机连接，这种类型的调制解调器是目前宽带上网的主流设备：电缆调制解调器如图 3-20 所示，ADSL 调制解调器如图 3-21 所示。

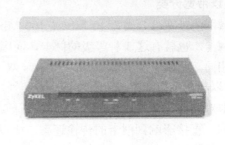

图 3-20　电缆调制解调器　　　　　　图 3-21　ADSL 调制解调器

2.　基于上网带宽分类

如果以带宽分类，则可细分为窄带调制解调器和宽带调制解调器两种。窄带调制解调器

指的是带宽在 56 kb/s 以下的调制解调器，也就是传统的调制解调器。宽带调制解调器则是指电缆调制解调器和 ADSL 调制解调器，这两种宽带上网设备的上网带宽从数百 kb/s 到数千 kb/s。

虽然近来宽带上网技术勃兴，不过现阶段多数的用户仍利用拨号调制解调器上网，原因在于窄带拨号调制解调器的成本低、普及率高，而且设置方便。

3.4.2 网卡

一般而言，网卡可采用 3 种方式来分类，即以接头种类分类、以总线接口分类、以带宽分类。

1. 以接头种类分类

图 3-22　AUI 接头的网卡

网卡上的接头可以有 3 种选择：AUI 接头（见图 3-22）、BNC 接头（见图 3-23）、RJ-45 接头（见图 3-24），它们分别用来连接 3 种不同的网线，即 AUI 线缆、RG-58 线缆与双绞线（包括 UTP 及 STP 两种）。

这 3 种线材与接头，无论在外观、机械规格和电气特性等方面都截然不同，很容易实现分类。

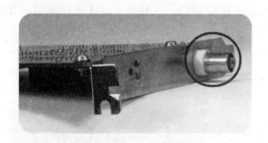

图 3-23　BNC 接头的网卡

图 3-24　RJ-45 接头的网卡

AUI 接头应该是 DB-15 接头，与游戏摇杆所用的接头一样，但是两者的脚位定义不同。因为在网卡上的这个 DB-15 接头是用来连接 AUI 线缆，所以把它称为 AUI 接头；另外，还有称它为 DIX 接头，因为其规格主要是由 Digital、Intel、Xerox 三家厂商所制定，故取字首缩写成 DIX。

2. 以带宽分类

局域网的带宽可分类为 10 Mb/s、100 Mb/s 和 1 000 Mb/s 这 3 个等级，因此如果以带宽来分类网卡，也就有这 3 种等级的网卡，而因为 100 BASE-TX 和 10 BASE-T 的网络运作方式大致相同，所以出现了支持 10/100 Mb/s 双速以太网卡。

3. 以总线接口分类

网卡对外要连接网线，对内则是插在计算机的扩展槽上，通过总线与计算机沟通，而总线的不同，直接影响到网卡的传输速率，所以可根据网卡的总线接口分类，目前常用的网卡有以下 4 种接口。

（1）ISA 接口

ISA（Industry Standard Architecture）是应用在第一代个人计算机（PC 或 PC XT）的总线，有 8 比特和 16 比特两种，目前 8 比特的 ISA 接口卡已遭淘汰，就连 16 比特的 ISA 网卡也已经不用了（见图 3-25）。

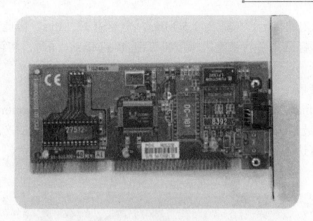

图 3-25　ISA 接口的网卡

（2）PCI 接口

PCI（Peripheral Component Interconnect）是由 Intel 所主导的总线规格，可以支持 32 比特及 64 比特的传输。由于它利用 PCI 桥接芯片区隔了 CPU 总线与 PCI 总线，使得这两者能够以各自的时脉来运行，所以在稳定度与数据传输率方面都有重大的改进。目前 PCI 接口的网卡以 32 比特居多，同时占有率也是最高，如图 3-26 所示。

图 3-26　PCI 接口的网卡

（3）USB 接口

通用串行总线（Universal Serial Bus，USB）是由 Compaq、DEC、IBM、Intel、Microsoft、NEC 及 Nortel 等 7 家厂商于 1996 年所提出的总线规格。其目标为提供用户更易于使用的外设连接端口，如图 3-27 所示。

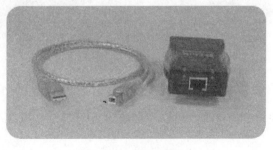

图 3-27　USB 网卡

USB 1.1 标准规定的带宽，低速为 1.5 Mb/s，全速为 12 Mb/s，因此只能担任 10 Mb/s 的网卡，但是 USB 2.0 标准预备将带宽大幅度提高到 480 Mb/s，届时，将可担任 100 Mb/s 的高速以太网卡。

（4）PCMCIA 接口

PCMCIA（Personal Computer Memory Card International Association）卡又称为 PC 卡。PC 卡有多种规格，最常见的是 16 比特 PC 卡和 CardBus 两种类型的产品，前者的带宽只有 5.33 Mb/s，而后者可达 132 Mb/s。因此，只有 CardBus 的网卡，才可支持 100 Mb/s 以太网，如图 3-28 所示。

图 3-28　PC 卡式网卡

3.4.3　中继器

信号在网络上传输时，因为线材本身的阻抗会使信号越来越弱，导致信号衰减失真，当网线的长度超过规定使用距离时，也就是信号已衰减到几乎无法识别的时候，如果想再继续传递下去，必然要提升信号，将信号还原成原来的强度。中继器主要的功能就是将收到的信号重新整理，使其恢复原来的波形和强度，然后继续传送下去，如此信号就可以传得更远。中继器的功能极为单一，因此位于 OSI 模型中的物理层。

因为中继器只是把信号重新整理再送出去，所以不管中继器两端连接的线材为何，只要是相同的网络结构，都可以利用中继器加强信号，延长传输距离。如图 3-29 和图 3-30 所示的中继器便可以将双绞线和光纤、同轴电缆连接起来。

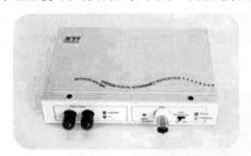

图 3-29　正面具有光纤和 BNC 接头

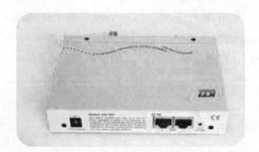

图 3-30　背面有两个 RJ-45 接头

图 3-31 和图 3-32 中这台中继器则可以连接使用 AUI 线缆、双绞线与同轴电缆的网络。

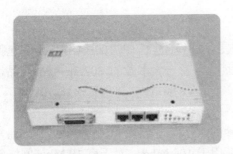

图 3-31 正面有 1 个 AUI 和 3 个 RJ-45 接头

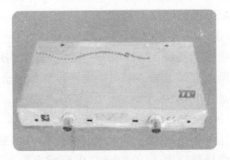

图 3-32 背面有 2 个 BNC 接头

3.4.4 集线器

集线器（Hub）在本质上也是一种中继器。集线器是 10BASE-T 和 100BASE-TX 网络常用的设备，也是位于物理层的设备。集线器上面的 RJ-45 插槽通常称为 Port，Port 数目的多少并不一定，从 4 Ports 到 32 Ports 都属常见，更大型的集线器甚至采用模块化结构，每插入一片类似接口卡的集线器模块，就能扩充数 10 个 Port，这种集线器又称为连接器。有些集线器除了 RJ-45 插孔外，还会有 BNC 接头、AUI 接头或光纤接头（见图 3-33 和图 3-34）。

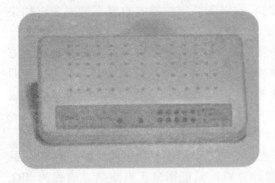

图 3-33 集线器

图 3-34 小型集线器

严格来说，集线器未必是中继器，因为某些集线器并无加强信号的功能，只是单纯地集中线路而已。但是在以太网中，集线器等同于多 Port 中继器。

1. 共享带宽的概念

集线器的 Port 虽然可以有很多个，但是在任何时间只能有一对 Port 在传输数据，不能多对 Port 同时传输数据。换言之，所有的 Port 都是共享一个传输带宽，因此这种集线器又称为共享式集线器。共享式集线器的最大缺点就是当连接的计算机越来越多时，抢用带宽的情况就越激烈，因此每部计算机平均能抢到的概率越小，一但抢占到手，便有 10 Mb/s（或 100 Mb/s）带宽可用。

2. 集线器的种类

除了以 Port 数量多少来分类集线器之外，另一项非常重要的考虑因素为所适用的带宽，如同网卡一样，集线器也分为适用于 10 Mb/s 与 100 Mb/s 两种带宽，选错了可能就导致网络不通。

（1）10 Mb/s 集线器

10 Mb/s 集线器通常标示着"10BASE-T Ethernet Hub"或"Ethernet Hub"字样，适用于

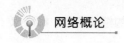

10 BASE-T 的网络结构。

（2）100 Mb/s 集线器

由于当初制定 802.3u 标准时，将 100BASE-TX、100BASE-T4 和 100BASE-FX 都包括在内，所以选择 100 Mb/s 集线器时要考虑采用哪种规格。符合大多数的 802.3u 标准产品，应该都是 100BASE-TX。

（3）10+100 集线器

这种集线器能适用于 10 Mb/s 和 100 Mb/s 两种网络，但是会以 RJ-45 插槽限制。通常是大多数插槽适用于 10 Mb/s，仅有特定的少数插槽适用于 100 Mb/s。对于有 10 Mb/s 网络的公司来说，如果只想局部升级到 100 Mb/s 网络，采用这种集线器为一个好方案。

（4）10/100 集线器

这种集线器也是兼容 10 Mb/s 和 100 Mb/s 两种环境，但是在 RJ-45 插槽上没有任何限制，每个插槽都可以连接 10 Mb/s 或 100 Mb/s 的网卡，它会自动判断并选择最佳的传输带宽，因此用起来最方便，但是价格也最贵。

3. 堆叠式集线器

假使集线器的插槽不够用，就得将集线器串接起来，10 Mb/s 的集线器可使用同轴电缆或 UTP 线连接，至于 100 Mb/s 的集线器，则只适合以 UTP 线串接（因同轴电缆受限于 10 Mb/s 的带宽）。但是这种串接方式仍受到"5-4-3 原则"的限制，集线器的数量不能太多，如果 Port 数目还是不够用，应改用堆叠式集线器。

堆叠式集线器背后通常有串接专用接头，并且附带专用的 UTP 线，用来连接叠在上方（或下方）的堆叠式集线器，而且这些叠在一起的集线器视为 1 个根据集线器，换言之，即使叠了 3 个集线器，但是在计算是否符合"5-4-3 原则"时，只算是 1 个集线器而非 3 个集线器，因此在扩充上具有更大的灵活性。

4. 5-4-3 原则

以太网最多只能使用 4 个中继器（包含集线器），所以会形成 5 个网段，但只有 3 个网段可以连接计算机，其余两个网段因为不能连接计算机，只能用来扩展距离，故称为 IRL（Inter Repeater Link）。而整个原则当中分别出现了 5、4、3 三个数字，便称为 5-4-3 原则，方便记忆，如图 3-35 所示。

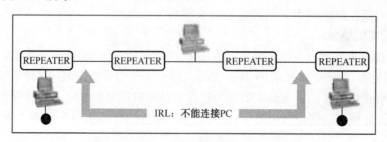

图 3-35 "5-4-3 原则"

3.4.5 网桥

在以太网上，信号的传递是采用广播的方式，任何信号上了网络，每一台计算机都收得到，然而某些信号只需要在网络的某个区域内传递，假使传到不必要的区域，只是增加干扰，影响整体性能。为了合理限制网络信号的传送，可以使用网桥适当地切割网络。当数据送达网桥后，网桥会判断信号该不该传到另一端，假使不需要，就将它拦截下来，以减少网络的负载；只有当数据需要穿过网络到另一端的计算机上，网桥才放行。网桥处于 OSI 模型中的链路层。

例如，用一个网桥可将整个网络分为两区，如图 3-36 所示。

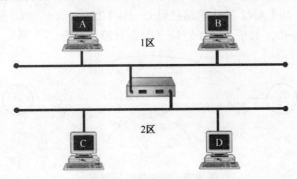

图 3-36　用网桥分割网络

网桥的上方网络为 1 区，下方为 2 区，当 A 计算机要传数据给 B 计算机时，当网桥发现 A、B 计算机同在 1 区，表示此信号没必要传到 2 区，便将该信号丢弃，如此便能减少对 2 区的干扰；如果 A 计算机要传数据给 C 计算机，网桥便让信号通过。因此，如果 A 计算机经常传输的对象为 C 或 D 计算机，那么几乎所有信号都得通过网桥，等于是丧失了网桥的过滤作用，由此可知网桥所在的位置很重要。

网桥为什么能判断收件者所在的网络？这是因为网桥中有一张清单，记载了每台计算机所在的区域，如图 3-37 所示。

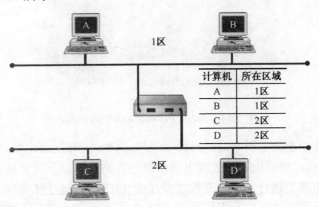

图 3-37　网桥的作用

在上图中，网桥在收到 A 计算机给 B 计算机的数据时，会根据清单去判断 B 计算机所在的网络，同样地，如果 A 计算机要传给 C 计算机时，网桥也是利用清单去判断，而允许信号通过。

网桥并不会阻挡广播包。网桥之所以能判断是否要将数据转送，是因为传送数据的信息包中，都会指定要由哪台计算机来接收，但是广播包就像是现实报头的广告信一样，并不会指定收件者。在这种情况下，网桥无法判断收件者是谁，便将信息包转送给所有的网络网段了。

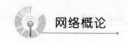

3.4.6 路由器

路由器工作于 OSI 模型中的网络层。因为它最主要的功用，就是在不同的网络间选择一条最佳的传输路径。以图 3-38 为例，从 LAN1 传数据到 LAN2 有两条路径。

乍看之下，LAN1 到 LAN2 最快的路径是 C→D（256 kb/s 当然比 64 kb/s 快），但是如果考虑到路由器的处理操作，似乎 A→B 较佳（因为只经过两台路由器）。

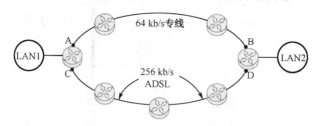

图 3-38　路由器应用举例

为了能判断传输当时哪条路径最快，要考虑到许多因素，包括带宽、线路质量、使用率、所经结点数甚至成本，这些计算不可能用人工处理，所以选择最佳路径的工作便交给路由器来处理。为了降低成本，可用 UNIX 服务器或 Windows 2000 服务器来模拟，但是这种软件模拟的性能毕竟比较差，仅适合用在教学研究上，如图 3-39 所示。

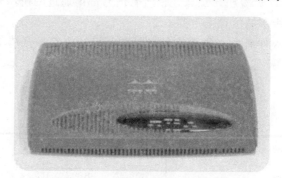

图 3-39　含有 CPU 和 RAM 的路由器

选购路由器时首先要确定用来处理何种信息包。例如，有些路由器只处理 IP 信息包；有些只处理 IPX 信息包。当然也有能处理多种信息包的路由器，不过价格也相对地提高不少。平常较可能用到路由器的场合，应该是在以专线或 ISDN 连接互联网时，从公司（或家中）的局域网要先连到路由器的局域网连接端口（LAN Port）；而专线或 ISDN 线路则连到路由器的广域网连接端口（WAN Port），换言之，以路由器当成局域网与广域网的桥梁。

路由器还有一项重要的功能：阻隔广播信息包。只要是没有指明收件者的信息包，或是非路由器可以接收的信息包格式，传送到路由器时都会被丢弃，不会传送到其他的网络网段。这是个很好的功能，可以有效地减轻网络负担。但是如果网络上有使用到类似 NetBEUI 这种不可路由的传输协议时，可以采用新型的网桥路由器（Bridging router，或叫 Brouter）。

网桥路由器提供了网桥和路由器的综合功能。如果网络中同时使用了 TCP/IP 和 NetBUEI 两种协议，单用网桥或路由器都不是最佳的解决方案。最好的方式是使用网桥路由器，利用其路由器的功能传送 TCP/IP 的信息包，并使用网桥的功能对 NetBUEI 信息包进行桥接，转送到不同网络网段。

在目前的网络环境中，网桥路由器的数量将超过网桥或路由器。目前的路由设备，绝大多数都可以在必要的时候进行桥接功能。

传输协议可不可以路由是指数据能不能使用这个传输协议，通过路由器将数据传送到其他网络网段。换言之，可不可以路由，表示这个协议的信息包格式可否被路由器接收。TCP/IP、IPX／SPX 属于可路由的协议，NetBUEI 则是属于不可路由的协议。不可路由的协议通常通过网桥、集线器或中继器传送数据。

3.4.7　第 2 层交换机

第 2 层交换机属于链路层的设备，又称为交换式集线器（Switch Hub）或多口网桥（Multi-port Bridge），因为它同时具备了集线器和网桥的功能。

第 2 层交换机会记忆哪个地址接在哪个 Port，并据以决定该将信息包送往何处，而不会送到其他不相关的 Port，因此未受影响的 Port 可以继续对其他 Port 传送数据，突破了集线器只能有一对 Port 在工作的限制。对一个 N Port 100Mb/s 交换机而言，假如每两个 Port 互传数据，每对 Port 传输数据时都拥有 100 Mb/s 的带宽，因此可以获得理论上的最大传输带宽 $100 \times N/2$ Mb/s。但是，如果多个 Port 的信息包要送到相同目的地时，还是会发生抢占的情况。以图 3-40 为例，如果 A 计算机、C 计算机和 D 计算机都要传数据给 B 计算机，那就回到了共享式集线器的情况，3 台计算机在抢占 100 Mb/s 带宽了。

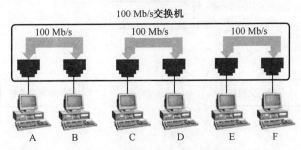

图 3-40　N Port 100 Mb/s 交换机

3.4.8　第 3 层交换机

第 3 层交换机和路由器同在网络层工作而且彼此关系密切。事实上，第 3 层交换机除了具有第 2 层交换机的功能外，还能进行路由工作。

第 3 层交换机可以当作是路由器的简化版，是为了加速路由的速度而出现的一种新时代网络设备。路由器的功能非常强大、完备，但也因此将路由的性能拖慢（就像计算机同时执行许多任务一样），而第 3 层交换机则将路由工作接手过来，并改为利用硬件来处理（路由器是由软件处理路由），加速路由的速度。

在实际应用中，第 3 层交换机由于路由速度快，兼具第 2 层交换机的功能，价格又比路由器便宜，因此特别受到网管人员的欢迎，不过这不代表它能取代路由器，因为路由器还具有第 3 层交换机所缺乏的重要功能，例如，安全管理、与 WAN 的连接、优先权控制、支持多种协议信息包等，因此第 3 层交换机通常还是与路由器搭配使用，或者是在不需连接互联网的环境中，取代路由器的位置。

3.4.9 VLAN

VLAN（Virtual LAN，虚拟局域网）其实可说是交换式技术的高级应用。原本的交换式技术只能提供两个 Port 互传数据（如前面所提到的例子），但是 VLAN 将应用范围大幅地延展开来，不但增进整体效益，更方便管理。简单地说，VLAN 有两个主要的功能。

① 将交换机上的连接端口分类成不同的组，当广播信息包在传送时，便只会在该连接端口所属的组内传送，不同组的连接端口不会收到这个信息包，因此可以减少不必要的干扰。

② 将多个交换机分割成不同的组，并且限制不同组间的数据访问权限，提高管理的安全性。

例如，将公司各部门的网线分别接在不同的交换机上，然后将交换机分成不同的组，并设置财务部的交换机组仅接受管理部的交换机组所送过来的数据。如此一来，就算有人盗取财务部同仁的账号，也必须使用财务部或是管理部的计算机，才能访问财务部的数据，如图3-41 所示。

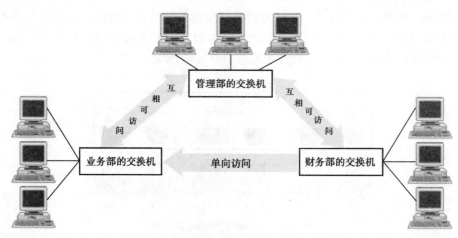

图 3-41   交换器分组可提高安全性

网络拓扑因为网络设备、技术和成本的改变而有所变化，例如最早期为节省成本和布线方便，多采用总线型网络。后来集线器成本大幅下降，局域网中的结点数大幅增加，逐渐走向星型网络拓扑结构，而近年来实现两个或更多个局域网连接，网络拓扑又开始倾向于混合式网络。

网络设备的功能越来越强，种类也越来越多，彼此之间的区别也越来越模糊。先是网桥路由器，后是交换机，它们的功能、名称，都把网络设备之间壁垒分明的界线变得模糊。

● 小   结

本章对计算机网络的基本组成元素进行了较详细的介绍，其中对传输介质、连接方式、网络拓扑和网络设备做了深入的说明。在网络设备一节中，对调制器、解调器、网卡、中继器、集线器等设备做了较详细的介绍。

● 拓展练习

1. 下列（　　）不是网络的传输介质。

A. RG58　　　　　　B. 单模光纤　　　C. RS-232　　　D. 非屏蔽双绞线

2. 有屏蔽和非屏蔽双绞线最主要的差异为（　　）。

    A. 绞线数目不同

    B. 有屏蔽双绞线的轴芯为单芯线，非屏蔽双绞线的轴芯为多芯线

    C. 非屏蔽双绞线没有金属屏蔽

    D. 绞线的颜色不同

3. 下列（　　）是光纤的特点。

    A. 传输速度可达 2 Gb/s 以上　　　　B. 价格便宜

    C. 布线方便　　　　　　　　　　　D. 保密性较差

4. （　　）不是网桥的功能。

    A. 减轻网络负载　　　　　　　　　B. 选择信息包传送的最佳路径

    C. 过滤广播信息包　　　　　　　　D. 判断信息包目的地

5. 路由器最主要的功能是（　　）。

    A. 将信号还原为原来的强度，再传送出去　　B. 选择信息包传送的最佳路径

    C. 集中线路　　　　　　　　　　　D. 连接互联网

6. 网络的传输介质有哪 3 种？简述优缺点。

7. 网络拓扑大致可分为哪 3 种？试简述其特性。

8. 堆叠式集线器和一般集线器有何不同？

9. 阐述第 3 层交换机的优点。

10. 说明 VLAN 的两大功能。

第4章

局域网

本章主要内容

- 以太网的基本原理
- 交换式以太网的原理
- 令牌环网络简介
- Gigabit 以太网
- FDDI 网
- AppleTalk 简介
- 局域网的构建

局域网是一种网络形式类型，又称之为局域网络结构。例如，移动电话、有线电话、广域网也都是一种网络形式，它们最大的差别在于网络设备连接的方式及传输信号的方法不同。因此本章所要介绍的范围是从网络的物理层到链路层的部分。物理层所要介绍的是设备的连接以及信号传输的方式，而链路层主要说明的是介质访问控制。

局域网分成许多不同的形式，这一章中将介绍几个局域网的实例，他们各有不同的网络形式。因为以太网是我们目前最常接触到的局域网，所以本章将着重于以太网的介绍。

4.1 以太网的基本原理

以太网是最典型与最流行的局域网，本章将主要介绍以太网的基本原理。

4.1.1 信号的广播

以太网最大的特点是信号以广播的方式传输。在网络上任一台计算机送出的信号，与其相连的其他计算机都会收到。图 4-1 为错误的信号流动方式。

图 4-1 错误的信号流动方式

当 A 要传数据给 B 时，其送出的信号并不自动流向 B。正确的情况应该如图 4-2 所示，当 A 要传数据给 B 时，其送出的信号通过介质传输到 B、C、D 三台计算机。

图 4-2 以广播的方式发送信号

在上述情况下，如果 A 传数据给 B 时，那么所有的计算机都可接收到数据。这时候就需要使用定址的方法来解决仅仅计算机 B 可以获得数据。

4.1.2 MAC 地址与定址

传输数据前，必须决定数据由谁接收，就好像在众人面前，要跟某人讲话需先叫他的名字。在网络上的设备也都有它自己的名字，这个名字称为地址。以以太网为例，如图 4-3 所示。

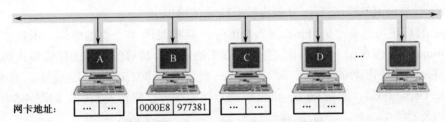

图 4-3 按目的地址实现数据的传送

在图 4-3 中，0000E8-977381 是网卡的 MAC 地址，每个网卡有它自己的 MAC 地址，前 3 个字节为厂商代号，后 3 个字节为流水号。它是由软件制造商向 IEEE 统一注册登记而来的，如此可使每个 MAC 地址保持全球独一无二。当 A 要传数据给 B，会注明数据的目的端为 B 的 MAC 地址，因此其他与目的地址不同的 MAC 地址的计算机对此数据都不予响应。所以在数据中记录目的端与源端的地址，决定数据的接收及响应对象，这就是定址。

数据在传输到介质之前，划分为特定大小的数据单元，称为帧（Frame）。帧中除了要传输的数据外还加入一些控制用的数据，以提供管理的功能，例如，目的端与源端的地址值。就像寄信一样，传输的数据相当于信件的内容，而控制用的数据相当于信封上的姓名、住址、邮票、邮政编码等信息。

4.1.3 冲突

定址方法解决了在信号广播时由谁来接收数据的问题，但是如果 A 传数据给 B，同时 C 也将数据传给 B，此时两个信号交会在一起，使得无法识别信号的意义，这就是所谓的冲

突，如图 4-4 所示。

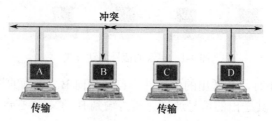

图 4-4　两台计算机的信号互相冲突

为了避免发生冲突，使同一个介质，同时只有一个设备在传输数据，必须要有一种办法用来管理、协调各计算机对介质的使用，以决定哪一台计算机可在介质上传输信号，这就是介质访问控制。

4.1.4　CSMA/CD

以太网是以载波监听多重访问/冲突检测（Carrier Sense Multiple Access/Collision Detection，CSMA/CD）的方式来完成介质访问控制，其目的是避免发生冲突。就好像会议室规定只能有一个人发言，这时候就以按铃抢答的方式来取得发言权。取得发言权的人在发言完毕之后，其他人又可以再争取发言权。这也表示在按铃抢答之前要先听听看是否有人正在发言，如有人发言，则不必按钮。

在以太网上，假设 A 有数据需要送出时，A 先检测介质上是否已经有信号，如果没有则在等候 9.6 μs（9.6×10^{-6} s）之后，立刻将数据信号传输出去。

9.6 μs 的真正用意是“96 bit-time”。bit-time 是指发送 1 个位的时间。所以在 10 Mb/s 下 96 Bit-time 等于 9.6 μs。其作用是要让半双工的网卡有足够的时间由传输模式切换为接收模式，以接收即将传来的数据。96 Bit-time 是 IEEE 802.3 的标准规格，称为帧间格（InterFrame Gap，IFG），间格 96 Bit-time 以确定接收端可以来得及接收，如图 4-5 所示。

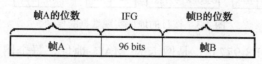

图 4-5　以太网的帧间格

信号传输的过程中同时也检测介质上的信号。如果发现冲突，则立即停止发送并且改为输出一个扰乱信号，通知每一台计算机发生冲突，使得所有需要送出帧的计算机等待一段随机时间之后重新抢送数据。等待一段随机时间的做法，是遇到冲突时所进行的一个过程。它会按遇到冲突的次数而运算出一个随机的时间值，使工作站等待此时间之后再从头开始，以躲开再次冲突的机会。冲突的次数越多，则平均等待的时间会越大。当连续冲突 16 次之后，便宣告失败，放弃这次发送，并向上层通知错误。完整的 CSMA/CD 传输流程如图 4-6 所示。

由上所述，CSMA/CD 属于竞争式的网络访问方式。由于每一个工作站使用介质的权力相等，一旦有许多的工作站需要输出时，则看谁先送出信号，谁就能占用介质来传输，也称为抢占式传输。

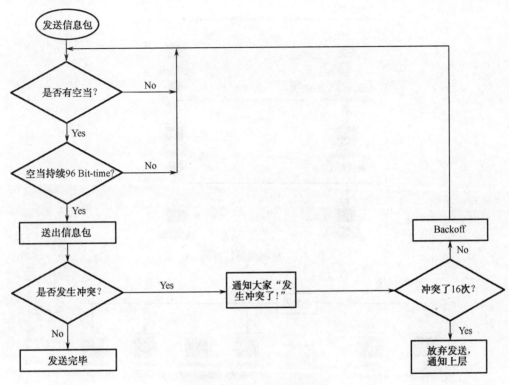

图 4-6　CSMA/CD 传输流程

4.1.5　冲突域

　　前面提到帧在送出之后，需要检测是否发生冲突。冲突是由于多台计算机同时送出帧所造成的。把帧送出时产生冲突的范围称之为冲突域，A 所送出的信号，将传到 B、C、D，而这一整段线路就是信号能自由传播的范围，这就是冲突域，因此也可将冲突域看成是冲突信号会影响的范围。所有在同一个冲突域的计算机，其送出的帧，都有可能会相互冲突。

1．最小帧限制

　　在传输介质线路的最大距离下，信号在介质来回一次的时间称为来回时间。当 A 送出信号之后，在快要到达 B 之时，B 以为介质上没有信号而送出信号。接着 B 很快会发现发生冲突，而当冲突的信号返回 A 时，A 已经传输了一段时间。对 A 来说，这段时间是信号送出后会遭到冲突的危险期，如图 4-7 所示。

　　因此在送出帧后，必须持续检测一段来回时间，才能确定帧不会遇到冲突。为避免在还未确定之前，帧就已经发送完毕而开始发送下一个帧，所以帧不能太小。以太网帧的最小限制为 64～512 字节。因此 512 字节的最小帧限制，表明必须持续检测 512 Bit-Time，对 10 Mb/s 来说，则 512 Bit-Time=51.2 μs。如果带宽为 100 Mb/s，则 512 Bit-Time=5.12 μs，其限制的冲突范围会相对缩小。

2．中继器的使用

　　由于中继器功能可以延长信号传输的距离，能够使经过长距离传输而衰减的信号恢复其强度。当 A 与 B 的帧发生冲突时，其冲突的信号将通过中继器传遍整个网络，所以中继器延长了冲突域，如图 4-8 所示。

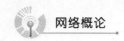

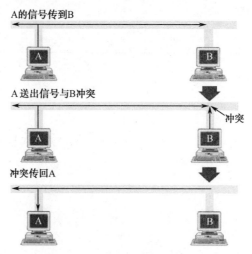

图 4-7　检测的持续时间

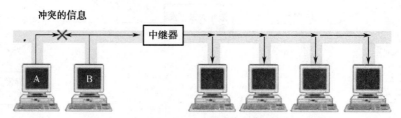

图 4-8　中继器可以延长冲突域

虽然中继器能使衰减的信号恢复，但所能扩展的网络网段还是有一定限制的。以 10 Mb/s 为例，如果网络网段越大，其实际的来回时间就越大，一旦超过 51.2 μs 则会使最小帧（512 比特）的冲突检测出现无法预期的结果，这也是最大网段限制的原因之一。因此整个网络的网段，可看成一个冲突域，在此范围内信号通过介质以及中继器等设备所花的时间，不能大于 512/2 Bit -Time。

3．网桥的使用

网桥能分隔两个局域网。由于网桥能过滤、转送帧，所以网桥两端的帧不会相互冲突。可以说网桥将局域网分隔成两个独立的冲突域。基于这一特性，可利用网桥取代中继器来突破最大网段的限制。

目前的网桥大多被交换机取代。

4.1.6　半双工/全双工

由于使用同一条线路传输，如 10BASE-2 中网卡一次只能使用同轴电缆来发送或接收数据，无法同时发送与接收，所以只能使用半双工传输。直到 10BASE-T 使用两对双绞线，一对用来发送、一对用来接收，才可以实现全双工。

为了实现全双工的功能，除了双绞线的使用外，还得使用点对点的连接方式。点对点连接方式是指一条传输线路的冲突域只有两个连接的设备，例如，两台计算机连接。在这种情况下，才能同时发送数据并接收另一边传来的数据，而不必考虑冲突检测的问题。网卡可以连接交换机，进而达到全双工的功能。

4.2 交换式以太网的原理

多端口网桥与交换机的功能一样。交换机就宛如改进型的多端口网桥，由于具有多个连接端口，所以它除了能连接多个网络网段外，还能像集线器一样，连接多个工作站。如图 4-9 所示，使用交换机来构建的以太网称为交换式以太网。

4.2.1 独享带宽

交换式以太网最明显的优点就是能独享带宽，如图 4-10 所示。当 A 将数据传给 B 时，C 也能同时将数据传给 D，它们各自有独立的线路。所以在 10 Mb/s 下，一个 16 端口的交换机能够提供的总带宽为 16/2×10=80 Mb/s。当然这是在理想的情况下才有的结果。如果传输的路线有交集时，如 A 传给 B 时，C 同时也传给 B，则线路就要在 A 与 C 之间切换，此时 A 与 C 只能共享 10 Mb/s 的带宽。此外，由于交换式以太网没有冲突检测，所以也没有冲突延迟，能更有效地利用带宽。

图 4-9　交换式以太网

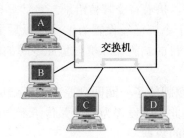

图 4-10　交换机切换出独立的传输线路

4.2.2 全双工的传输模式

由于交换机能像网桥一样分隔出独立的冲突范围，所以工作站连上交换机，等于是点对点的连接，在传输介质为两对双绞线的情况下，这就表明不会有冲突的发生，也不需要使用 CSMA/CD 的机制来作介质访问控制。因此可提供全双工的传输模式。

当网卡接通交换机或集线器时，送出特定的信号，并判断送来的信号，以决定是否能提供全双工的传输模式，交换机也由网卡送来的信号来判断对方是否能接受全双工的模式，这就是自动协调。自动协调是为了保证向下兼容性，全双工的网卡一旦只连接到集线器时，可改成半双工的模式。

4.3 令牌环网络简介

在局域网的技术中，令牌环网络的普遍程度仅次于以太网。本节将介绍令牌环网络的原理，以及相关的设备。

令牌环网络是由 IBM 在 1970 年发展的局域网技术。后来 IEEE 经微小修改成为 IEEE 802.5 的标准。IEEE 802.5 与 IBM 的令牌环网络完全兼容，因此一般都作为相同的协议。

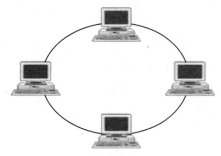

图 4-11 令牌环网络的环状拓扑

4.3.1 令牌环网络拓扑

令牌环网络通常使用双绞线，起初是以环状拓扑的方式来布线，如图 4-11 所示。

在这种原始版的令牌环网络中，每一台计算机必须连接 2 条电路，一条用来接收前一台计算机的信号，而另一条则输出信号给下一台计算机，如此头尾相接成为一个环状的电路连接。

4.3.2 令牌传递

令牌环网络使用令牌传递来实现介质访问控制。与 CSMA/CD 不同，令牌传递并不需要使用冲突检测来避免帧冲突，它的主要做法如下：

① 在令牌环网络中，每个工作站以固定的顺序，传递一个称为令牌的帧，收到此令牌的计算机，如果需要传输数据，则检查令牌是否闲置。如果为闲置则将数据填入令牌中，并设置为忙碌，接着将令牌传给下一台计算机。

② 由于令牌已经设置为忙，所以后面的工作站只能将帧传给下一台计算机。一直传到目的端时，目的端的计算机会将此令牌的内容复制下来，并设置令牌为已收到，并传向下一台计算机。

③ 当令牌绕了一圈回到原来的源端时，源端在知道数据已被接收后，清除令牌中的数据，接着将此令牌设置为闲置并传给下一台计算机，接下来的计算机又可以使用这个令牌来发送它要发的数据。

由于令牌传递的发送方式可避免 CSMA/CD 冲突问题，所以令牌环网络带宽的使用率比以太网要高出许多。尤其是网络的传输量较大时，令牌环网络的效率明显优于以太网。此外，令牌传递还能提供优先权的管理，将各台计算机设置不同的优先等级，使具有较高优先等级的工作站能优先取得令牌。因此，优先等级高的工作站能有较多的机会进行数据的传输。

IEEE 802.5 令牌环的优点：

- 标准双绞介质比较便宜而且容易安装。
- 容易发现和纠正电缆的故障。
- 确定性和通信量可以被确定优先级。
- 帧中不要求添加数据，所以帧比较短。
- 在负载较大的情况下，仍有良好的性能。
- 通过环的接线集中器，环可以被桥接入环中有效的部位，环的大小没有实际的限制。

IEEE 802.5 令牌环的缺点：

- 在低负载的情况下，甚至网络是空载的时候，有一段等待令牌返回的延迟。
- 较高的费用。
- 与以太网相比，安装和管理起来更为复杂。

4.3.3 令牌环网络的设备

令牌环网络可通过网络设备来扩充网络规模。以下介绍几种令牌环网络常用的设备。

1. 多工作站访问单元

令牌环网络以多工作站访问单元（Multi Station Access Unit，MSAU）作为集线器，连接网络上的计算机。多工作站访问单元实体连接方式为星型拓扑，但其内部电路仍是环状拓扑，如图 4-12 所示。

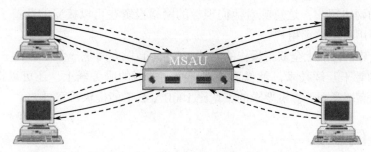

图 4-12 使用 MSAU 的拓扑

2. 网桥

虽然令牌环网络没有冲突范围，可是在同一个网络下只能共用同一个令牌。以 IEEE 802.5 的标准来说，一个网络最多只能连接 260 个工作站，这表示过多的工作站会使传输的等待时间过长。因此要使大型的局域网更有效率，则需使用网桥。

如图 4-13 所示，网桥两端的令牌环网络，分别传递两个不同的令牌。当令牌中数据的目的端在网桥的另一端时，令牌中的数据将通过网桥转送到另一端的空闲令牌中，以传输到另一端的计算机。

3. 交换机

交换机虽然源自于以太网，但随后也应用在令牌环网络上。令牌环网络交换机与以太网交换机相当类似，可根据目的地址，直接将帧传递到目的端，让令牌不必逐一通过网络上的每一台计算机。如图 4-14 所示。

图 4-13 网桥令牌环网络

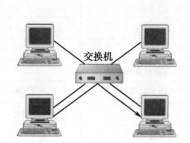

图 4-14 交换式令牌环网络

4.4 Gigabit 以太网

在各项高速以太网技术中，快速以太网或 100BASE-T 以太网已经很普遍。在广泛接受的 10BASE-T 以太网的基础上，快速以太网技术提供了一种对于 100 Mb/s 性能平稳的、无破

坏性的扩展。但是在 100BASE-T 与服务器和桌面相连接时,还需要在骨干网和服务器中使用一种更高速的网络技术。在理想情况下,这种技术也应提供一种平稳、有效的升级路径,并且又不需要再培训。

Gigabit 以太网是符合上述条件的最合适的解决方案。Gigabit 以太网又称为千兆位以太网、吉位以太网,可以为校园网提供 1 Gb/s 的带宽。与其他类似速度的技术相比,它以较低的花费提供了以太网的简单化,为当前以太网的安装提供了一个自然升级的路径。

Gigabit 以太网与原有以太网一样,使用相同的 CSMA/CD 协议、相同的帧格式和帧长度。对于众多的网络用户,这意味着他们现存的网络投资在可以接受的花费下能够扩展到 G 的速度,同时不用去再培训用户。

由于这些优势,再加上全双工操作的支持,Gigabit 以太网是一个理想的在 10/100BASE-T 交换机中使用的骨干互联技术,就像连接在一个高性能的服务器上。还可以提供一个升级路径,因为将来的高端桌面计算机要求的带宽比 100BASE-T 能提供带宽更大。

4.5　FDDI 网

FDDI 是光纤分布数据接口(Fiber Distributed Data Interface)的英文缩写。光纤作为网络的传输介质,因为频带宽、抗电磁干扰能力强、体积小、重量轻等优点,现已经被广泛采用。FDDI 是用于高速局域网的介质访问控制标准,拓扑结构为环状,和 IEEE 802.5 十分接近,因为采用光纤作为传输介质,数据传输率高,所以该标准也有其特点,如表 4-1 所示。

表 4-1　FDDI 与 IEEE802.5 的比较

项　　目	FDDI	IEEE802.5
传输媒体	光缆	屏蔽双绞线
	屏蔽双绞线	非屏蔽双绞线
	非屏蔽双绞线	
传输处理	符号级	比特级
数据速率	100Mb/s	4 或 16Mb/s
信号速率	125Mboud	8 或 32Mboud
最大帧尺度	4 500 字节	4 500 字节
		18 000 字节
可靠性要求	有	无
信号编码	4B/5B(光缆)	差分温切斯特
	MLT(双绞线)	
同步方式	分散式	集中式
容量分配	计时令牌轮巡	优先级与预定位
令牌释放	传输后释放	接收后释放或传输后释放(可选)

FDDI 网以光纤通信和令牌环网为基础,增加一条光纤链路,使用双环结构,进而提高了网络的容错能力。FDDI 网使用改进的定时令牌传送机制,实现了多个数据帧同时在环上传输,提高了网络的利用率。在 FDDI 网的双环结构中,一个环为主环,另一个为辅环,两

个环的传输方向相反。正常情况下，只有主环工作，而辅环为备份，如图 4-15 所示。

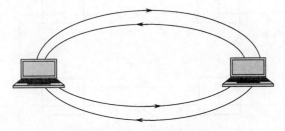

图 4-15　FDDI 网拓扑结构

　　一旦网络发生故障，无论是线路故障，还是结点故障，FDDI 网都会自动将双环重构为单环，致使网络工作不中断，这是 FDDI 网的一个重要特点，如图 4-16 所示。

　　FDDI 最初是面向光纤的一种网络，但是现在可以用屏蔽型和非屏蔽型双绞线电缆来建立这种高速、可靠的网络结构，这种网络通常称为铜线电缆分布式数据接口（CDDI）网络。

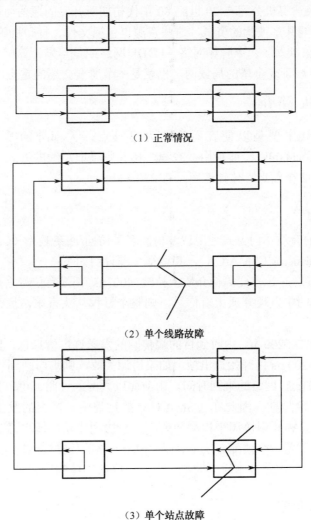

（1）正常情况

（2）单个线路故障

（3）单个站点故障

图 4-16　FDDI 网重构的各种情况（一）

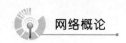

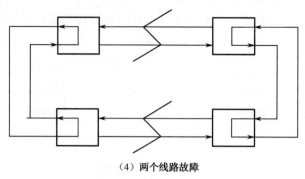

（4）两个线路故障

图 4-16　FDDI 网重构的各种情况（二）

4.6　AppleTalk 简介

AppleTalk 是苹果计算机公司在 20 世纪 80 年代初期所开发的通信协议组合，其主要目的是让局域网中的用户能共享彼此的资源，这些资源也包括文件、打印机等等。

AppleTalk 可用在以太网、令牌环网络、FDDI 网络或是苹果计算机专属的 LocalTalk 网络上。LocalTalk 是专属于麦金塔的局域网，也就是本节所要介绍的重点。

4.6.1　LocalTalk 简介

LocalTalk 的设计主要是以便宜而简单为出发点，大部分的苹果计算机都内建了 LocalTalk 的软件。LocalTalk 一般使用双绞线，拓扑则采取总线的方式，其网络最大长度为 300 m，最多可连接 32 个结点，传输速率只有 230.4 kb/s。

4.6.2　CSMA/CA

在 LocalTalk 中的介质访问方式使用载波检测多重访问/冲突避免（Carrier Sense Multiple Access/Collision Avoidance，CSMA/CA），其运行步骤说明如下：

① 当有帧需要发送时，需要等待介质上持续 400 μs 都没有信号之后，再等一小段随机时间。如果在这段时间中发现介质上有信号，则整个过程从头再来，反之则送出要求发送的信息包给目的端。

② 发送后，如果在 200 μs 内收到目的端传回的发送许可信息包，则表示完成协调的过程。协调成功后，在 200 μs 内开始送出帧。如果协调失败，则重新回到步骤 1。

400 μs 是 LocalTalk 网络的来回时间。由前面以太网的说明，可以知道来回时间是信号送出后会遭到冲突的危险期。因此在 CSMA/CA 的过程中，冲突的发生一定是在协调的时候。换言之，CSMA/CA 利用协调来检测冲突。一旦协调成功，即可避免在传输帧时发生冲突。由于 CSMA/CA 每传一个帧都必须先协调，使得网络的传输性能较差。不过与 CSMA/CD 相较，CSMA/CA 所用的电路技术较为简单，因此可降低软件制造成本。

4.7　局域网的构建

DIX 联盟于 1982 年推出了 Ethernet Version 2（EV2）规格。而后在 1983 年，IEEE 802.3 委员会将 EV2 规格稍加修改，正式公布了 802.3 CSMA/CD 规格。

4.7.1 10 Mb/s 以太网

无论是遵循 EV2 或 802.3 规格的以太网，其带宽都为 10 Mb/s，传输介质则包含同轴电缆（又区分为粗、细两种）、双绞线和光纤，分别有不同的特性，适用于不同的场合。因此可分为 10BASE-5、10BASE-2、10BASE-T 和 10BASE-F 4 种。

负责制定以太网标准的 IEEE 802.3 委员会使用了一种简易命名方法，来表示各种规格的以太网。其格式为"XBASEY"，其中"X"表示带宽，"Y"如果为数字则表示最大传输距离，如果为英文字母则表示传输介质，"BASE"表示"基带"。例如，10BASE-5，表示该以太网的带宽为 10 Mb/s，以基带传输，最大传输距离为 500 m；而 10BASE-T 表示带宽为 10 Mb/s，以基带传输，传输介质为双绞线。

1. 10BASE-5 以太网

10BASE-5 以太网为最早出现的以太网，因此被称为标准以太网。它使用直径 1 cm 的 RG-11 同轴电缆，以总线的形式连接。在线路两端点必须连接 50 Ω的终端电阻。每张网卡以 AUI 线连接到收发器，再通过收发器连接 RG-11 同轴电缆，如图 4-17 所示。

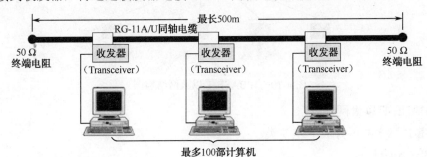

图 4-17 10BASE-5 以太网结构图

收发器执行发送信号、接收信号、转换信号与冲突检测等工作，是相当重要的元件。

在图 4-17 中，由终端电阻到另一个终端电阻的范围称为一个网段，每一个网段可达 500 m，最多允许连接 100 个结点。最多可用 4 个中继器来串联 5 网段，因此 10BASE-5 的最大布线范围为：500 m/段×5 段=2 500 m。

2. 10BASE-2 以太网

因 10BASE-5 以太网布线复杂且成本较高，于是 3Com 公司推出了改进型产品 10BASE-2 以太网，如图 4-18 所示。10BASE-2 改用较细的 RG-58 A/U 同轴电缆为传输介质，电缆的两端也要接上 50 Ω终端电阻，两终端电阻之间的范围称为网段，网段的最大长度缩减为 185 m，每个网段最多可连接 30 台计算机。虽然网络网段缩小、连接的计算机数目也减少，但是施工容易、材料价格低廉，因此逐步淘汰 10BASE-5 以太网。因为 RG-11 A/U 比 RG-58 A/U 粗得多，所以 10BASE-5 网络又称为粗缆以太网；相对地，10BASE-2 则称为细缆以太网。

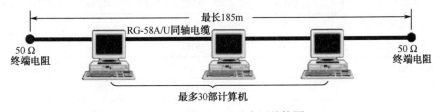

图 4-18 10BASE-2 以太网结构图

3. 10BASE-T 以太网

由于 10BASE-5 和 10BASE-2 的缺点是：网络的任何一处断线，都会导致整个网络停止，而且追查断线点较为困难。如果有计算机要移动位置，布线路径可能要大幅度修改。因此不便管理与维护，而这也促使了 10BASE-T 以太网的诞生。10BASE-T 以太网采用非屏蔽双绞线为传输介质，所有的计算机都通过集线器互相连接，计算机到集线器的最大长度为100 m，如图 4-19 所示。

10BASE-T 以太网的优点如下：

① 每台计算机都独立连接到集线器，如果计算机或线路发生问题，只影响本身这一段的线路，不影响其他计算机的运行。

② 从集线器的指示灯号即可判断哪段线路故障，比较容易维护。

③ 移动计算机时，只需改变局部布线路径，整体布线路径不必改动。

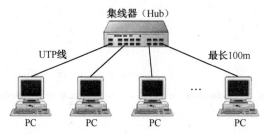

图 4-19　10BASE-T 以太网结构图

4. 10BASE-F 以太网

10BASE-F 以太网可分成下述 3 类。

（1）10BASE-FL

10BASE-FL 中的 L 表示连接，也就是说，10BASE-FL 是以光纤连接网卡、集线器等设备，每网段连接距离最长可达 2 000 m。

（2）10BASE-FB

10BASE-FB 中的 B 表示主干，也就是用来当作两个局域网连接的信道。

（3）10BASE-FP

10BASE-FP 中的 P 表示被动。这种结构类似星型网络，是以中央一个不具中继器功能的光缆集线分接到计算机上，最多可接 33 台。

上述 10 Mb/s 以太网的整理如表 4-2 所示。

表 4-2　10 Mb/s 以太网络简表

项　　目	10BASE-5	10BASE-2	10BASE-T	10BASE-F
线材	同轴电缆	同轴电缆	双绞线	光缆
接头	DB15	BNC	RJ-45	ST
网段最大长度/m	500	185	100	2 000
最大扩展范围/m	2 500	925	500	500
最大结点数	100	30	1 024	2 或 33
拓扑	总线	总线	星型	星型
线缆阻/Ω	50	50	100	-

ST（Straight Tip）：用于连接光纤的接头，外观类似 BNC 接头，在 ISO 的正式名称为"BFOC/2.5"。

表 4-2 中的最大扩展范围是指利用集线器（或中继器）所扩展的最长距离。通常扩展之后的总长度比原先的单一网段要长，如 10BASE-5 从 500 m 扩展为 2 500 m。但是光纤却是例外，反而从 2 000 m 缩短为 500 m。这是因为光纤使用集线器来分接时，将失去点对点连接的特性，所以虽然扩展出较多的网段，可是总长度却不如原本单一网段的长度。

4.7.2　100 Mb/s 以太网

随着信息科技的进步，对于网络的访问需求也越来越高，需要更高的传输速度，以应付更大的数据传输量，此时增加带宽就成了最直接的解决办法。IEEE 在 1995 年发表了 3 种 100 Mb/s 的高速以太网规格。

1. 100BASE-TX

与 10BASE-T 一样都是使用双绞线传输。不过传输的频率较高，因此需要使用较高质量的双绞线，也就是要使用 Cat 5 等级的线材。100BASE-TX 是市场上最早推出具有 100 Mb/s 的以太网结构，同时也是目前使用最普遍的网络类型。

2. 100BASE-T4

同样采用双绞线传输，而且可以使用 Cat 3、Cat 4、Cat 5 的线材作为传输介质，不过因为只有半双工的传输模式，而且推出时间太晚，所以市场上很难见到相关产品。

3. 100BASE-FX

使用光纤来传输，传输的距离与所使用的光纤类型及连接方式有关。如果使用多模光纤，在点对点的连接方式下，可达 2 km；而以单模光纤在点对点连接方式传输，其距离更可高达 10 km。点对点连接是指用一条网络介质连接两个网络结点。

除了上述 3 种规格，在 1997 年又提出了 100BASE-T2。它使用 Cat 3 双绞线即可达到 100 Mb/s 的带宽，而且能以全双工模式传输数据，兼具 100BASE-TX 和 100BASE-T4 的优点，不过由于它的传输电路较难设计，成本相对较高，而且推出时间晚，消费者也就不易买到 100BASE-T2 的产品。

100 Mb/s 的以太网与原先 10 Mb/s 以太网最大的不同是带宽及线材质量的提升，将其整理如表 4-3 所示。

表 4-3　100 Mb/s 以太网简表

项目	100BASE-TX	100BASE-T4	100BASE-FX	100BASE-T2
线材	双绞线	双绞线	光纤	双绞线
接头	RJ-45	RJ-45	ST、MIC、SC	RJ-45
网段最大长度	100 m	100 m	2/10 km	100 m
网络拓扑	星型	星型	星型	星型

附注：SC：Subscriber Connector；MIC：Medium-Interface Connector．

4.7.3　1 000 Mb/s 以太网

100 Mb/s 以太网出现后，仍持续研发更高速的传输技术，于是在 1998 年 IEEE 再度公布了 4 种超高速以太网标准。

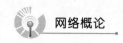

1. 1 000BASE-SX

短波长光纤以太网，只能使用多模光纤做为传输介质。如果采用 62.5μm 的多模光纤，在全双工模式下，最长传输距离为 275 m；如果是使用 50μm 的多模光纤，在全双工模式下，最长的传输距离为 550 m。

2. 1 000BASE-LX

长波长光纤以太网，可采用单模或多模光纤来传输。使用多模光纤时，在全双工模式下，最长传输距离为 550 m；如果是采用单模光纤，在全双工模式下，传输距离则高达 5 000 m。

3. 1 000BASE-CX

使用屏蔽双绞线作为传输介质，最长的传输距离仅有 25 m，因此并不适合拿来架设网络，比较适合用在服务器与服务器的连接上。

4. 1 000BASE-T

IEEE 于 1999 年所发表的超高速以太网规格，也是最受人瞩目的规格。1 000BASE-T 的特点在于可以使用 Cat 5 的双绞线传输，最长传输距离为 100 m，也就是可以完全兼容于目前最普遍的 100BASE-TX 网络。不过因为线路质量对传输速度影响极大，所以如果要能真正达到 1 000 Mb/s 的性能，通常要采用 Cat 5 或者 Cat 6 的线材才行，而且市场上相关产品尚属少数，彼此兼容性不佳，价格也偏高，因此目前还算是实验性产品。

1 000 Mb/s 以太网使用许多新的技术，以克服以太网在高带宽下，传输距离越来越短的问题。不过在价格、兼容性两大问题尚未解决之前，目前超高速以太网应该还不会被普遍应用，但是可预知的是，1 000 Mb/s 的带宽，绝对是未来的主流。表 4-4 所示为 1 000 Mb/s 以太网规格简表。

表 4-4　1 000 Mb/s 以太网规格简表

项　　目	1 000BASE-SX	1 000BASE-LX	10 00BASE-CX	1 000BASE-T
线材	光缆	光缆	屏蔽双绞线	双绞线
接头	SC	SC	SC、DB9	RJ-45
网段最大长度/m	275/550	550/5 000	25	100
网　络　拓　扑	星型	星型	星型	星型

4.7.4　以双绞线架设以太网

本节介绍构建一个 100BASE-TX 的以太网。因为 100BASE-TX 是目前普遍应用的以太网，有了架设 100BASE-TX 网络的经验，架设 1 000BASE-T 网络的困难会更少，因此第一步学习架设 100BASE-TX 网络是最好的选择。

1. 基本概念

在安装网卡前，无可避免地会提到中断请求、I/O 端口地址和 BASE Memory 地址等专有名词，因此有必要先说明这些名词，这对于以后的学习与实践将有很大的帮助。

（1）中断请求（Interrupt ReQuest，IRQ）

在 PC 上连接的各种输出、输入设备，如键盘、鼠标、驱动器等，统称为 I/O 设备，这些 I/O 设备工作时都需要 CPU 的支持，因此先送出特定信号引起 CPU 的注意，这个特定信号便是中断请求（Interrupt ReQuest，IRQ）信号。顾名思义，IRQ 信号使 CPU 中断工作，转而执行中断服务子程序，支持发出该信号的 I/O 设备。为了让 CPU 正确分辨出中断请求的来源，每个中断请求都拥有不同的编号，如此不仅可分别指定给不同的 I/O 设备，而且也替每个中断请求设置了优先级。当 CPU 同时接到两个以上的中断请求信号，先处理中断请求优先级较高的 I/O 设备所提出的要求，然后才响应中断请求优先级较低的 I/O 设备。

（2）I/O 端口地址

I/O 端口（Port）地址是 CPU 与 I/O 设备之间联络管道的地址。Port 这个单字的本义便是港口，在现实生活中，有川流不息的货物进出港口；对计算机而言，千千万万的数据也是经过 I/O 端口往返 CPU 与 I/O 设备之间，I/O 端口地址如果弄错了，数据就送不到正确的目的地。

（3）BASE Memory 地址

BASE Memory 地址就是网卡上内存的地址，其中也包含了 Boot ROM 的地址，而 Boot ROM 的功能是让计算机不必安装软盘与硬盘，就可以直接连上网络启动操作系统。数据要传入或传出网卡之前，先放置在网卡的内存中，而 CPU 根据地址去读写内存的内容，没有地址的内存，CPU 根本不知道它的存在，更何况去访问它的数据。因此光是知道网卡内有内存还不够，还得赋予一个固定的内存地址，这个地址便称为 BASE Memory 地址。

2. 即插即用功能及设置

中断请求、I/O 端口地址和 BASE Memory 地址都是传统上在设置网卡时必须知道的概念，然而自从 Windows 95 推出即插即用（Plug and Play，PnP）功能以来，这些烦琐的设置工作都可以交给计算机去做，因此理论上可以达到完全免设置，然而要发挥 PnP 功能必须符合以下 3 大前提。

（1）主板支持 PnP

主板支持 PnP 是指主板上的 BIOS 支持 PnP，通常在 Pentium 级以上的主板多数支持，但是即使相同型号的主板，也因 BIOS 版本差异而表现出不同的支持能力，有关 BIOS 的种种细节，请参考相关的书籍。

（2）操作系统支持 PnP

目前支持 PnP 的操作系统有 Windows 95/98 和 Windows 2000，而 Windows NT 4.0 并不支持 PnP，因此使用其他操作系统的用户，就注定无法享受 PnP 的便利了。

（3）接口卡支持 PnP

此处的接口卡指网卡、声卡、显卡等一切的外插卡。目前市面上的 PCI 网卡都支持 PnP 功能，完全不用做任何设置工作。至于 ISA 网卡的变化就比较多了，有的虽然也支持 PnP，但是使用时常出现中断请求或 I/O 端口地址相冲突，可用软件关闭 PnP 功能。

3. 支持 PnP 的环境

通过 BIOS、操作系统和接口卡三者的合作，PnP 的优点才得以充分展现，其中如果有任一者出现问题（通常是 BIOS 或接口卡），都会使"Plug and Play"变成"Plug and Pray"，反而成了绊脚石。因此在遇到下列情况时，我们通常还是采用 Non-PnP 网卡。Non-PnP 网卡是指根本不支持 PnP 功能或是关闭 PnP 功能的网卡。

① 操作系统不支持 PnP 功能，例如，Windows NT 3.51、Windows NT 4.0 等。

② 即使主板与操作系统都支持 PnP 功能，但可能因为 BIOS 写得不好，发生多种设置抢用相同系统资源（IRQ、I/O 端口地址等），导致系统无法正常工作。

③ 如果计算机仍插有旧型的接口卡，例如必须手动设置 IRQ、I/O 端口地址的接口卡，甚至有的接口卡只能使用特定的 IRQ 和 I/O 端口地址，不得更改，此时 PnP 功能因为不认得这些"老前辈"，所以使用系统资源时便可能与其冲突。

Non-PnP 网卡不靠计算机自动分配系统资源，需要靠自己手动设置。但是因为目前 90% 以上的产品，都支持 PnP，因此本书对 Non-PnP 的设置不予介绍。

4. 安装网卡过程

安装网卡过程如下：

① 关闭计算机及其他周围设备的电源，最好将接线全部拔掉。

② 卸掉主机外壳螺丝，打开外壳。

③ 将网卡插入空的插槽，并锁上固定螺丝。ISA 接口的网卡得找 ISA 插槽；PCI 接口的网卡则要找 PCI 插槽。

④ 装上机壳、锁上螺丝，并接回所有先前拆下的接线。

⑤ 打开电源，如果能执行到加载操作系统阶段，表示网卡已经插妥了。

⑥ 按照前述说明插妥后打开计算机电源，进入 Windows 时便会自动启动添加硬件向导。

● 小　　结

对三种局域网的说明如表 4-5 所示。

表 4-5　三种局域网的比较说明

局　域　网	以　太　网	令牌环网络	LocalTalk
软件规格种类	多	少	一种
设备成本	中	高	低
优先权管理	无	有	无
使用桥接	可	可	不可
带宽的利用率	中	高	低

由于 CSMA/CA 在传输的过程中，必须送出许多握手帧，浪费了更多的带宽，所以它的做法并不被其他网络系统所采用。目前计算机网络的介质访问控制大多是以 CSMA/CD 或令牌传递为主。

CSMA/CD 的优点是架设与管理较为简易，每一台加入网络的计算机都能自由地竞争使用介质。但是如果网络上的计算机数量一多，则会增加冲突的频率，使得传输的效率大幅降低。相对地，令牌传递不会有冲突的问题，即使网络上的计算机数量增加，也不会因冲突延迟而降低效率。由于 CSMA/CA 不像 CSMA/CD 以随机的抢占方式，而以固定的次序轮流使用令牌，使得每一台计算机传输的等待时间也很固定。不过由于网络的管理较为复杂，其成本也相对较高，再加上其规格不像以太网那样普遍，一般的用户还是比较习惯使用 CSMA/CD 的以太网。

● 拓展练习

1. 以太网帧最小长度为（　　）。

　　A. 46 字节　　　　　B. 32 字节　　　　　C. 64 字节　　　　　D. 没有限制

2. MSAU 的功能类似（　　）。

　　A. 集线器　　　　　B. 交换机　　　　　C. 网桥　　　　　D. 路由器

3. （　　）访问方式不会有冲突的情形。

A. CSMA/CD　　　B. CSMA/CA　　　C. 令牌传递

4. 在以太网中，（　　）可较有效发挥带宽。

　　A. 较小的帧　　　B. 较大的网络网段　C. 较昂贵的线材　　D. 较少的计算机

5. AppleTalk 可架设在（　　）上。

　　A. 以太网　　　B. 令牌环网络　　　C. LocalTalk　　　D. 以上都可

6. 下列（　　）不是 100BASE-TX 与 10BASE-T 的差异。

　　A. 带宽　　　B. 拓扑　　　C. 线材　　　D. 接头

7. 以光纤作为传输介质的最大效益为（　　）。

　　A. 带宽提升　　　B. 成本降低　　　C. 管理方便　　　D. 安装容易

8. 下列（　　）采用双绞线为传输介质。

　　A. 10BASE-5　　B. 100BASE-FX　　C. 1 000BASE-SX　　D. 1 000BASE-T

9. 目前最普遍的 100 Mb/s 以太网规格为（　　）。

　　A. 100BASE-FX　　　　　　B. 100BASE-T2

　　C. 100BASE-TX　　　　　　D. 100BASE-TP

10. 下列（　　）采用星型网络拓扑。

　　A. 1 000BASE-LX　　　　　B. 10BASE-5

　　C. 100BASE-FX　　　　　　D. 100BASE-TX

11. 解释冲突域概念。

12. CSMA/CD 如果发生冲突时，计算机会如何响应？

13. 在 CSMA/CA 中，握手的功能是什么？

14. 说明以太网、令牌环网络与 LocalTalk 所使用的介质访问方法。

15. 比较 CSMA/CD 与 CSMA/CA 的传输效率与软件成本。

16. 10 Mb/s 以太网有哪几种规格？

17. 目前 100 Mb/s 以太网有哪几种规格？

18. 目前 1 000 Mb/s 以太网有哪几种规格？

19. 安装好网卡，可以执行哪两项检查工作，确认网卡是否运行正常？

20. 根据 10BASE-T 和 100BASE-TX 的标准，只使用了 8 芯双绞线中的 4 芯，写出这 4 芯的编号与功能。

21. 为什么在局域网中 5 类双绞线用得如此之广？

22. 如果在一建筑内已安装了有较大电噪声的线缆，用哪一种线缆替代它最好？

23. 判断正误：线缆连接器是网络中最可靠的元件。

24. 判断正误：3 类双绞线不能支持 100 Mb/s 以太网。

25. 判断正误：光纤的安全性没有屏蔽双绞线（STP）的好。

26. 什么是局域网？局域网与广域网有哪些区别？

27. 局域网中常用的拓扑结构有哪些？

28. 以太网采用什么方式解决冲突问题？该方式如何工作？

第5章

广域网

«««««

本章主要内容

- 广域网概述
- 广域网的标准协议介绍
- 广域网路由
- 广域网技术

广域网（Wide Area Network，WAN）是覆盖范围相对较广的数据通信网络，可以连接多个城市和国家，形成地域广大的远程处理和局部处理相结合的计算机网络，其结构比较复杂，传输速率一般低于局域网。

5.1 概述

ARPAnet 的出现，标志着以资源共享为目的的计算机网络诞生。在发展初期，网络一般是为某一机构组建的专用网。专用网的优点是针对性强、保密性好；缺点是资源重复配置，造成资源的浪费，系统封闭，使系统之外的用户很难进入。随着计算机应用的不断深入发展，一些小规模的机构甚至个人也有了联网需求。这就促进了通信公用数据网的诞生。

广域网由结点以及连接这些结点的链路组成，链路就是传输线，也可称为线路、信道或干线等，用于计算机之间传送比特流。结点也可称为交换机、分组交换结点或路由器，将它们统称为路由器。结点执行分组存储转发的功能，结点之间是点到点连接。广域网基于报文交换或分组交换技术，当信息数据沿输入线到达路由器后，路由器经过路径选择，找出适当的输出线并将信息数据转发出去。

广域网和局域网有较大的区别和联系。范围上，广域网比局域网的覆盖范围要大得多。组成上，广域网通常是由一些结点交换机以及连接这些交换机的链路组成，结点交换机执行将分组存储转发的功能，结点之间都是点到点连接。为了提高网络的可靠性，通常一个结点交换机与多个结点交换机相连。而局域网通常采用多点接入、共享传输媒体的方法。层次上，广域网使用的协议在网络层，主要考虑路由选择问题；而局域网使用的协议主要在数据链路层以及物理层。应用上，广域网强调的是数据传输，侧重的是网络能够提供什么样的数据传输业务，以及用户如何接入网络等；而局域网侧重的是资源共享，更多关注如何根据应用需求进行规划、建立和应用。

5.2 广域网的标准协议介绍

广域网的标准协议包括三部分，分别为物理层协议、数据链路层协议和网络层协议。广域网协议模型结构如图 5-1 所示。

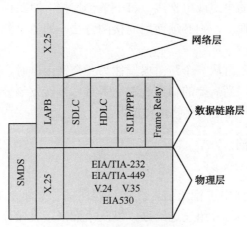

图 5-1　广域网协议模型结构

1. 物理层协议

物理层协议描述了如何为广域网服务提供电子、机械、程序、功能和规程方面的连接。广域网物理层提供有三种基本方式连接：专线连接、电路交换连接和包交换连接。

2. 数据链路层协议

数据链路层协议描述了单一数据链路中数据帧是如何在系统间传输的，如帧中继、ATM等。其中包括运行点到点、点到多点、多路访问交换业务如帧中继等设计的协议。这一层典型的广域网协议包括：

① 高级数据链路控制（HDLC）：是点对点、专用链路和电路交换连接默认的封装类型。

② 点对点（PPP）：点对点包含标识网络层协议的协议字段，由 Internet 工程任务组（Internet Engineering Task Framework，IETF）定义并开发。

③ 串行链路网络协议（SLIP）：是点对点串行连接应用于 TCP/IP 的标准协议。

④ 综合业务数字网（ISDN）：一种数字化电话连接系统。ISDN 是第一部定义数字化通信的协议，该协议支持标准线路上的语音、数据、视频、图形等的高速传输服务。

⑤ X.25 及平衡式链路访问程序（LAPB）：X.25 是帧中继的原型，指定 LAPB 为一个数据链路层协议。

⑥ 帧中继：一种产业标准，维护多路虚拟电路的交换式数据链路层协议。

3. 网络层协议

网络层协议主要提供两种功能,一是为网络上的主机提供服务,分别为面向连接的服务和无连接的服务,其具体实现通过数据报服务和虚电路服务;二是路由的选择和流量控制。

5.3 广域网路由

广域网是一种跨越大的地理区域的网络,包括运行应用程序的所有计算机。通常称这些计算机为主机,有时也称为端点系统。主机通过通信子网连接。子网的功能是把消息从一台主机传到另一台主机,就好像电话系统中把声音从讲话方传送到接收方。通信子网一般由两个不同的部分组成,即传输线和交换单元。传输线也称为线路、信道或者干线,用来在计算机之间传送比特。交换单元称为路由器。

在广域网中包含大量的电缆或电话线,每一条都连接一对路由器。如果两个路由器间没有电缆连接而又希望进行通信,则必须使用间接的方法,即通过其他路由器。这说明了在广域网中路由选择的重要性。

当通过中间路由器把分组从一个路由器发往另一个路由器时,分组会完整地被每一个中间路由器接收并存放起来。当需要的输出线路空闲时,再转发该分组,该种技术称为存储转发技术。几乎所有的广域网都使用存储转发技术。

5.3.1 路由选择机制

1. 广域网的物理地址

为了实现在计算机网络中进行通信,连接到网络的计算机就必须有它自己的唯一的地址,只有这样,才能明确要将分组发送给谁,以及由谁来接收该分组。没有地址的计算机无法在计算机网络中进行通信。

为了提高数据传输的效率,广域网采用了层次编址。最简单的层次编址方案是将一个地址分成前后两部分:前一部分表示分组交换机;后一部分表示连在分组交换机上的计算机。这种层次编址方案如图 5-2 所示。

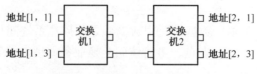

图 5-2 计算机层次编址举例

图 5-2 中用一对十进制整数来说明一个地址。连到交换机 1 上的端口 1 的计算机的地址为[1, 1]。不难看出,采用这种编址方案,广域网中的每一台计算机的地址一定是唯一的。在实际应用中,计算机的地址都用二进制数表示。二进制数中的一些位表示地址的第一部分,即交换机的编号;而其他位则表示地址的第二部分,即计算机接入的交换机的端口号。因为每个地址用一个二进制数来表示,所以用户和应用程序可将地址看成是一个数,而不必知道这个地址是分层的。

交换机利用目的地址进行端口的选择。分组交换机并不需要知道所有可能的目的信息,它只需知道的是:为了将分组发往最终目的地所需的下一站的地址。因此,每个结点交换机中都有一个路由选择表,一般也称之为路由表。当接收到一个分组时,交换机即根据分组的目的地址查找路由表，以决定分组应发往的下一站是什么。表 5-1 即为图 5-2 中交换机 2 的路由表，并且仅给出了路由表中最重要的两个内容，即一个分组将要发往的目的站，以及分组发往的下一站。

表 5-1　交换机 2 的路由表

目　的　地	下　一　站
[1, 1]	端口 3
[1, 3]	端口 3
[2, 3]	连在端口 3 上的计算机

应该注意的是，路由表中没有源地址这一项。这是因为交换机在转发分组时，所需要的信息只与分组的目的地址有关，而与分组的源地址以及分组在到达交换机之前所走的路径无关，这种特性也叫做源地址独立性。

源地址独立性使得计算机网络中的转发变得更紧凑、更有效。这是因为转发不需要源地址信息，而仅仅从分组中检查目的地址，所以所有的沿同样的路径的分组只需占用路径表的一个入口。

2. 层次地址和路由的关系

路由即是为被转发的分组选择下一站的过程。从表 5-1 中可以看出，表中不止一个表目具有相同的下一站，如目的地为[1，1]和[1，3]的表目。也就是说，目的地址的第一部分相同的分组都将被发往通向同一个交换机的端口。这样，在转发分组时，交换机只需检查层次地址的第一部分即可。仅使用层次地址的一部分进行分组转发的好处是：

① 路由表可以排成索引阵列的形式，不需再逐项搜索，因此缩短了查表时间。

② 因为每个目的交换机占用一个表项，而不是每个目的计算机占用一个表项，从而缩小了路由表的规模。

在两级地址方式中，除了最后的交换机外，其余交换机在转发分组时，都只用到分组的目的地址的第一部分，当分组到达与目的计算机相连的交换机时，交换机才检查分组目的地址的第二部分，将分组送往最终的目的计算机。

5.3.2　广域网中的路由

随着连入的计算机数目的增加，必须对广域网的容量作相应的扩展。广域网有两种扩展方式：第一，当计算机数目增加不多时，可通过增加单台交换机的 I/O 端口硬件或使用快速的 CPU 来扩展；第二，对于更大规模的网络扩展，就需要增加新的分组交换机。增加网络的分组交换能力只需将交换机加入网络内部，专门处理网络负载即可，不需要增加计算机。这样的交换机上没有连接计算机，叫做内部交换机，外部交换机是与计算机直接相连的交换机。

不论外部交换机还是内部交换机，都需要一张路由表，并且应都能转发分组，只有这样才能保证网络正常工作。而且，路由表必须符合下列条件：

① 路由完备性。每个交换机的路由表必须包含所有可能目的地的下一站。

② 路由优化性。对于一个给定的目的地而言，交换机内路由表中下一站的值必须是指向目的地的最短路径。

在广域网的拓扑中，用结点表示网络中的分组交换机，边表示广域网中的链路。图 5-3 是一个广域网及其相应的图。

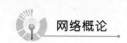

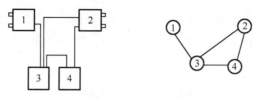

图 5-3　广域网及其相应的图

表 5-2 是图 5-2 所示网络中各交换机的路由表。

表 5-2　每个交换机的路由表

交换机 1		交换机 2		交换机 3		交换机 4	
目 的 地	下 一 站	目 的 地	下 一 站	目 的 地	下 一 站	目 的 地	下 一 站
1		1	[2，3]	1	[3，1]	1	[4，3]
2	[1，3]	2		2	[3，2]	2	[4，2]
3	[1，3]	3	[2，3]	3		3	[4，3]
4	[1，3]	4	[2，4]	4	[3，4]	4	

虽然层次地址减小了路由表的规模，但简化了的路由表仍然包括有许多下一站相同的表目，造成表项的重复。考虑图 5-3 所示的网络，交换机 1 对应只有一条链路连到其他的交换机上（交换机 3），除了给交换机 1 自己的信息外，所有的输出分组都只能发往这一条链路端口上。在较小的网络中，路由表重复的表目不多。然而，在规模巨大的广域网中，有的交换机的路由表中将有大量的重复表项，这种情况下，查找路由表将很费时。为限制表项的重复，大多数的广域网采用默认的路由机制，这种方法用一个表目来代替路由表中有相同下一站值的许多表目。任何路由表中只允许有一条默认路由。而且默认路由的优先级低于其他路由。转发机制对于给定的目的地址如果找不到一条明确的路由，它就使用默认路由。利用默认路由，表 5-2 可简化为表 5-3。

表 5-3　有默认路由的路由表

交换机 1		交换机 2		交换机 3		交换机 4	
目 的 地	下 一 站	目 的 地	下 一 站	目 的 地	下 一 站	目 的 地	下 一 站
1		2		1	[3，1]	2	[4，2]
*	[1，3]	4	[2，4]	2	[3，2]	4	
		*	[2，3]	3		*	[4，3]
				4	[3，4]		

表中的*表示默认路由，默认路由是可选的，只有在多个目的地的下一站相同时，才有默认路由。例如路由表中交换机 3 就无需默认路由，因为交换机 3 通往每个方向的下一站都不相同。而交换机 1 则有默认路由，因为除了它自己，通往所有方向的下一站都一样。

5.3.3　路由算法

路由表主要依据路由算法来构造。一个好的路由算法应具备下列特征：正确性、简单性、健壮性、稳定性、公平性和最优性。然而这些优点往往不能兼得。例如，健壮性要求算法不受网络故障的影响，能很好地适应网络拓扑结构和流量的改变，但这往往需要定期收集各种有关的网络信息并进行复杂的计算，其算法就不能简单。再例如，为使网络的吞吐量达到最大，就必须保证数据流量大的站点优先占用最优路由进行发送，这样数据流量小的站点就只能使用较差的路由或等待较长的时间才能发送。另外所谓的最优路由算法，也不能保证所有的性能指标都是最优，例如可使网络获得最大吞吐量的路由算法，就无法使得分组在网络中的平均延迟最小。在通常情况下，一种优秀的路由算法是兼顾某几项重要的性能指标并使它们都成为较优。路由选择算法有非自适应路由算法和自适应路由算法两种。

1. 非自适应路由算法

非自适应路由算法又称静态路由算法，静态路由是指由网络管理员手工配置的路由信息，该路由表在系统启动时被装入各个结点（路由器），并且在网络的运行过程中一直保持不变。这种算法没有考虑到网络运行的实际情况，当网络的拓扑结构或链路的状态发生变化时，网络管理员需要手工去修改路由表中相关的静态路由信息。静态路由信息在默认情况下是私有的，即它不会传递给其他的路由器。当然，也可以通过对路由器进行设置使之成为共享。非自适应路由算法简便易行，在一个载荷稳定、拓扑变化不大的网络中运行效果很好，因为在这样的环境中，网络管理员易于清楚地了解网络的拓扑结构，便于设置正确的路由信息。因而静态路由算法广泛应用于高度安全性的军事系统和较小的商业网络。

在大型和复杂的网络环境中，不宜采用静态路由，一方面因为网络管理员难以全面地了解整个网络的拓扑结构；另一方面，当网络的拓扑结构和链路状态发生变化时，需要大范围地调整路由器中的静态路由信息，这就增大了工作的难度和复杂程度。

2. 自适应路由算法

自适应路由算法也称为动态路由算法，它总是根据网络当前流量和拓扑来选择最佳路由。当网络中出现故障时，自适应路由算法可以很方便地改变路由，引导分组绕过故障点继续传输。自适应路由算法灵活性强，但算法复杂，实现难度较大，各个路由器之间需定期交换路由信息，增加了网络的负担，另外当算法对动态变化的反应太快时容易引起振荡。为了应付各种意外情况，大型网络被设计有多重连接，而动态路由又能使网络自动适应变化，所以大多数网络都采用动态路由。

5.4 广域网技术

本节主要介绍广域网中应用的主要技术。

5.4.1 X.25 网

1. X.25 网简介

X.25 网是采用 X.25 标准建立的网。X.25 标准是在 1976 年建立的。X.25 是联网技术的标准和一组通信协议，也就是说，它只是一个对公共分组交换网（PSN）接口的规范，并不涉及网络内部的功能实现，因此 X.25 网是该网络与网络外部数据终端设备接口遵循的标准。X.25 标准开创了分组交换技术的先河。建立 X.25 标准的目的是为使用标准的电话线建立分组交换网。

2. X.25 的体系结构

X.25 的出现早于 ISO/OSI 协议模型，所以没有被精确地定义成同 7 层模型相同的术语。X.25 协议通常被描述成如下 3 层结构，近似对应于 OSI 互联协议模型的底 3 层，其对应关系

如图 5-4 所示。

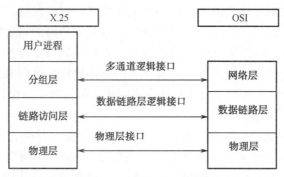

图 5-4　X.25 协议分层模型

在 X.25 中，将物理层称为 X.21 接口。该接口规定了数据终端设备（DTE）和 X.25 网络之间的电气和物理接口。X.25 的链路访问层描述了 X.25 支持的数据类型和帧结构，同样也描述了建立虚电路的链路访问过程，在平衡异步会话中的流量控制与传送结束后电路拆除等。在分组层，X.25 建立了一个贯穿分组交换网络的可靠虚拟连接，使得 X.25 能够提供点对点的数据分组投递，而不是无连接的或多点之间的数据分组传输。

3. X.25 服务

X.25 服务是接收从终端用户来的数据包，并将数据包经过计算机网络传输后，送到指定的终端用户。在 X.25 中，有许多差错检查功能，用以保证数据的完整性。这是因为 X.25 是利用电话线进行数据传输的，但电话线传输不能保证可靠性。

4. 分组的概念

一个数据分组是一个能够独立从源地址到目的地址之间进行传送的信息单元，它被封装和寻址，不再需要任何其他的信息。分组包括两个部分：其一是数据本身；其二是分组头的寻址信息。图 5-5 给出了分组结构，除了源地址和目的地址，分组还包括路由、差错检验和控制信息。每一个数据分组是一个包含自身寻址和路由信息的分离信息分组。

图 5-5　X.25 分组

5. 分组组装/拆装器（PAD）

使用 X.25 规范与分组交换网接口的 DTE 必须有相应的硬件和软件支持 X.25 规范，具有这种能力的终端称为 X.25 终端或分组终端，但实际使用的许多终端（如字符终端）都不具备这样的能力，它们不能直接与 X.25 网络相连。为了解决这个问题，CCITT 定义了一种称为 PAD（Packet Assembly/Disassembly）的设备，PAD 插在非 X.25 终端和分组交换网之间，起一个规范转换的作用，帮助把非 X.25 网的数据流转换成 X.25 网数据包，或者将 X.25 网的数据包转换成非 X.25 的数据流，同时它还具有完成建立、协议转换、仿真、调整速率等功能。

ITI 规范共同定义了一个称为分组装/拆器或 PAD 的黑盒子。PAD 把来自异步 DTE（如个人计算机）的字节流组装成为 X.25 分组，并在 X.25 网络上进行传输。当然，它也能对送回到 DTE 的数据完成逆向操作，如图 5-6 所示。

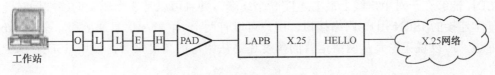

图 5-6 分组装/拆器（PAD）

对 DTE 来说，PAD 就像一个调制解调器。这就是说，除了通常异步通信所需的软硬件外，无需在 DTE 上再增加特别的软硬件，也可用调制解调器通过点到点链路将 DTE 连至 PAD 上。

6. X.25 的性能

在 X.25 的发展初期，网络传输设施基本上借用了模拟电话线路，这种线路非常容易受噪声的干扰，从而引起误码。为了确保无差错的传输，在每个结点，X.25 都要做大量的处理，这样就导致较长的时延并且除了数据链路层，分组层协议为确保分组在各个逻辑信道上按正确顺序传送，需要一些处理开销。在一个典型的 X.25 网络中，分组在传输过程中在每个结点大约有 30 次左右的差错检测或其他处理步骤。这样有效吞吐量远远低于构成网络的物理链路的额定容量。

现今的数字网络越来越多地使用光纤介质，可靠性大大提高，带宽足够大，发生拥塞的可能性很小。所以不再需要流量控制，而且错误恢复可由必须处理错误恢复的高层处理。因此，就可以简化 X.25 的某些差错控制过程。帧中继技术正是基于这一思想发展起来的。

5.4.2 ISDN 网

1. ISDN 的定义

ISDN 基本上是对电话系统重新设计后建立的，ISDN 不遵照 OSI，它是遵照 CCITT 和各国的标准化组织开发的一组标准，其标准决定了用户设备到全局网络的连接，使之能方便地用数据形式处理声音、数字和图像的通信。1984 年 10 月 CCITT 推荐的 CCITT ISDN 标准中给出了 ISDN 的定义：ISDN 是由综合数据电话网发展起来的一个网络，它提供端到端的数据连接以支持广泛的服务，包括声音和非声音的。用户的访问是通过少量多用途的用户网络接口标准实现的。

由 CCITT 的定义看出：ISDN 提供多种业务；ISDN 提供开放式的标准接口；ISDN 提供端到端数字连接。

2. ISDN 的特点

ISDN 首先对音频服务做了改进，使信息能与语音进行同步传输。例如，当电话接通时，可在显示屏上显示拨号人的电话号码、姓名、地址等信息。ISDN 中另一个通信业务是交互式图文服务，这种服务使一些日常的服务部门工作能方便快速地完成，如预定票、预定旅馆、银行转账等工作。

ISDN 业务的特点主要表现在以下几个方面。

（1）综合性

ISDN 能通过一对用户线提供电话、数据、传真、图像、可视电话等多种服务。既可以向用户提供可以交换的实时连接业务，也可以提供用于专线的永久连接业务。在可交换业务中，ISDN 既可以提供电路交换业务，也可以提供分组交换业务。

（2）经济性

ISDN 能够在一对用户线上最多连接 8 个终端，并且可以是 3 个以上的终端同时通信。对于基本连接的 ISDN 用户-网络接口，用户可以有两个 64 kb/s 信息通道和一个 16 kb/s 的信令通道。所以说无论是从网络运营的角度还是从用户的角度来看，使用 ISDN 都会降低费用。

（3）支持多种应用

因为 ISDN 可以为用户提供端到端的透明连接，用户可以根据自己的应用需要传递各种信息。目前，ISDN 的用户主要是中小企业和公司，同时也正向住宅发展，适用于需要在家办公的一些人员。

3. ISDN 的实现

ISDN 为用户提供了一种连接电信用户和远程支持到企业局域网或 Internet 的高效、经济的方案，同时还提供了例如拨号备份和装载平衡等冗余选项。虽然电信部门开发了新的宽带服务，例如 xDSL 和电缆（这两种技术以更快速、更便宜、更简单的访问方法迅速占领了家庭市场），但 ISDN 在商业领域仍有广泛的用户基础，典型的应用是用 T1/E1 线路上连接远程 BRI 局，然后和它们进行大量数据传输。ISDN 在数据网络中的应用如下所述。

（1）基本网络连接

ISDN 经常用来作为家庭和小型公司的基本连接，其中典型的情况是通过公用交换网络将基于局域网的计算机和电话线连接到其他的网络上。

（2）远程局域网间的网络连接

远程 ISDN 连接可分成下面三种类型：

● 远程访问。

● 远程结点。

● 小型办公室/家庭办公室。

远程访问连接允许远程用户通过使用模拟或 ISDN 调制解调器/路由器的拨号连接来访问公司局域网。移动用户一般使用具有内置 V.90 调制解调器的便携式计算机拨号进入企业网络来收发邮件或传输文件。因为利用普通老式电话服务，所以这种访问类型最便宜，使用也最广泛。

属于远程结点的用户能够连接到中心站点，除了速度稍慢之外它们和本地用户一样。为了利用这种类型的启动方式，远程结点必须配备客户端软件和连接企业访问服务器的调制解调器。企业访问服务器是汇聚拨号用户的路由设备。

因为小型办公室一般需要比模拟的拨号服务较多的带宽，增加的带宽用来为企业局域网或 Internet 的数字拨号连接实现 ISDN BRI，如图 5-7 所示。

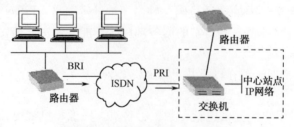

图 5-7　ISDN 的小型办公室连接

（3）随时拨号远程联网

使用 ISDN 的一个好处就是能通过随时拨号远程联网（DDR）的特征，来按需发送载荷。利用 DDR，仅当路由器接收到定义为"感兴趣的"的载荷时，才建立 ISDN 连接。

（4）网络冗余与溢出

任务紧急的应用程序具有很高的可靠性与可用性需求，这使得容错性能成为网络设计中的一个重要准则。冗余通常是实现容错的首选方式。例如，很多公司使用租用线路作为广域网主连接，以确保能连续获得一条数据通路，同时又租用另外一条线路作为备份。然而，这种方案实现起来非常昂贵，这是由于备份线路仅在主线路失灵或者出现故障的情况下才使用，而无论其是否真正被使用，公司都要为该冗余线路交付每月的租金。

拨号连接（比如一条 ISDN BRI 线路）是较为合理的主线路备份解决方案，如图 5-8 所示，当主线路失灵或者出现故障时，拨号线路由中心互联网络设备自动激活，在该过程中，不会出现明显的网络服务降级。若主线路是运行于 T1 或 E1 速率的高速信道，则几个较低速率的拨号线路可以聚集起来，实现同等的高带宽容量。

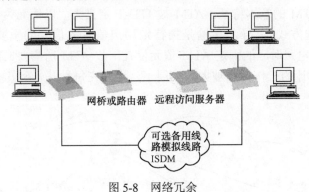

图 5-8　网络冗余

当数据负载增加时，ISDN 也可以用来传送溢出的数据流。当主线路达到最大容量时，网桥或路由器可以检测到带宽瓶颈，实时拨通一条或者多条 ISDN 线路，通过 B 信道来路由溢出的通信数据流。

5.4.3　ATM 技术

异步传输模式（Asynchronous Transfer Mode，ATM），是建立在电路交换和分组交换的基础上的一种面向连接的新的交换技术。

1. ATM 的特点

在 ATM 网中，ATM 交换机占据核心地位，而 ATM 交换技术则是融合了电路交换方式和分组交换方式优点而形成的新型的交换技术，主要具有以下特点。

① 以固定长度的信元作为信息传输的单位，采用硬件进行交换处理，能够支持高速、高吞吐量和高服务质量的信息交换，有效提高了交换机的处理能力，更加有利于带宽的高速交换。

② 采用面向连接的方式传送，类似于电路交换的呼叫连接控制方式。在建立连接时，交换机为用户在发送端和接收端之间建立虚电路，减少了信元传输处理时延，有效保证了交换的实时性，尤其适合对实时性要求很高的信息传输。具备该特征是为了预订和留用网络资源，以满足应用服务需求。面向连接还表明在网络中的每个交换机都维持一个信元路由选择

表，告诉交换机如何把进来的信元与适当的输出链路相联系。

③ 统计多路复用，将来自不同信息源的信元汇聚到一起，在缓冲器内排队。队列中的信元根据到达的先后，按优先级逐个输出到传输线路上，形成首尾相接的信元流。同一信道或链路中的信元可能来自不同的虚电路，所以传输线路上的信元并不对应某个固定的时隙，也不按周期出现。按需分配带宽是 ATM 与生俱来的优点。

④ ATM 显著的缺点是信元首部的开销太大，并且交换技术比较复杂，其协议的复杂性也使得 ATM 系统的配置、管理和故障定位较为困难。

⑤ ATM 以异步标示其特征，表明信元可能出现的时间是不规则的。这种不规则的时间取决于应用程序的性质，而不是传输系统的成帧结构。

2. ATM 网络结构

ATM 与帧中继一样，差错控制依赖于系统自身的稳定性以及终端智能系统中的检错和纠错功能。它与帧中继的区别在于帧中继中分组的长度是可变的，而 ATM 的分组长度是固定的，每一分组都为 53 字节。这种长度固定为 53 字节的分组在 ATM 网络中被称为信元，使用信元传输信息是 ATM 的基本特征。ATM 被 ITU-T 定义为"以信元为信息传输、复接和交换的基本单位的传送方式"。异步传输是指特定用户信息的信元的重复出现不必具有周期性，不存在和某条虚电路对应的固定 ATM 信元位置。故 ATM 所需要的额外开销比帧中继还要少，因此 ATM 设计的工作范围被大大扩展了，通常在每秒几十到几百兆比特。其网络结构如图 5-9 所示。

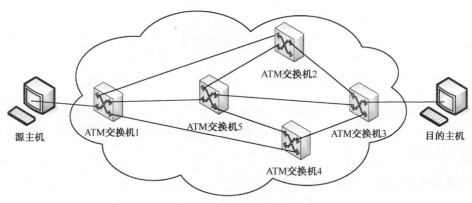

图 5-9　ATM 网络结构图

3. ATM 协议栈

ATM 协议标准由 ITU-T 和 ATM 论坛两大组织制定和完善。其中 ITU-T 负责有关 ATM 各基本标准的制定，而 ATM 论坛侧重于定义运行和管理 ATM 网络的接口标准。这些标准描述了 ATM 设备如何与其他设备进行通信的情况。ATM 标准采用了简化的网络协议，主要由物理层、ATM 层和 AAL 层等 3 层组成。它们与 ISO 网络协议的对应关系如图 5-10 所示。其中，物理层对应 OSI 模型的第 1 层，ATM 层和 AAL 层对应于 OSI 模型的第 2 层。但 ATM 信头的地址具有类似于 OSI 第 3 层的功能。虽然 ATM 协议模型没有严格采用 OSI 七层协议模型，但是充分利用了 OSI 的层次概念。

① 物理层：ATM 物理层的主要功能是使信元以比特流的形式在传输系统中进行传送。

② ATM 层：类似数据链路层协议，它允许来自不同信元的用户数据通过多个虚拟信道在同一条物理链路上进行多路复用，并规定了简单的流量控制。每个 ATM 连接由信元首部

的两级标号来识别，一级是虚拟通道标识（Virtual Channel Identifier，VCI），第二级是虚拟通路标识（Virtual Path Identifier，VPI），VPI 和 VCI 的关系如图 5-11 所示。

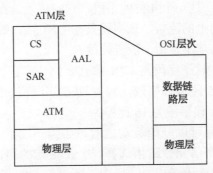

图 5-10　ATM 与 OSI 网络协议的对应关系

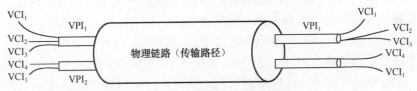

图 5-11　虚拟通道与虚拟通路

③ ATM 适配层（AAL）的作用是把来自高层的各种业务数据适配到下层的 ATM 层，以便使用统一的 ATM 信元形式来传送。适配层有 2 个子层：会聚子层和拆装子层。会聚子层又包括特定业务会聚子层和公共部分会聚子层；拆装子层把上层来的数据分割成 48 字节的 ATM 有效载荷，送到 ATM 层后加上 5 字节的信元头，构成 53 字节的信元传送，另一方面，也负责把来自 ATM 层的信元组装成报文送到上层。

4．ATM 信元结构

信元是 ATM 网的基本传输单位。ATM 是面向连接的分组交换技术，它把应用数据帧分割成 48 字节长的信元载荷，加上 5 字节的头，然后把这些信元通过 ATM 网络传送，在它们的目的地再装配信元载荷，重构原来的用户数据帧。

图 5-12 示出了 ATM 信元格式。每个信元由 5 字节的头和 48 字节的净荷组成。其头部包含虚通路标识符（VPI）段、虚通道标识符（VCI）段、载荷类型（PT）段、信元丢弃优先级（CLP）段和头错误检查（HEC）段。

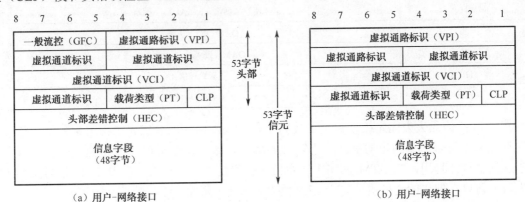

图 5-12　ATM 信元格式

在 UNI 中，信元头还包含一个一般流控（GFC）段。在 ATM 网络内部，这个 4 位的字段是虚拟通路标识符的一部分。

① GFC：一般流量控制，是一个 4 位的字段，它的使用是提供用户到网络的接口上的流量控制，而不控制在相反方向上的流量。该字段只在 UNI 接口的信元头中出现，即只在主机和网络之间起作用，在网络内部不使用一般流控段。

② VPI：虚通路标识符，这个字段在 UNI 中有 8 比特，在 NNI 格式中有 12 比特。NNI 格式中多出来的 VPI 比特来自于 GFC 字段，因为 GFC 字段在 NNI 格式中不存在。

③ VCI：虚通道标识符，该字段为 16 比特。

在 ATM 网络中，在信元可以开始流动之前，必须在端点站之间建立起端到端的虚通道。每个交换机对到来的每个信元做路由选择。一个信元的路由信息包含在其头部的 VPI（虚通路标识符）和 VCI（虚通道标识符）段中。所以信元的交换和复用主要通过信元头中 VPI 和 VCI 来实现。信元交换和路径选择是 ATM 交换机和交叉连接设备根据连接映像表对 VPI 和 VCI 进行交换实现的，连接映像在虚连接被建立时，由信令过程创建。

④ PT：净荷类型指示，一个 3 比特的字段，用来指出净荷里装载的是用户数据、网络管理数据还是流量管理信息。PT 中有一个比特是 AAL 指示位，当一个数据包的最后一个信元为 1 时，其他信元均为 0。它被终端系统用来确定一个数据包的结束和下一个数据包的开始。

管理数据可以在 ATM 网络内部使用，而 ATM 层却不关心运载用户信息的 ATM 信元的内容。运载用户信息的信元以 PT 段的最高有效位置 0 表示，载荷通常应送到 ATM 适配层，然后送往用户。PT 段的最高有效位置 1 的信元运载与网络控制有关的信息。这些信息在网络内部产生，用于网络资源管理。

在用户信息信元中，PT 段的中间 1 位是拥挤指示，0 表示信元没有遭遇拥挤，1 表示信元实际上经历了拥挤，如表 5-4 所示。

表 5-4　负载类型字段编码

PT 码	解释
000	用户数据信元，AAU=0，无拥塞
001	用户数据信元，AAU=1，无拥塞
010	用户数据信元，AAU=0，拥塞
011	用户数据信元，AAU=1，拥塞
100	OAM F5 段信元
101	OAM F5 端-端信元
110	资源管理信元
111	为将来的功能保留

⑤ CLP：信元丢失优先级，一个 1 比特的值，表示信元丢弃优先级。用于区分那些符合流向约定和不符合流量约定的信元。不符合流量约定的信元在出现网络拥塞时可以被丢弃。由于连接的统计复用，在 ATM 网络中发生信元丢失是不可避免的。CLP 位置 1 的信元（低优先级）可以在拥挤的交换机处先于 CLP 位没有置 1（高优先级）的信元被丢弃。

⑥ HEC：信头差错检测，这个字段被 ATM 网络层用于检测和纠正信元头中的差错。主

要用于两个目的：其一，丢弃头部遭破坏的信元及信元定界；其二，该段还被用来从收到的位流中确定信元的边界。HEC 段的值等于用 x^8 去除一个 31 次多项式的余数，其中的 31 次多项式的系数由该信元头的 4 个字节的值给出。

5. 工作原理

ATM 面向连接，通过建立虚电路进行数据传输。它假设终端之间没有共同的时间参考，每个时间缝隙（简称时隙）没有确定的占有者，各信道根据通信量的大小和排队规则来占用时隙。ATM 方式的本质是一种高速分组传送模式，它将信息分割成固定长度的信元，再附加上地址后在信道中传输。ATM 网络采用虚电路分组交换方式，两个终端设备经过 ATM 网络传输数据前，根据建立虚电路的两种方式（SVC 和 PVC）先建立虚电路，这样虚电路所经过的 ATM 交换机就可以在建立虚电路的过程中创建转发表。

ATM 网络中用 VPI 和 VCI 来标识虚电路。ATM 交换机的功能是进行相应的 VP/VC 交换，也就是进行 VPI/VCI 转换，把来自于特定 VP/VC 的信元根据要求输出到另一个特定的 VP/VC 上。ATM 信元的传送主要依靠 ATM 交换机的线路接口部件、交换网络和管理控制处理器。

其中，ATM 接口部件为 ATM 信元的物理传输媒介，为 ATM 交换结构提供接口；ATM 交换网络的功能是将特定入线的信元根据交换路由指令输出到特定的输出线路上，并且具有缓冲存取、话务集中和扩展、处理多点接入、容错、信元复制、调度、信元丢失选择和延迟优先权等功能；管理控制处理器的功能是对 ATM 交换单元的动作进行控制和对交换机操作管理，即端口控制通信，它的控制模块由软件和高级控制协议组成。

6. ATM 交换机工作过程

用户在接入 ATM 信元结构交换机之前，都申请有自己的 VPI 和 VCI。当用户要开始通信时，要先发送信元到交换机，交换机根据其要求编制 VPI/VCI 转换表，让每个输入的 VPI、VCI 都有对应的输出。实际上，VPI、VCI 的工作相当于为其建立了一条信息通道。

由于 ATM 交换机在开始建立连接时，不能够为该连接分配一个整个 ATM 网络中唯一的标识符，故每一段虚电路的标识符都不相同。图 5-13 给出了信元经过 ATM 网络的传输过程。

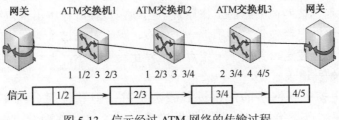

图 5-13　信元经过 ATM 网络的传输过程

首先，源终端设备将数据封装成信元，信元携带 VPI/VCI=1/2 的虚电路标识符通过和 ATM 交换机 1 相连的链路传输到 ATM 交换机 1。ATM 交换机 1 从端口 1 接收到该信元，根据信元的虚电路标识符 VPI/VCI=1/2 检索转发表，并将信元的标识符 VPI/VCI=1/2 改为 VPI/VCI=2/3，然后由端口 3 传输出去。逐步经过 ATM 交换机转发，最终到达 ATM 交换机 3，并将信元从端口 4 发送出去。经过和目的终端设备相连的链路，该信元到达目的终端设备，完成了源终端至目的终端的传输过程。表 5-5 中给出了四种常见交换技术在以下十个方面的比较。

表 5-5　四种常见交换技术的比较

交换技术 比较项目	电 路 交 换	分 组 交 换	帧 中 继	ATM 交换
用户速率	4 kHz 带宽速率	2.4～64 kb/s	64 kb/s～2 Mb/s	$N\times$（64 kb/s～622 Mb/s）
时延可变性	很短 不变	较长 可变性较大	较短 可变	短 可变/不可变
动态分布带宽	固定时隙 不支持	统计复用 有限	统计复用 支持较强	统计复用 支持强
突发适应性	差	一般	较强	强
电路利用率	差	一般	较好	好
数据可靠性	一般	高	依靠高质量 信道和终端	较高/可变
媒体支持	语音、数据	语音、数据	多媒体	高速多媒体
互联性	差	好	好	好
服务类型	面向连接	面向连接	面向连接	面向连接
成本	低	一般	较高	高

5.4.4　帧中继

　　帧中继技术能在用户与网络接口之间提供用户信息流的双向传送，保持其顺序不变，并对用户信息流进行统计复用的一种承载业务。用户信息以帧为单位进行传输，并以快速分组技术为基础。帧中继只存于 OSI 模型的最低两层，链路的各个终端使用路由器将各自的网络连到帧中继网络上。由于帧长度是可变的，所以不适合于语音和视频。

1. 工作原理

　　帧中继是一种用于减少结点处理时间的技术，其基本工作原理是：在一个结点收到帧的目的地址后，就立即开始转发该帧，无须等待收到整个帧和做任何相应的处理。因此在帧中继网络中，一个帧的处理时间比 X.25 网络减少一个数量级，其吞吐量要比 X.25 网络提高一个数量级以上。然而，按照帧中继的工作原理，当帧在传输过程中出现差错，并检测到差错时，该帧的大部分可能已经被转发到了下一个结点，那么解决这个问题的方法为：当检测到该帧有差错时立即终止发送，并向下一结点发送停止转发指示，下一结点收到该指示后立即终止传输，丢弃该帧并请求重发。

　　由此可以看出帧中继网络的纠错过程较为费时，但和一般分组交换网传送方式相比，帧中继的中间结点交换机只转发而不发送确认帧，只有终端结点在收到一帧后才向源结点发回端到端的确认帧，所以只有当其误码率非常低时，帧中继技术才能发挥其所具有的潜力。

　　帧中继由两个操作平面构成，分别为控制平面（C 平面）和用户平面（U 平面）。虚电路的建立和释放在帧中继的控制平面操作，而用户平面提供端到端的传送用户数据和管理信息功能。当虚电路建立后，用户平面就可以独立控制平面进行数据发送，其协议的体系结构如图 5-14 所示。

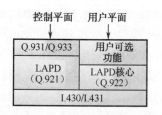

图 5-14　帧中继的协议体系结构

2. 帧中继的特点

帧中继的特点如下：

① 高效性。帧中继将流量控制、纠错等功能留给智能终端完成，简化了中间结点交换的协议处理，从而减小了传输时延，提高了传输速率。

② 高可靠性。帧中继的前提是拥有高质量线路和智能化的终端，前者保证了数据在传输中的低误码率，而后者能够纠正这些少量的差错。

③ 经济性。在帧中继的带宽控制技术中，用户可以在网络空闲时使用超过之前向帧中继业务供应商预定的信息速率（CIR），而不必承担额外的费用，这也是帧中继吸引用户的主要原因之一。

④ 灵活性。帧中继协议简单，可随时对硬件设备进行修改及软件升级，可完成帧中继网的组建，并且能够为接入该网的用户提供共同的网络传输，避免了协议的不兼容性。

3. 帧中继网的应用

① 通常用于广域网连接远程站点。

② 帧中继网常用于为早期设计的、但已过时的 X.25 进行升级。

③ 帧中继网适用于处理突发性信息和可变长度帧的信息，特别适用于局域网的互联。

帧中继网适合于在下列情况下使用：

① 当用户需要数据通信，其带宽要求为 64kb/s～2Mb/s，而通信结点多于两个的时候。

② 通信距离较长时，应优选帧中继。

③ 当数据业务量为突发性时，由于帧中继具有动态分配带宽的功能，选用帧中继可以有效处理突发性数据。

帧中继设计网络需要考虑的重要因素：

① 对于 5 个或更多站点的互联，帧中继是非常有效的。

② 当距离比较远时，选择帧中继非常明智。

③ 对时间不敏感的数据通信，帧中继是比较好的选择。

4. 帧中继网组成

帧中继网由下述三部分组成。

① 帧中继接入设备：帧中继接入设备（FRAD）可以是任何类型的帧中继接口设备，如主机、分组交换机、路由器等。

② 帧中继交换设备：包括帧中继交换机、具有帧中继接口的分组交换机和其他复用设备，为用户提供标准的帧中继接口。

③ 公用帧中继业务：作为中间媒介，方便业务提供者通过公用帧中继网提供帧中继业务。

5.4.5 HDLC 协议

HDLC 是使用得最为广泛的数据链路控制协议，HDLC 协议是面向比特的数据链路协议，是数据链路传输的主要协议类型。

1. 相关概念

HDLC 协议规定了站的三种类型：主站 P（Primary）、从站 S（Secondary）和复合站 C（Combined）。

在链路上用于控制目的站称为主站，负责对数据流进行组织，对链路上的差错实施恢复，主要功能是发送命令帧和接收应答帧。受主站控制的站称为从站，负责对主站的命令发出应答帧,与主站保持逻辑链路从而配合主站对链路的控制。一般地,主站需要比从站有更多的逻辑功能,所以当终端与主机相连时,主机一般总是主站。在一个站连接多条链中的情况下,该站对于一些链路而言可能是主站,而对另外一些链路而言又可能是从站。复合站是主站和从站功能的复合体,既能像主站一样发送命令帧,也能像从站一样接收响应命令帧。

从建立链路结构形式考虑,复合站在链路上兼顾主、从站的功能,所以各复合站之间信息传输的协议对称,具有同样的传输控制功能,称为平衡型链路结构,其操作为平衡操作,如图 5-15(a)所示。在计算机网络中这是一个非常重要的概念,是学习后面 HDLC 的操作方式的基础。相对的,操作时有主站、从站之分的,且各自功能不同的结构,称为非平衡型链路结构,其操作为非平衡操作。非平衡型结构又分为"点对点式"和"一点对多点式",如图 5-15(b)所示。无论平衡型还是非平衡型链路结构都支持全双工和半双工传输。

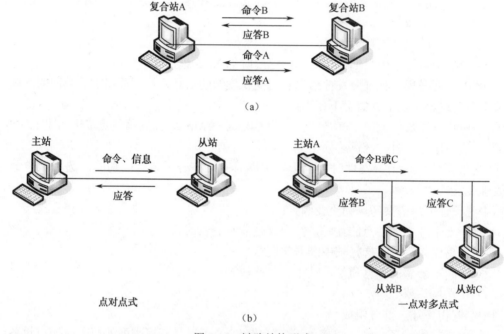

图 5-15 链路结构形式

(a)平衡型结构;(b)非平衡型结构

HDLC 的传输模式分为以下三种:

① 正常响应模式(Normal Responses Mode,NRM)应用于非平衡型结构,也可称为非平衡正常响应模式。该响应模式适用于面向终端的点到点或一点与多点的链路。在传输过程中主站可以任意时刻启动数据传输,而从站只有在收到主站某个命令帧,置于此种模式才能以应答的方式向主站发送数据帧。应答数据帧可以由一个或多个帧组成,若数据由多个帧组成,则应指出哪一个是最后一帧。主站负责管理整个链路,且具有轮询、选择从站及向从站发送命令的权利,同时也负责对超时、重发及各类恢复操作的控制。

② 异步响应模式(Asynchronous Responses Mode,ARM)应用于一个主站和一个从站组成的点对点式非平衡型结构。与 NRM 不同的是:ARM 下的传输过程从站不需要得到主站的允许,而由从站启动,即可自主地发送信息。在这种操作方式下,由从站来控制超时和重发,主站拥有对线路的控制权,如初始化、差错恢复、终止逻辑连接。这种模式一般只用于

特殊的场合。

③ 异步平衡模式（Asynchronous Balanced Mode，ABM）用于通信双方都是复合站的平衡型结构，允许任何结点来启动传输的操作模式。结点之间在两个方向上都需要较高的信息传输量，链路传输效率较高。在这种操作方式下任何时刻、任何站都能启动传输操作，每个站既可作为主站又可作为从站，每个站都是复合站。各站都有相同的一组协议，任何站都可以发送或接收命令，也可以给出应答，并且各站对差错恢复过程都负有相同的责任。

2．HDLC 的帧结构

数据链路层的数据传输以帧为单位，而每一帧的结构都具有固定的格式，由 6 个字段顺序组成，如图 5-16 所示。从网络层交下来的分组，成为数据链路层的数据信息，即图中的信息字段，可见信息字段的长度没有规定。在信息字段的头和尾加上 24 比特的控制信息，就构成了数据链路层完整的帧。下面介绍各字段的具体含义。

图 5-16　HDLC 的帧结构

（1）标志 F

HDLC 协议信息以比特流的形式传输，物理层要解决比特同步的问题，同样数据链路层也必须解决传输信息帧的起、止位置，即帧同步问题。HDLC 规定，在每一帧的开头和结尾各放入一个标记，以此作为一个帧的边界，即标志字段 F（Flag）。标志字段 F 是一组固定的比特序列"01111110"，即 6 个连续的 1 加上两边各一个 0，共为 8 比特。

由于标志字段是固定的比特序列，那么在首尾两个标志字段之间，如果碰巧也出现了这个比特序列组合，那么在处理 HDLC 帧时就会认为找到了一个帧的边界，为了避免造成这种误解，采用零比特填充法。

采用零比特填充法可以传输任意组合的比特流，保证了标志序列的唯一性和数据比特流的一致性，也不必对用户所传送的数据内容作任何限制，实现了数据链路层的透明传输，即图 5-16 中所标注的"透明传输区间"。如果两帧连续发送时，前一帧的结束标志 F 也可以作为后一帧的起始标志字段，两帧之间共用一个标志 F。

（2）地址字段 A

指示从站地址。主站、从站、复合站每一个站都被分配一个唯一的地址，HDLC 规定：命令帧中的地址字段携带的是从站的地址，而应答帧中的地址字段所携带的地址是做出响应的从站或复合站的地址。当同一地址分配给多个站时，这种地址称为组地址。当命令帧中含有一个组地址传输时，该帧能被组内所有拥有该组地址的从站或复合接收。地址字段全"1"是广播地址，包含所有站的地址；而全"0"地址是无效地址，这种地址不分配给任何站，仅用作测试。

（3）控制字段 C

C 是 HDLC 协议中复杂的字段，负责对链路进行监视和控制。该字段共 8 比特，根据其最前面两个比特的取值，把 HDLC 帧划分为三类，对应的类型帧为信息帧（I）、监督帧

（S）和无编号帧（U）。每一种类型帧中的控制字段的格式及比特定义如图 5-17 所示。下面分别介绍这三种帧。

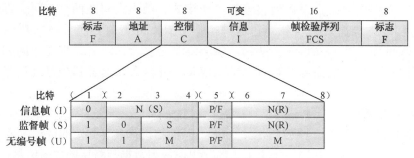

图 5-17　HDLC 控制字段结构

① 信息帧：信息帧用于传送有效信息或数据，通常简称 I 帧。I 帧以控制字段 C 的第一位是"0"为标志。

信息帧的控制字段中的 N（S）用于存放、发送帧序号，表示当前发送的信息帧的序号，具有命令含义，占用比特 2～4。N（R）表示本站所期望收到的帧的发送序号，用于存放接收方下一个预期要接收的帧的序号，具有确认的含义，占用比特 6～8。如，N（R）=5，表示接收方下一帧要接收 5 号帧，换言之，5 号帧前的各帧已接收到。N（S）和 N（R）均为 3 位二进制编码，可取值 0～7。

在三种帧格式的控制字段中，第 5 个比特均为探寻/终止（Poll/Final）比特位，简称询问位 P/F。当主站发出的命令帧中 P 比特为 1，要求对方立即予以响应；当响应帧中的 F 比特置为 1 时，表示数据发送完毕。

② 监督帧：监督帧用于差错控制和流量控制，帧中不含有数据信息字段，只进行监控功能，通常简称 S 帧。S 帧以控制字段第 1、2 位是"10"为标志。S 帧控制字段的第 3、4 比特位为监控功能位 S。根据 S 的四种不同编码，又可将监督帧分为四种类型，其含义如下：

00：接收准备就绪（RR），通知主站本站已转入准备接收状态，希望接收下一帧的编号是 N（R），并确认序号为 N（R）-1 及以前的帧。

01：接收未就绪（RNR），通知主站本站处于忙碌状态，暂停接收下一帧 N（R），并确认序号小于 N（R）的帧。这种未就绪状态常见的原因是因为来不及处理已到达的帧，或缺少缓存空间，可以看出，RR 帧和 RNR 帧具有链路流量进行控制的作用。

10：拒绝（REJ），从站请求发送方把从编号为 N（R）开始的帧及其后续的所有帧进行重发，但确认序号 N（R）以前的帧已正确接收。

11：选择拒绝（SREJ），请求发送方重传编号为 N（R）的单个 I 帧，其他编号的帧已全部正确接收。

可以看出，接收准备就绪（RR）型 S 帧和接收未就绪（RNR）型 S 帧有两个主要功能：首先，这两种类型的 S 帧用来表示从站的当前状态是否可以接收下一帧；其次，确认序号小于 N（R）的所有帧。拒绝（REJ）和选择拒绝（SREJ）型 S 帧，告诉发送方发生了差错，并请求重传。

③ 无编号帧：无编号帧因其控制字段中不包含编号 N（S）和 N（R）而得名，简称 U 帧，以控制字段第 1、2 位是"11"为标志。U 帧用于提供附加的链路控制，如对链路的建

立、拆除以及多种控制功能。

（4）帧检验序列 FCS

FCS 用来进行差错检测。HDLC 协议的差错检测方法采用"循环冗余检验码"，FCS 检验的范围是从地址字段的第一个比特起，直到信息字段的最后一个比特。

5.4.6　PPP 协议

1. PPP 协议概述

PPP（Point to Point Protocol，点对点协议）是 Internet 中广泛使用的链路层通信协议。对于点对点的通信链路，PPP 协议比 HDLC 协议简单。虽然用户接入 Internet 的方式多种多样，但无论是通过什么方式，通常用户都需要连接到某个因特网服务提供者（Internet Service Provider，ISP）才能接入到 Internet，而 ISP 通过与高速通信线路连接的路由器与 Internet 连接。PPP 协议就是用户计算机和 ISP 进行点对点线路通信所使用的数据链路层协议，以便控制数据帧在它们之间的传输。

早在 1984 年，Internet 就开始使用面向字符的链路层协议 SLIP（Serial Line Internet Protocol），即串行 IP 协议。但 SLIP 没有差错检验功能，不支持除 IP 以外的其他协议。如果 SLIP 帧在传输中出了错，只能靠高层进行纠正，并且会产生不兼容等问题。为了克服 SLIP 的缺点，IETF 于 1992 年制定了 PPP 协议，经过修订已成为 Internet 的正式标准。PPP 协议主要包括三个部分：

① 一个将 IP 数据报封装到串行链路的方法。PPP 既支持异步链路（无奇偶检验的 8 比特数据），也支持面向比特的同步链路。IP 数据报在 PPP 帧中就是其信息部分。这个信息部分的长度受最大传送单元 MTU 的限制。

② 一个用来建立、配置和测试数据链路连接的链路控制协议（Link Control Protocol，LCP）。通信双方可在数据链路连接的建立阶段，借助于链路控制协议 LCP，协商一些选项，如在 LCP 分组中，可提出建议的选项和值，接收所有选项、有一些选项不能接收和有一些选项不能协商等。

③ 一套网络控制协议（Network Control Protocol，NCP）。它包含多个协议，其中的每一个协议支持不同的网络层协议，如 IP、OSI 的网络层、DECnet，以及 AppleTalk 等。

2. PPP 协议的帧格式

PPP 协议的帧格式和 HDLC 的帧格式相似，如图 5-18 所示。不同的是，HDLC 协议是面向比特，而 PPP 协议是面向字符的，因此所有的 PPP 数据帧的长度都是整数个字节。其中，PPP 帧的前三个字段和最后两个字段与 HDLC 格式是一样的。

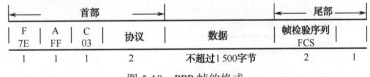

图 5-18　PPP 帧的格式

① 帧界标志（F）：为 0x7E。十六进制的 7E 的二进制为 01111110，"0x" 表示它后面的字符是十六进制表示。

② 地址（A）：为 0xFF（即二进制是 11111111），对应为广播地址，表示所有的站都接收这个帧。由于 PPP 只用于点对点链路，地址字段实际上不起作用。

③ 控制（C）：为 0x03（即二进制是 00000011）。控制字段 C 为常数，表示 PPP 帧不使用编号，不携带 PPP 帧的信息，与 HDLC 的无编号帧（U）的控制字段一样。

④ 协议：说明数据部分封装的是哪类协议的分组，这是 HDLC 中没有的。若协议字段为 0x0021，PPP 帧的数据字段就是 IP 数据报；若协议字段为 0xC021，则数据字段是 PPP 链路控制协议 LCP 的数据；若协议字段为 0x8021，表示这是网络层的控制数据。

⑤ 数据：数据字段长度可变，默认长度是 1 500B，常用的是数据字段封装 IP 数据报。

⑥ 帧检验序列（FCS）：差错检验的循环冗余检验码。当 FCS 检测到传输差错时作丢弃处理，但 PPP 提供的是不可靠的传输服务，并不进行差错控制。FCS 字段默认为两个字节，可协商为 4 个字节。

需要说明的是，为了保证 PPP 帧界标志对传输数据的透明性，帧的数据字段不能出现和标志字段一样的比特（0x7E）组合。由于 PPP 既用于路由器到路由器的面向位的同步链路，也用于主机通过 RS-232、调制解调器和电话线到路由器的面向字符的异步链路，所以 PPP 支持两种填充方法：零比特填充和字节填充。当 PPP 用在同步传输链路时，采用硬件完成比特填充（同 HDLC 的做法一样）。当 PPP 用在异步传输时，采用字节填充法。PPP 利用字节填充法实现了数据的透明传输。

3. PPP 协议的工作状态

PPP 链路的起始和终止状态，总是如图 5-19 中的"链路静止"状态，此时无物理层连接。当用户拨号接入 PPP 时，由路由器的调制解调器对拨号做出确认后，建立一条从用户 PC 机到 ISP 的物理连接，此时进入"链路建立"状态。接着，用户 PC 机向路由器发送一系列的 LCP 分组（封装成多个 PPP 帧），以便建立 LCP 连接。这些分组及其响应通过协商选择将要使用的一些 PPP 参数，协商成功则进入"身份认证"状态。身份认证机制是 PPP 的一个特点，也是一个重要的安全措施。若身份认证失败，则转到"链路终止"状态；若身份认证成功，则进入"网络层协议"状态。

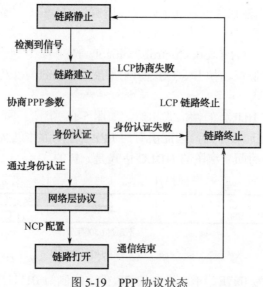

图 5-19　PPP 协议状态

在"网络层协议"状态，PPP 链路两端通过发送 NCP 分组选择和配置网络层协议，协议可以一个也可以多个。这是因为链路两端的网络层可以运行不同的网络层协议，但通信仍然可使用同一个 PPP 协议。通过进行网络层配置，NCP 给新接入的 PC 机分配一个临时的 IP 地址。这样，用户 PC 机就能成为 Internet 上的一个主机了。

当网络层配置完成后，链路就进入"链路打开"状态，此时可进行数据通信了，链路的两个端点可以彼此向对方发送分组。

当通信完毕时，可由任意一方发出终止请求，LCP 分组请求终止链路连接，收到确认后，NCP 释放网络层连接，收回原来分配出去的 IP 地址，再释放数据链路层连接，最后释放物理层连接进入"链路终止"状态。上述过程中 PPP 的状态变化如图 5-19 所示。

5.4.7 DDN 技术

DDN（数字数据网）既可用于计算机之间的通信，也可用于传送数字化传真、数字话音、数字图像信号或其他数字化信号。它主要包括两种类型的连接：永久性连接的数字数据传输信道，是指用户间建立固定连接，传输速率不变的独占带宽电路；半永久性连接的数字数据传输信道，对用户来说是非交换性的。

DDN 使用光纤作为中继干线，它将数万、数十万条以光缆为主体的数字电路，通过数字电路管理设备，构成一个传输速率高、质量好、网络时延小、全透明、高流量的数据传输基础网络。

DDN 的基本组成单位是结点，结点间通过光纤连接，构成网状的拓扑结构，用户的终端设备通过数据终端单元（DTU）与就近的结点相连。

CHINADDN 是邮电部门经营管理的中国公用数字数据网。

1. DDN 网络基本组成

DDN 由数字通道、DDN 结点、网管控制和用户环路组成。

在"中国 DDN 技术体制"中将 DDN 节点分成 2 M 结点、接入结点和用户结点三种类型。

（1）2 M 结点

2M 结点是 DDN 网络的骨干结点，执行网络业务的转换功能。主要提供 2 048 kb/s（E1）数字通道的接口和交叉连接、对 $N\times64$ kb/s 电路进行复用和交叉连接以及帧中继业务的转接功能。

（2）接入结点

接入结点主要为 DDN 各类业务提供接入功能，主要包括：$N\times64$ kb/s、2 048 kb/s 数字通道的接口，$N\times64$ kb/s（$N=1\sim31$）的复用，小于 64 kb/s 子速率复用和交叉连接，帧中继业务用户接入和本地帧中继功能，压缩话音/G3 传真用户入网。

（3）用户结点

用户结点主要为 DDN 用户入网提供接口并进行必要的协议转换。它包括小容量时分复用设备；通过帧中继互联的局域网中的网桥/路由器等。

在实际组建各级网络时，可以根据网络规模、业务量等具体情况，酌情变动上述结点类型的划分。例如，把 2 M 结点和接入结点归并为一类结点，或者把接入结点和用户结点归并为一类结点，以满足具体情况的需要。

2. DDN 提供的业务

DDN 是全透明网，可支持多种业务。主要包括：

① 提供带信令的模拟接口，用户可以直接通话，或接到自己内部小交换机进行电话通信，也可以进行数据、图像、语音及传真等多种传输业务。

② 提供速率为 $N\times64$ kb/s 至 2.08 Mb/s 的半固定连接同步传输数字信道。

③ 提供满足 ISDN 要求的数字传输信道。

④ 可进行点对点专线，一点对多点轮询、广播，多点会议。DDN 的一点对多点业务适用于金融、证券等集团系统用户组建总部与其分支机构的业务网。利用多点会议功能可以组建会议电视系统。

⑤ 开放帧中继业务。用户以一条专线接入 DDN，可以同时与多个点建立帧中继电路。

⑥ 提供虚拟专用网业务。

3. DDN 网络的应用

（1）DDN 网络在计算机联网中的应用

DDN 作为计算机数据通信联网传输的基础，提供点对点、一点对多点的大容量信息传送通道。如利用全国 DDN 网组成的海关、外贸系统网络。各省的海关、外贸中心首先通过省级 DDN 网，到达国家 DDN 网骨干核心结点。由国家网管中心按照各地所需通达的目的地分配路由，建立一个灵活的全国性海关外贸数据信息传输网络。并可通过国际出口局，与海外公司互通信息，足不出户就可进行外贸交易。

此外，通过 DDN 线路进行局域网互联的应用也比较广泛。一些海外公司设立在全国各地的办事处在本地先组成局域网络，通过路由器等网络设备经本地、长途 DDN 与公司总部的局域网相连，实现资源共享和文件传送、事务处理等。

（2）DDN 网在金融业中的应用

DDN 网不仅用于气象、公安、铁路、医院等行业，也涉及证券业、银行、金卡工程等实时性较强的数据交换。

通过 DDN 网将银行的自动提款机（ATM）连接到银行系统大型计算机主机。银行一般租用 64 kb/s DDN 线路把各个营业点的 ATM 机进行全市乃至全国联网。在用户提款时，对用户的身份验证、提取款额、余额查询等工作都是由银行主机来完成。这样就形成一个可靠、高效的信息传输网络。

通过 DDN 网发布证券行情，证券公司租用 DDN 专线与证券交易中心实行联网，大屏幕上的实时行情随着证券交易中心的证券行情变化而动态改变，而远在异地的股民们也能在当地的证券公司进行操作，决定自己的资金投向。

（3）DDN 网在其他领域中的应用

DDN 网作为一种数据业务的承载网络，不仅可以实现用户中断的接入，而且可以满足用户网络的互联，扩大信息的交换与应用范围。如无线移动通信网利用 DDN 联网后，提高了网络的可靠性和快速自愈能力。高质量的电视电话会议以及今后增值业务的开发，都是以DDN 网为基础的。

5.4.8　VPN（虚拟专用网）

1. VPN 的概念

VPN（虚拟专用网）是通过公共网络实现远程用户或远程局域网之间的互联，具有通过点对点专线实现互联所具有的主要优点。它主要通过采用隧道技术，让报文通过如 Internet 或其他商用网络等公共网络进行传输。由于隧道是专用的，使得通过公共网络的专用隧道进行报文传输的过程和通过专用的点对点链路进行报文传输的过程非常相似，而且公共网络可以同时具有多条专用隧道，因而就可以同时实现多组点对点报文传输。一条隧道一般由以下构件组成：隧道发起者、公共路由网络、一个或多个隧道终端。

隧道发起者和隧道终端可以由多种网络设备和软件实现，如图 5-20 所示。一条隧道的发起者可以是一台便携机，当然，这台便携机必须配有调制解调器，并安装了具有 VPN 功能的拨号软件；也可以是用于把远程局域网连到中心局域网的路由器；或者是网络服务提供者用来把用户接入某个商用网络的某个接入点上的远程访问服务器。

另外必须有一些安全服务器、传统的防火墙服务和地址转换功能，VPN 能够提供数据加密、身份认证和授权确认等功能，隧道部件通过和安全服务器通信来完成这些功能，这些服务器同时还能提供预留带宽、网络服务级别和策略等信息。

VPN 功能可以通过对现有网络设备进行软件升级或更换其中的模块实现。

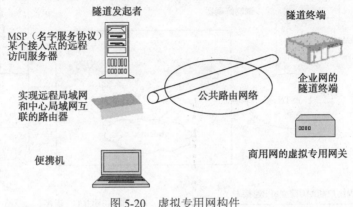

图 5-20　虚拟专用网构件

2．VPN 工作原理

如图 5-21 所示是拨号用户通过公共交换电话网（PSTN）和远程访问服务器呼叫入网的过程。在这里，远程访问服务器实现的功能主要包括：PSTN 或 ISDN 的物理接口；作为链路层连接的一端，执行 LCP，对请求建立的数据链路进行认证；作为网络层连接的一端，执行 NCP，在各个接口之间桥接或路由报文。

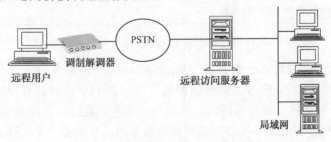

图 5-21　远程用户拨号入网示意图

拨号用户和远程访问服务器之间必须通过 PSTN 连接，但如果采用了 VPN 技术，拨号用户和中心局域网的连接如图 5-22 所示。

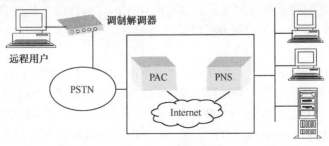

图 5-22　远程用户通过 VPN 接入中心 LAN 示意图

在图 5-23 中，原来远程访问服务器的功能由两个独立的构件 PAC（PPTP 访问集中器）和 PNS（PPTP 网络服务器）来实现。

PAC 和 PNS 通过 Internet 实现互联。当有远程用户通过拨号访问中心局域网时，PAC 和 PNS 首先在 Internet 中建立隧道，隧道由控制连接和若干个会话组成，PAC 和 PNS 必须为每一个拨号用户建立一个会话，但多个会话可以复用同一条隧道。因此，对所有会话只需建立一条控制连接，所有会话的建立、终止和维持都通过在控制连接上传输控制消息实现。

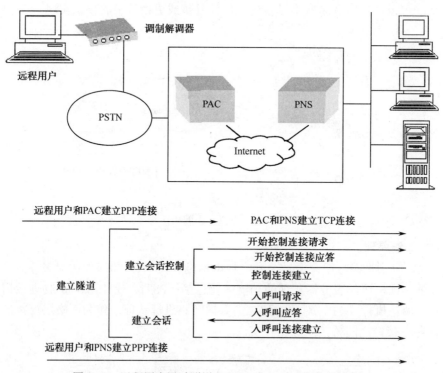

图 5-23   远程用户通过隧道和 PNS 建立 PPP 连接的过程

PAC 和 PNS 首先必须建立一条 PNS 一端的端口号为 5678 的 TCP 连接，这个 TCP 连接的建立，完全为了在 PAC 和 PNS 之间传输控制消息。在 TCP 连接建立以后，PAC 和 PNS 通过 3 次握手建立控制连接。对每条隧道，只需要一条控制连接。在控制连接建立以后，为每个呼叫建立会话。PAC 在 PSTN 接口检测到振铃信号时，认为有一个入呼口 L1，就开始和发起入呼叫的远程用户建立 LCP 连接，对远程用户的身份进行认证，如果发现远程用户的呼叫对象是 PNS，PAC 就向 PNS 发送入呼叫请求，通过 PAC 和 PNS 之间 3 次握手，PAC 和 PNS 为该入呼叫建立了一个会话，远程用户可以通过这个会话直接和 PNS 建立 PPP 连接。

PAC 和 PNS 之间建立隧道的过程及隧道的存在，对远程用户是透明的。对远程用户来说，图 5-22 和图 5-23 这两种访问方式没有丝毫差别。当然，远程用户所承担的费用改为本地通信费用。

如果呼入同一个 PAC 的两个不同用户，都和同一 PNS 建立 PPP 连接，PNS 是无法区分出到达的 PPP 帧是属于两个用户中的哪一个用户，因此，PAC 和 PNS 在为每一个入呼叫建立会话时，都对每一个会话分配一个呼叫标识符。不同会话的呼叫标识符必须是不同的，PAC 将远程用户的 PPP 帧封装成 PPTP 帧时，在 PPTP 帧首部加上该 PPP 帧所对应呼叫的呼叫标识符，PNS 通过 PPTP 帧首部的呼叫标识符就可以确定该 PPP 帧的真正发送用户。

远程用户在 PPP 连接建立之后，向中心局域网某个终端发送一个 IP 报文的报文封装过程如图 5-24 所示。

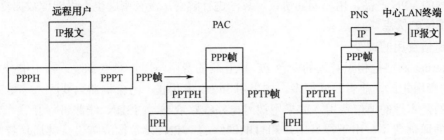

图 5-24　报文格式转换过程

用户将发送给中心局域网某个终端的 IP 报文封装成 PPP 帧，发送给 PAC，该 PPP 帧中 IP 报文的源 IP 地址是 PNS 分配给用户的 IP 地址，而目的 IP 地址是中心局域网某个终端的 IP 地址，这些 IP 地址都不是 Internet 全局 IP 地址，而是企业网络内部 IP 地址。PPP 帧到达 PAC 后，首先加上 PPTP 首部，将其封装成 PPTP 帧格式，PAC 在 PPTP 首部中主要增加了该 PPP 帧所对应呼叫的呼叫标识符。封装后的 PPTP 帧将作为新的 IP 报文的数据字段内容，生成以 PAC Internet 全局 IP 地址为源 IP 地址、PNS Internet 全局 IP 地址为目的 IP 地址的 IP 报文，PAC 把该 IP 报文送到 Internet 上。IP 报文经过 Internet 到达 PNS，由 PNS 从收到的 IP 报文中分离出 PPTP 帧，从 PPTP 帧中分离出 PPP 帧，从 PPP 帧中分离出远程用户的原始 IP 报文，以该 IP 报文的目的 IP 地址作为路由地址，将该 IP 报文路由到中心局域网的某个终端上。

从上面内容中可以得知，VPN 技术把原来远程访问服务器的功能由 PAC 和 PNS 这两个不同的构件实现，其中由 PAC 实现远程访问服务器 5 个功能中的 1、2、3，由 PNS 实现远程访问服务器 5 个功能中的 2、3、4、5。

从图 5-22 和图 5-23 中可以看出，远程用户发送给中心局域网的数据，从通过点对点专用线路传输变为通过 Internet 传输。这样一来，数据传输的安全性变得十分重要，目前通过 Internet 实现数据安全传输的主要手段是采用 IPSEG（IP 安全）协议。

IPSEG 主要有两部分组成，一是 IP 认证首部（AH）；二是加密负荷的 IP 封装（ESP）。AH 是对 IP 报文用某种认证算法进行计算，将计算后的结果作为 AH 插在 IP 首部和数据字段之间，报文被目的终端接收后，重新对 IP 报文按照认证算法进行计算，将计算后的结果和认证首部中的内容进行比较，若相符，表示 IP 报文在传输过程中没有受到损害，否则可以认为已经被篡改。认证算法必须十分复杂，以保证无法根据 IP 报文和认证首部推出认证算法及认证算法所使用的密钥。AH 只能保证 IP 报文的完整性和可靠性，但不对 IP 数据进行加密。

ESP 是将 IP 报文的数据字段内容进行加密。加密后的结果才真正作为 IP 报文的负荷封装在 IP 报文中，IP 报文被目的终端接收后，由目的终端重新对 IP 报文的负荷进行解密，还原成原始数据字段内容。通过选择好的加密算法，ESP 可以保证 IP 报文的完整性、可靠性和保密性。

3. VPN 的安全性

由于 VPN 采用公用平台，安全性是极为重要的。除使用常规的防火墙抵御攻击外，还通过 VPN 防火墙或 VPN 服务器进行更严格的管理，主要有：身份认证，用"用户名/口令"方式；对用户访问进行授权；对数据进行加密；对密匙（配置语法）进行管理；

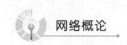

Intranet/Internet 之间的地址转换；安全性远程培植；集成式防火墙管理等。

目前，VPN 的安全性技术已经成熟。假设有人通过 Intranet/Internet 获得 IP 数据流，即使它采用相同的 VPN 产品，用相同的协议、算法进行解密，没有密匙也不可能使数据复原。

4．VPN 的优点

（1）通信费用的减少

用 Internet 网络把相隔甚远的两台 PC 机互联的费用与用点对点专线或帧中继技术把两台 PC 互联的费用相比，前者要低得多。如果用 Internet 互联，两台机器只要呼入本地的 ISP 即可，承担的是本地的通信费用，如果用拨号电路线路或拨号 ISDN 线路进行互联，要承担的则是远地的通信费用。由于拨号用户和目的网络的 VPN 设备构成隧道，其通信特性和采用拨号线路直接与远程网络相连一样。

（2）远程用户支持减少

各个远程用户通过 Internet 或其他商用网络进行互联时，这些技术支持应该由 ISP 或 NSP 来提供，而不是由单位负责提供。原来的技术支持费用可以节省，而技术支持费用一般是不低的。

（3）广域网互联设备减少

VPN 减少了用于广域网连接的设备和维护费用，由于只是与 Internet 互联，中心路由器只需要一个广域网接口，而不是像以前为了支持多个远程用户同时访问而需要多个广域网接口或一个 Modem 池。而且这个和 Internet 互联的接口可以同时提供单位内用户访问 Internet 和远程用户通信，以及和其他合作伙伴通信等功能，使得广域网互联设备大大减少。当然，设备减少也降低了设备维护和更换的费用。

（4）容易扩展

VPN 使企业增加远程用户变得十分方便，每当增加一个远程用户，只需到本地 ISP 建立一个账户即可，并且安装远程用户或远程局域网路由器的工作也变得十分简单，一旦实现和本地 ISP 互联，远程用户即可通过 Internet 实现和中心局域网的数据通信。

（5）支持更及时地建立业务联系

使用 VPN，企业可以及时地和新业务伙伴建立联系，而无须经过两个企业信息部门在租用点对点专用线路或帧中继电路时所需要的协商、配合，只要两个企业均连在 Internet 上，这种业务联系可以立刻实现。

（6）良好的控制

VPN 在充分利用 NSP 的业务和服务的同时，仍然能够对自己的网络实施良好的控制，例如，通过 Internet 实现远程拨号上网的用户，在访问自己的网络时仍然需要进行用户认证、访问优先级鉴别等。

● 小　　结

在地域分布很远、很分散，以至于无法用直接连接来接入局域网的情况，可以通过广域网以专用或交换式的方式把计算机连接起来。广域网可以包括专用线路或交换线路。公共传输网络基本可分为两类，一类是电路交换网络，主要包括公共交换电话网（PSTN）和综合业务数字网（ISDN）；一类是分组交换网络，主要有 X.25 分组交换网、帧中继等服务。本章简要介绍了以上几种连接广域网的技术。

● 拓展练习

1. 一条 T 连线共分（　　　）个 TDM 传输信道。

    A. 8　　　　　　　　B. 24　　　　　　　C. 96

2. 一条 T 连线的传输速率为（　　　）Mb/s。

    A. 3.152　　　　　　B. 6.312　　　　　C. 44.736

3. Frame Relay 传输技术涵盖了 OSI 模型中包含（　　　）以下的运行层。

    A. 网络层　　　　　B. 链路层　　　　C. 物理层

4. 要通过 Frame Relay 连接两个以太网，得使用（　　　）。

    A. 路由器　　　　　B. 网桥　　　　　C. 中继器

5. 要从远程修改公司网络上的服务器设置，得通过（　　　）。

    A. 远程控制　　　　B. 远程访问　　　C. 虚拟专用网络

6. 目前全球最大的广域网是什么？

7. 广域网与局域网，哪种的建设成本较高？

8. 在 X.25 与 Frame Relay 这两种广域传输技术中，哪种内建错误有修正功能？

9. ATM 基本传输单位的长度是什么（含报头部分）？

10. 在 SONET 标准中 OC-1、OC-3 与 OC-48 相对应的传输速率是什么？

11. 什么是静态路由？什么是动态路由？

12. 广域网中的计算机为什么采用层次结构方式进行编址？

13. X.25 协议共涉及了几层的功能？每层的名称及功能是什么？

14. 简述 ISDN 的定义和特点。

15. 为什么信元技术作为 ATM 网络的基础部件非常重要？

16. 简述 ATM 网络的关键技术。

17. 帧中继有什么优点？

18. 帧中继网络有哪些常用用途？

19. DDN 网络主要由哪几部分构成？

20. DDN 主要提供了哪几种业务？

21. 什么是 VPN？VPN 中采用的核心技术是什么？

第6章

无线网络

本章主要内容

- 无线传输技术简介
- IEEE 802.11
- HomeRF
- 蓝牙技术
- GSM & GPRS
- WAP

无线网络可分为两个部分来介绍：第 1 部分是负责计算机与计算机间的数据共享，也就是取代或与原有的以太网络搭配使用；第 2 部分则是让个人数字设备与计算机连通，取代传统的有线传输方式。前者指的就是无线局域网（Wireless Local Area Network，WLAN），后者最具代表性的就是手机上网，也就是无线通信（Wireless Communication）。

6.1 无线传输技术简介

无线传输技术分为光传输和无线电波传输两大类。以光为传输介质的技术有红外线（Infrared，IR）技术和激光（Laser）技术；利用无线电波传输的技术则包括窄频微波（Narrowband Microwave）、直接序列展频（Direct Sequence Spread Spectrum，DSSS）、跳频式展频（Frequency Hopping Spread Spectrum，FHSS）、家用无线网络（HomeRF），以及蓝牙（Bluetooth）等技术，移动电话是利用无线电波来传输数据。

6.1.1 光传输介质

无论是红外线还是激光，因为是利用光作为传输介质，所以都必须受限于光的特性。在无线网络的应用上，光传输最突出的特性有如下两点。

● 光无法穿透大多数的障碍物，会出现折射和反射的情况。

● 光的行进路径必为直线，不过可以通过折射及反射的方式解决非直线路径传输问题。

1. 红外线

红外线传输标准是在 1993 年由 IrDA 协会（Infrared Data Association）制定，其目的是为了建立互通性好、低成本、低耗能的数据传输方案。目前几乎所有笔记本电脑都配备有红外线通信端口。在产品说明书或有关红外线的资料中，IrDA 或 IR 指的都是红外线，而 IrDA Port、IR Port 指的就是红外线通信端口。红外线传输有如下 3 种模式。

（1）直接红外线连接（Direct-Beam IR，DB/IR）

将两个要建立连线的红外线通信端口面对面，之间不能有阻隔物，即可建立连接，如图 6-1 所示。这种连接完全不需要担心发送数据中途被截取，绝对安全，不过适用范围非常小。

红外线通信端口一定要面对面，这是因为从红外线通信端口所发射出的红外线，以圆锥形向外散出。而要建立连线，则必须让计算机所射出的红外线可以被对方计算机的红外线通信端口收到。大致以通信端口为中心，左右偏移 15° 的范围之内都可，如图 6-2 所示。

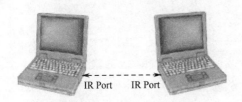

图 6-1　直接红外线连接

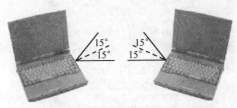

图 6-2　红外线通信端口要面对面

（2）反射式红外线连接（Diffuse IR，DF/IR）

反射式的连接方式不需要红外线通信端口面对面，只要是在同一个封闭的空间内，彼此即能建立连接。这种连接很容易受到空间内其他干扰源的影响，导致数据传输失败，甚至无法建立连接，如图 6-3 所示。

（3）全向性红外线连接（Omnidirectional IR，Omni/IR）

全向性连接则是获取直接和反射两者之长，利用一个反射的红外线基地台（BASE Station，BS）为中继站，将各设备的红外线通信端口指向基地台，彼此便能够建立连接，如图 6-4 所示。

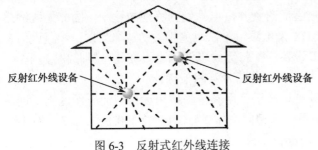

反射红外线设备　　　　　　反射红外线设备

图 6-3　反射式红外线连接

图 6-4　全向性红外线连接

因为红外线传输受限于以下几个因素，所以影响了在无线局域网中的应用。

① 传输距离太短。红外线数据传输是以点对点的方式进行，传输距离约在 1.5 m 之内，但是在一个局域网中，不可能每个端点都在 1.5 m 的范围内紧紧相邻，这就影响了红外线传输在无线局域网中的应用。

② 易受阻隔：红外线传输的另一个问题就是易受阻隔，这也是光的特性之一。当我们用红外线建立连接之后，只要有任何障碍物屏蔽到红外线，连接就会中断，如果中断超过一定时间，则此次连接就会失败。由于红外线的穿透率非常差，就算两个红外线通信端口之间仅相隔一本杂志，通常还是无法建立连接，而在架设局域网时，跨越障碍物是件平常的事，所以红外线易受阻隔的特性，不适合作为局域网的主要传输介质。

2. 激光

激光和红外线都属于光波传送技术，不过激光无线网络的连接模式只有直接连接一种。这是因为激光是将光集成一道光束，再射向目的地，途中几乎不会产生反射现象。在许多需要安全的连接环境中，激光是一个极佳的选择。

通常在空旷或拥有制高点的地方，而且不愿意或不能挖掘路面、埋设管线时，最适合用激光来建立两个局域网间连接的信道，如图 6-5 所示。

当办公室分处马路两侧的建筑物中时，如果要使用电缆或光纤连接，则势必要挖马路埋设线路，如果改用激光建立连接，将是比较好的选择，如图 6-6 所示。

图 6-5　激光通信的应用

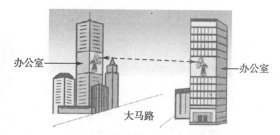

图 6-6　大马路两边建筑物的激光连接

如果需要连接的两栋大楼被海所隔，硬要沿着周围道路埋设管线，不仅成本高，且维护不易，因此采用激光也是一个很好的选择。

6.1.2　无线电波传输介质

大部分的无线网络都是采用无线电波为传输介质，这是因为无线电波的穿透力强，而且是全方位传输，不局限于特定方向。与光波传输相比较，无线电波传输特别适合用在局域网。另外还有一种情况也很适合采用无线电波传输，就是当用户不愿意负担布线和维护线路的成本，而其环境又有许多障碍物时，采用无线电波的无线网络就是唯一的解决方案。但是，不管在任何地区，无线电波频率都是宝贵的资源，也都受到特别的管制，因此无线网络所采用的无线电波频率大多设置在 2.4 GHz 公用频带，以避免相关的法律问题。不过因为是公用频带，包括工业、科学与医学的许多设备，都将无线电波频率设在这个频带内（例如，微波炉），因此大多通过调制技术发送信号，以避免信号互相干扰。

事实上，整个无线电波频率有许多频带是属于公用频带，按用途不同而有所区别，同时每个国家所开放的公用频带范围和数量也不一定相同。如 2.4 GHz（2.400 0～2.483 5 GHz）频带原本是规划给工业、科学及医疗（Industrial，Scientific and Medical，ISM）领域免申请即可使用，但后来也开放给所有使用无线电波的设备使用，而且几乎全世界（除了西班牙和法国）都开放使用，所以无线网络设备也大多采用 2.4 GHz 频带为主要传输频率。同属于 ISM 频带的公用频带还有 900 MHz（900～928 MHz）、5.8 GHz（5.725～5.850 GHz）。

部分的无线网络都采用展频技术来发送信号，因为这种技术的保密能力与抗干扰能力都很强，所以受到广泛的应用。以无线电波作为传输介质的技术有窄频微波、直接序列展频、跳频式展频等等。

6.1.3 窄频微波

微波和激光一样可提供点对点的远距离无线连接，应用方式也类似，不过它是采用高频率短波长的电波来传送数据，所以微波较容易受到外在因素的干扰，例如，雷雨天气或受邻近频道的噪声干扰。

微波频带介于 3～30 GHz 之间，而为了节省带宽和避免串音的干扰，微波设备通常都不使用公用频带，而以非常窄的带宽来传输信号。这种窄频微波的带宽只能刚好将信号塞进去而已，如此不但可以大幅减少频带的耗用，也可以减轻串音干扰的问题。

如果不申请专用频道，也可以使用窄频微波。事实上也有厂商尝试开发使用公用频带的微波产品。不过如同前面所提，微波很容易受到噪声的干扰，而在公用频带内，有太多的无线电产品会发出电波，所以，虽然采用了窄频的技术，但无可避免还是会被其他信号干扰到，导致传输质量不良。

微波系统除了频带的问题之外，另一个大问题是没有统一的标准。这是个很严重的问题，因为没有统一的标准，所以各家厂商所生产的产品无法互通。一旦采用了某一家的微波设备后，后续的采购就必定要买相同品牌的产品，否则不能互相通信。如果是想换别的品牌，就必须将整套设置全部更新。这点比频带问题更直接地影响到微波系统网络的普及。

6.2 IEEE 802.11

IEEE 802.11 是由 IEEE（Institute of Electrical and Electronics Engineers，电子电机工程协会）在 1997 年 6 月正式发布，此文档为无线网络的标准规格。在这份文档中，除了说明无线网络的标准外，还规范了 3 种传输技术。

● 直接序列展频（Direct Sequence Spread Spectrum，DSSS）。
● 跳频式展频（Frequency Hopping Spread Spectrum，FHSS）。
● 红外线（Infrared，IR）。

展频是无线通信技术中的专门传输技术。虽然无线传输技术与有线传输技术一样是以基带与宽带传输技术为基础，但比较起铜质线缆与光纤线缆等有线传输，无线传输技术中的信号更容易受到干扰与拦截。

为了改善无线传输的这两项缺点，提出了通过多个传输频率来传递数据的传输方式，一方面让拦截操作更加困难，另一方面降低噪声干扰的影响，同时也催生出展频传输技术。为了使信号更能抵御噪声的干扰，在展频传输模式下，发送端要传出数据之前，将在数据中加入错误修正码，让传输更为可靠。

在 1999 年，IEEE 协会更进一步提出 IEEE 802.11 的扩展规格：IEEE 802.11a 和 IEEE 802.11b。扩展规格的出现，让无线网络的速度倍增，也增加了无线网络的实用性。

展频技术可分成直接序列展频与跳频式展频两大类。

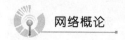

6.2.1 直接序列展频

直接序列展频是通过展频码（也称为虚拟噪声码）将原本窄频高能量的信号扩展为原本的数倍带宽，而且能量变小，以低于背景噪声值，然后才把信号发送出去。当接收端收到此信号时，再用展频码演算一次，将信号还原成窄频高能量，取得传送的信息。

这个机制先将要传送的数据分割成许多小片段，再将这些小片段分别以不同频率的无线电波发送出去，如图 6-7 所示。

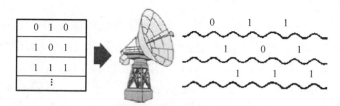

图 6-7　直接序列展频示意图

直接序列展频的优点如下。

（1）抗干扰

因为展频之后的能量低于背景噪声值，而当接收端收到信号时，利用展频码将信号还原，同时将背景噪声能量降低，再通过滤波器将能量低的噪声滤掉，就可以取得传输的信息了。

（2）防窃听

因为展频后的信号，能量比背景噪声值更低，所以一般的接收器将它视为背景噪声而滤掉。而且为了防止信号被拦截，直接序列展频在传输过程中，还通过几个频率传送错误数据，因此就算是具有展频功能的接收器，如果无法确定哪个频率的无线电波经过展频，也不知道哪些频道是错误的数据，又不知道原始数据所采用的分割方法和发送顺序，想要窃取传送的数据，实在是困难巨大。

除此之外，按照直接序列展频所使用的调制技术不同，其传输速度最高可达 11 Mb/s，至于所采用的调制技术可以参阅有关资料。

6.2.2 跳频式展频

跳频式展频是利用一个很宽的频带，将其细分成数十个小频道，然后把数据塞到频道上送出去，而且每次传送数据所使用的频道都不一样。更清楚的定义是：在一个很宽的频带内，先由连线的两端协议确定使用的频道，然后轮流使用这些频道传送数据，如图 6-8 所示。

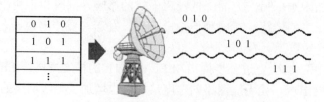

图 6-8　跳频式展频示意图

这种跳频式的传输方式降低了被窃听的风险。这是因为每传送一段数据后，下一次要用哪一个频道传送，只有接收端才会知道，外界根本无从得知。至于为什么会叫做展频，这是因为虽然它将整个频带分割成许多的小频道，不断在其间跳跃传送数据，但是其跳跃速度极快，而且频道很密集，感觉上好像是使用整个频带的带宽。

跳频式展频所使用的调制技术为 GFSK（Gaussian Frequency Shift Key），基本带宽是 1 Mb/s，最高为 2 Mb/s，不过与直接序列展频相比较，2 Mb/s 的速度实在令人不敢恭维，但是跳频式展频有一点远比直接序列展频强，就是高容错能力。这是因为就算传送数据的过程中，被外在因素所干扰，也只会造成某个小频道无法传送数据，发送端只要针对被干扰的部分重发送即可。也因为如此，所以跳频式展频仍有其应用的范围。

6.2.3　IEEE 802.11a

IEEE 802.11a 使用 5 GHz 的频带，又称为 U-NII（Unlicensed National Information Infrastructure）频带，理论上也是属于不需申请的范围，不过并非每个国家都有开放，因此目前支持此规格的无线设备还属少数。

IEEE 802.11a 所使用的传输技术为 OFDM（Orthogonal Frequency Division Multiplexing），而不是展频技术，这是因为 OFDM 能更有效防止干扰，并通过特殊的频道分割方式，达到更快速的传输性能。不过因为 OFDM 的运作方式需要耗用较大的带宽，所以其不适宜用在拥挤而且可用带宽较小的 2.4 GHz 宽带。IEEE 802.11a 按所使用的调制技术不同，传输速度从 6 Mb/s 开始，最高可达 54 Mb/s。2.4 GHz 可用的带宽只有 80 MHz，而 5 GHz 的可用带宽最多达 300 MHz。

6.2.4　IEEE 802.11b

IEEE 802.11b 是使用高速直接序列展频（HR/DSSS）的传输技术，利用 2.4 GHz 的频带，按所使用的调制技术不同，有 4 种传输速率。

① 1 Mb/s：采用 DB/SK（Differential Binary Phase Shift Keying）调制技术。

② 2 Mb/s：采用 DQPSK（Differential Quadrature Phase Shift Keying）调制技术。

③ 5.5 Mb/s、11 Mb/s：这两种高速传输模式都是采用 CCK（Complementary Code Keying）的调制技术。

1 Mb/s 和 2 Mb/s 都是传统直接序列展频的速率，更高的 5.5 Mb/s、11 Mb/s 则是高速直接序列展频的速率。图 6-9 为使用 IEEE 802.11b 无线设备。

6.3　HomeRF

图 6-9　使用 IEEE 802.11b 无线设备

HomeRF（Home Radio Frequency）是由国际电信协会（International Telecommunication Union，ITU）所推行的一种家用无线网络标准。其目的是为了提供一个低成本、低性能，并可以同时传输语音和数据资料的家庭网络（图 6-10）所示。

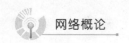

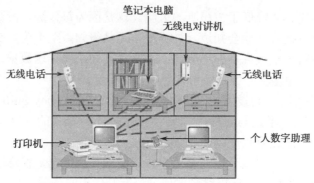

图 6-10   家用无线网络

6.3.1   HomeRF 的特点

HomeRF 是以共享无线访问协议（Shared Wireless Access Protocol，SWAP）为基础，此协议能将语音与数据资料整合在一起传输。

1．传输数据资料

在传输数据资料时，HomeRF 采用的是 IEEE 802.11 FHSS 的传输技术，亦即在 2.4 GHz 的公用频带内，利用跳频式展频技术传送数据资料，传输速率最高为 2 Mb/s。

2．传输语音数据

在传输语音数据时，HomeRF 采用了 DECT（Digital Enhanced Cordless Telephone）标准，以时分多路访问（Time Division Multiple Access，TDMA）模式传输语音数据。在共享无线访问协议的系统里，共可提供 6 个全双工的数字语音频道，每个带宽为 32 kb/s。

3．其他特点

除了可以同时传输语音和数据资料外，HomeRF 还有以下特点。

（1）涵盖范围达 50 m

因为 HomeRF 发展的目的就是家庭网络，因此涵盖范围大约是 50 m。

（2）支持 128 个结点

在一个 HomeRF 的局域网里，总共可以有 128 个网络结点。这些结点包括 HomeRF 控制点（Control Point，CP）、支持 TDMA 的语音终端设备（Voice Terminal）、调制解调器等等。

（3）可以和蓝牙设计在同一个设备中

也就是说，HomeRF 可以和蓝牙共用一个设备，而蓝牙则是未来信息家电的主要传输系统，可想而知 HomeRF 不只要家庭网络的市场，同时也希望能在未来的信息家电市场中，占有一席之地。

6.3.2   高速 HomeRF

HomeRF 虽然可以同时传输语音和数据资料，但在数据传输部分，仅有 2 Mb/s 的速度，和 IEEE 802.11b 相较，实在差距太大，也因此导致 HomeRF 的市场一直无法扩展。但是 HomeRF 组织当然不会就此认输，从 HomeRF 1.0 版开始，他们就一直在提升传输的性能，在 2000 年 12 月的一场 HomeRF 技术研讨会上，提出了 HomeRF2.0 的规格，其中最重要的改进就是传输速度大幅度提升到 10 Mb/s。

虽然目前国内市面上所有 HomeRF 的产品都不支持到 10 Mb/s，但我们还是介绍一下

HomeRF 2.0 的几个重要特点：

① 传输速率最高达 10 Mb/s，也支持 5 Mb/s、1.6 Mb/s 和 0.8 Mb/s。

② 兼容于 HomeRF 1.2 的设备。

③ 耗电量比无线设备还低。

④ 最多同时可以有 8 个连线。

6.4　蓝牙技术（Bluetooth）

1994 年，L.M.Ericsson 公司与其他 4 家公司（IBM、Intel、Nokia 和 Toshiba）一起组成了一个特别兴趣小组（Special Interest Group，SIG）来开发一个无线标准，用于将计算和通信设备或附加部件通过短距离的、低功耗的、低成本的无线电相互连接起来。这个项目被命名为蓝牙（Bluetooth），该名字来自 10 世纪的丹麦国王哈拉尔德（Harald Gormsson）的外号。出身海盗家庭的哈拉尔德统一了北欧四分五裂的国家，成为维京王国的国王。由于他喜欢吃蓝莓，牙齿常常被染成蓝色，而获得蓝牙的绰号，当时蓝莓因为颜色怪异的缘故被认为是不适合食用的东西，因此这位爱尝新的国王也成为创新与勇于尝试的象征。1998 年，Ericsson 公司希望无线通信技术能统一标准而取名蓝牙。

目前，蓝牙标准化集团 Bluetooth SIG 的成员企业数已达到 2 000 家以上。除了原创的 5 家厂商之外，康柏（Compaq）、戴尔（Dell）、摩托罗拉（Motorola）、宝马（BMW）及卡西欧（Casio）等均已加入，所有厂商已达成知识产权共享的协议，以推广此项技术。在技术标准方面，蓝牙协会已在 1999 年 7 月推出 Bluetooth 1.0 之标准。而我国亦至少有 12 家厂商、组织已加入 Bluetooth 国际联盟，同时国内也在 1999 年初成立国内的 Bluetooth SIG，以促进技术引进、市场及技术资讯扩展、应用推广等工作。

近年来，世界上一些权威的标准化组织都在关注蓝牙技术标准的制定和发展。例如，IEEE 已经成立了 802.15 工作组，专门关注有关蓝牙技术标准的兼容和未来的发展等问题。IEEE 802.15.1 TG1 是讨论建立与蓝牙技术 1.0 版本相一致的标准；IEEE 802.15.2 TG2 是探讨蓝牙如何与 IEEE 802.11b 无线局域网技术共存的问题；而 IEEE 802.15.3 TG3 则是研究未来蓝牙技术向更高速率（如 10～20 Mb/s）发展的问题。

6.4.1　蓝牙技术的概念与功能

1. 蓝牙的概念

简言之，蓝牙就是一种同时可用于电信和计算机的无线传输技术。Bluetooth SIG 在制定蓝牙技术时，希望它是属于短距离、低功率、低成本，且运用无线电波来传输的技术，通过这个标准，将所有信息设备互相连通，例如，一只蓝牙手机，在家里可以变成无线电话，甚至选台器，而且还能当作 PDA（Personal Digital Assistant，个人数字助理）来用。听起来很神奇，但事实上，这就是蓝牙技术的目的。

2. 蓝牙的主要功能

蓝牙技术同时具备语音和数据通信的能力，最高传输速率达 1 Mb/s，应用范围很广。蓝牙的主要功能如下。

（1）语音及数据资料的即时传输

蓝牙可以传输语音数据，也能传输数据资料，因此用户可以通过蓝牙技术，在笔记本电

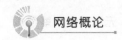

脑或 PDA 上，以无线的方式上网及收发电子邮件。

（2）取代有形线路

蓝牙技术是一种短距离（10 m 内）无线传输的接口，如果加上频率放大器则可扩展到 100 m，因此只要计算机、键盘、打印机、手机、传真机、电视、电话等电气设备都装设有蓝牙芯片，那通过蓝牙的无线通信技术，所有设备都能互相连通，完全不需要再用线路连接，彻底取代传统线路连接的方式。

（3）快速方便的网络连接

两个蓝牙设备要建立连接，只要是在传输的范围之内，经过简单的认真操作，便可以建立连接。我们以同样是为了建立互通性好、低成本、低性能而设计的红外线技术相比，蓝牙传输距离远比红外线的 1.5 m 来得远，建立连接时又不用使通信端口面对面，可见蓝牙的优势所在。

（4）3 合 1 电话

这点就是前面有提过的，一只具备蓝牙技术的手机，在家可以当无线电话的分机，出外又变成手机，到了公司又成为电话分机，而且设置简单又方便，不但节省成本，便利性也高。

6.4.2 蓝牙体系结构

蓝牙协议特别兴趣小组组织制定并推广了一个开放的短距离、低功耗的无线解决方案。其射频工作在无需授权的 ISM 频段，并采用跳频技术来消除干扰和降低衰减。蓝牙技术一个重要的特点是它不仅是一个连接层的规范，同时还制定了很多基于这个连接协议层上的很多的应用，比如文件传输、网络接入等。

整个蓝牙协议体系结构可以分为底层硬件模块、中间协议层和高端应用层三大部分，如图 6-11 所示。链路管理层（LMP）、基带层（BBP）和射频（RF）构成了蓝牙的底层模块；中间协议层包括逻辑链路控制与适配协议（L2CAP）、服务发现协议（SDP）、串口仿真协议（RFCOMM）和电话控制协议规范（TCS）；最高层是应用层。

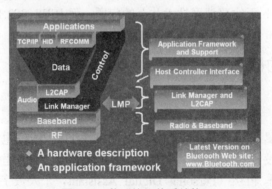

图 6-11 蓝牙协议体系结构

蓝牙标准有许多协议，它们按照松散的方式被组织到各个层中，层的结构并不遵从 OSI 模型，或 TCP/IP 模型，或 802 模型，或其他任何已知的模型。然而，IEEE 正在修订蓝牙标准，以便强行将它纳入到 802 模型中。经过 802 委员会修改之后的蓝牙基本协议结构如图 6-12 所示。

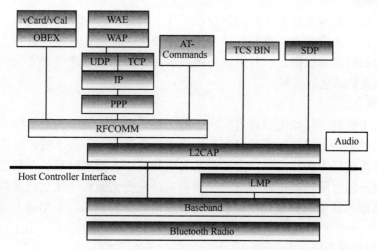

图 6-12　802.15 版本的蓝牙协议结构

　　最底层是物理无线电层，它很好地对应了 OSI 和 802 模型中的物理层。该层处理与无线电传送和调制有关的问题。在这一层上的许多考虑都涉及如何使系统的造价更加低廉，以便形成巨大的市场。基带层有点类似于 MAC 子层，但是也包含了物理层的要素。它涉及主结点如何控制时槽，以及这些时槽如何组织成帧。接下来一层是一组多少有些相关的协议。链路管理层负责在设备之间建立逻辑信道，包括电源管理、认证和服务质量。逻辑链路控制适应协议为上面各层屏蔽了传输细节。它类似于标准的 802LLC 子层，但从技术上有所不同。对于音频协议和控制协议，正如名称所表示的，它们分别处理与音频和控制相关的事宜。上层应用可以直接操纵这两个协议，而不必通过逻辑链路控制适应协议。

　　再往上一层是中间件层，它是由许多不同的协议混合而成的。为了与 802 的其他网络保持兼容，IEEE 将 802 LLC 插在这里。无线电频率通信、电话和服务发现协议都是这里的专门协议。无线电频率通信（Radio Frequency Communication，RFcomm）或者射频通信，是指模拟 PC 上用于连接键盘、鼠标、调制解调器及其他设备的标准串口通信。它的设计意图是允许传统的设备更加容易地使用它。电话协议是一个实时协议，用于三种面向话音的轮廓。它也管理呼叫的建立和终止。最后，服务发现协议可用来找到网络内的服务。

　　最上层是应用和轮廓所在的地方。它们利用低层上的协议来完成它们的任务。每个应用都有它自己的专用协议子集。特定的设备，比如头戴设备，通常只包含应用所需的那些协议，而不会包含其他的协议。

6.4.3　基于蓝牙的数码产品

　　蓝牙技术的应用范围相当广泛，可以广泛应用于局域网络中各类数据及语音设备，如 PC、拨号网络、笔记本电脑、打印机、传真机、数码相机、移动电话和高品质耳机等。蓝牙的无线通讯方式将上述设备连成一个微微网（Piconet），多个微微网之间也可以进行连接，从而实现各类设备之间随时随地进行通信。应用蓝牙技术的典型环境有无线办公环境、汽车工业、信息家电、医疗设备以及学校教育和工厂自动控制等。目前，蓝牙的初期产品已经问世，一些芯片厂商已经开始着手改进具有蓝牙功能的芯片。与此同时，一些颇具实力的软件公司或者推出自己的协议栈软件，或者与芯片厂商合作推出蓝牙技术实现的具体方案。尽管如此，蓝牙技术要真正普及开来还需要解决以下几个问题：首先要降低成本；其次要实现方便、实用，并真正给人们带来实惠和好处；第三要安全、稳定、可靠地进行工作；第四要尽快出台一个有权威的国际标准。一旦上述问题被解决，蓝牙将迅速改变人们的生活与工作方式，并大大提高人们的生活质量。

1. 蓝牙手机

嵌入蓝牙技术的数字移动电话将可实现一机三用，真正实现个人通信的功能。在办公室可作为内部的无线集团电话，回家后可当作无绳电话来使用，不必支付昂贵的移动电话的话费。到室外或乘车的路上仍作为移动电话与掌上电脑或个人数字助理，并通过嵌入蓝牙技术的局域网接入点，随时随地都可以到网上冲浪浏览，使我们的数字化生活变得更加方便和快捷。同时，借助嵌入蓝牙的头戴式话筒和耳机以及话音拨号技术，不用动手就可以接听或拨打移动电话。

2. 蓝牙车载免提系统

（1）模块介绍

蓝牙车载免提系统由以下模块组成：蓝牙免提控制器、蓝牙手机、蓝牙无线耳麦、显示屏。图 6-13 为各模块之间的交互示意图。

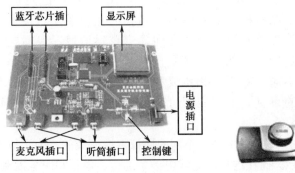

图 6-13　控制面板图

（2）功能介绍

蓝牙车载免提系统是专为行车安全和舒适性而设计的。其功能主要是：自动辨识移动电话，不需要电缆或电话托架便可与手机联机；使用者不需要触碰手机（双手保持在方向盘上）便可控制手机，用语音指令控制接听或拨打电话。使用者可以通过车上的音响或蓝牙无线耳麦进行通话。若选择通过车上的音响进行通话，当有来电或拨打电话时，车上音响会自动静音，通过音响的扬声器/麦克风以进行话音传输。若选择蓝牙无线耳麦进行通话，只要耳麦处于开机状态，当有来电时按下接听按钮就可以实现通话。该解决方案示意图如图 6-14 所示。蓝牙车载免提系统可以保证良好的通话效果，并支持任何厂家生产的内置蓝牙模块和蓝牙免提（符合 SIG v1.2 规范）的手机。此外，蓝牙车载免提系统还可以与全球定位系统（GPS）终端捆绑，降低成本。

3. 蓝牙耳机

多功能蓝牙耳机（如图 6-15 所示）采用蓝牙（Bluetooth）无线技术，语音清晰流畅。它集蓝牙耳机功能和蓝牙 USB 适配器功能于一身，可以将它连接到任何支持蓝牙耳机规范或蓝牙免提规范的蓝牙手机上；当它用 USB 线连接到个人计算机上时，被自动当作蓝牙 USB 适配器来使用，并提供如无线拨号连接上网（需蓝牙手机等的配合）、无线局域网络、无线传真（计算机需安装有传真软件）、无线数据传输、装置数据同步化、电子名片交换及多人TCP/IP 网络游戏等功能。

4. 蓝牙网关

蓝牙网关（如图 6-16 所示）是一个解决无线到有线网络访问的产品，它能够为蓝牙设备（包括蓝牙笔记本电脑、蓝牙家电等）创建一个到本地网络的高速无线连接的通讯链路，使之能够访问本地网络及 Internet。

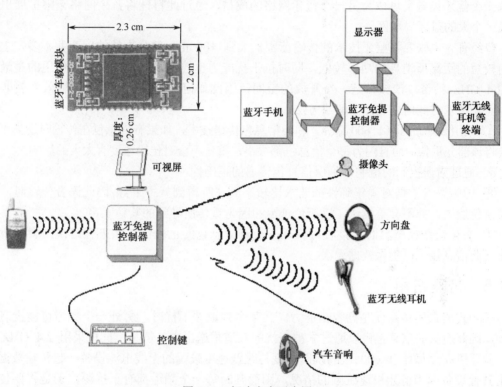

图 6-14　解决方案示意图

图 6-15　蓝牙耳机　　　　　　　　　　　图 6-16　蓝牙网关

蓝牙网关可以为实现 TCP/IP 协议或者没有实现 TCP/IP 协议的蓝牙设备提供接入服务。对于已经实现 TCP/IP 协议的蓝牙设备（如蓝牙笔记本），蓝牙网关可以运行 PPP 协议与该类蓝牙设备实现通讯；对于没有实现 TCP/IP 协议的蓝牙设备（蓝牙家电），蓝牙网关可以使用 Bluetooth Serial Port Profile 与该类蓝牙设备实现数据的交互，网关负责将数据封装成符合 TCP/IP 协议规范的数据，从而达到将该类蓝牙设备接入到网络的目的。

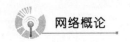

6.4.4 蓝牙技术的标准

蓝牙技术传输的范围最远达 10 m，如果接上放大器则可达 100 m，所使用为 2.4 GHz 公用频带，采用的无线传输技术是跳频式展频，和 IEEE 802.11 雷同，只不过其跳跃的频率很高（1 600 次/s）。

一个蓝牙网络总共可以有 8 个蓝牙设备，其中一个是主控端，其他设备则是客户端，同时每一个蓝牙设备又可成为另一个蓝牙网络的成员，通过此特性将蓝牙网络无限扩展出去，形成一个大的蓝牙局域网。

曾经有人主张要将蓝牙技术的传输范围扩大到 100 m，但是支持的厂商并不多，主要是因为较短的距离所消耗的功率较低，同时抗干扰能力也较强。特别是蓝牙所使用的是最拥挤的 2.4 GHz 频带，该频带是一个开放的空间，因此如何防止干扰并兼顾传输效率就非常重要，蓝牙技术对此问题有几个解决方法。

① 采用高速跳频（1 600 次/s）和小信息包传送技术，如果有信息包在传输时遗失了，只需要将该部分重传，而且因为每个信息包都很小，重传不会对传输速度有太大的影响。

② 通过错误控制的机制，确保信息包传递的正确性。

③ 因为语音数据对于正确性的要求比较不高（听得到就行了），因此语音传输时，如果有信息包遗失，并不会重发送，以避免延迟和因为重传所导致的其他噪声。

④ 在传输数据资料时，接收端将逐一检查信息包的正确性，如果有错误则会要求发送端重送此信息包，以确保数据无误。

6.4.5 带宽占用

跳频式展频的特点就是高容错能力。当某个频道被干扰时，另外一个频道可能没有被干扰到，因此遗失的信息包可以通过未被干扰的频道重送出去，但是，同样采用 2.4 GHz 的频带。蓝牙以高达每秒 1 600 次的跳跃速度与跳跃速度较慢的无线电波设备一起传输数据时，发生其他设备因为蓝牙快速跳频的情况，因而判断每一个频道都有干扰源，于是将要传送出去的每一个信息包都丢掉，也就是说，当蓝牙开始发出无线电波时，就如同它占用了整个频带一样。

利用直接序列展频技术的 IEEE 802.11b 无线网络设备，因为并非是用跳频的方式传送数据，理论上应可防止蓝牙的干扰，但根据实际测试，当 IEEE 802.11b 的设备和蓝牙设备邻近时，两者的传输性能都将大幅度下降。

6.5 GSM & GPRS

1989 年中国正式提供移动电话的服务。

6.5.1 GSM

GSM 是欧洲电信标准协会（European Telecommunications Standard Institute，ETSI）于 1990 年年底所制定的数字移动网络标准，该标准主要是说明如何将模拟式的语音转为数字的信号，再通过无线电波传送出去。

因为各国对无线电频率的规定各有不同，GSM 可以应用在 3 个频带上：900 MHz、1 800 MHz

及 1 900 MHz。在 GSM 系统中，信号的传送方式和传统有线电话的方式相同，都采用电路交换的信息传输技术。这个技术是让通话的两端独占一条线路，在未结束通话时，此线路将一直被占用着。想象一下家用电话在使用时的情形：当我们和朋友打电话时，这条电话线就被我们独占着，如果家人想打电话，就得等到我们将电话挂掉，这就是电路交换技术。

但是 GSM 有一个致命的缺陷，就是数据传输的速度只有 9.6 kb/s，这个问题让我们想用手机上网时，感到非常的不便。例如，在上网时，用 56 kb/s 的调制解调器拨号都很慢，如果用手机上网，居然只有 9.6 kb/s，因此为了解决这个问题，在 1998 年提出一种新的技术来加速 GSM 数据传输的速度，这就是 GPRS。

6.5.2 GPRS

1. GPRS 和 GSM 的关系

GPRS（General Packet Radio Service）是数字移动通信时代的宽带网络结构，它和 GSM 的关系就如同传统调制解调器拨号和 ADSL 宽带上网的关系一样。传统调制解调器拨号和 ADSL 宽带上网同样利用电话线路传输，同样要通过一台调制解调器连接互联网，不同的是两者传输性能区别巨大，而 GPRS 和 GSM 也是如此。事实上，GPRS 是基于现有的 GSM 结构而建立，将信息传输技术改变，以达到高速传输的功能。

简单来说，GPRS 只是一项加快数据传输的服务，在无线电波传递上，还是以 GSM 的规格在进行，所以甚至可以把 GPRS 当作是 GSM 的加强模型。

2. GPRS 和 GSM 的区别

GSM 采用的是电路交换技术。但 GPRS 采用的是报文分组交换技术。理论上，报文分组交换技术最大的数据传输速率可达 171.2 kb/s，比 9.6 kb/s 快了近 20 倍。

报文分组交换技术的特点，是将要传送的数据分割成许多小信息包，每个信息包都标有目的地地址，然后看哪一个频道有空就将信息包送出去，如此一来，每一个频道都不会空闲，不但可以更有效地利用宝贵的频谱资源，还可以大幅提升传输性能。不过由于报文分组交换技术并不是独占带宽，所以当多人使用时，还是会影响到部分性能，再加上无线电波易受干扰的原因及软件上的限制，所以实际上 GPRS 的速度大约在 115 kb/s 以下。以市面上目前的 GPRS 手机来看，大多也只能达到 64 kb/s 的速度，这已经远快于 GSM。

6.6 WAP

互联网的出现使我们的生活方式产生了巨大的改变，通过互联网，可以足不出户，就知天下事。不管是查询资料、网络交易、收发电子邮件或玩在线游戏，只要有一台计算机，一条电话线，轻轻松松坐在家中，就可以实现。

互联网虽然方便，可是计算机并不是随处都有，如果能将互联网搬到更小、更轻薄、更普及、更便宜的随身设备上，那是更方便的事情。在 1997 年 9 月出现了新一代的无线应用协议（Wireless Application Protocol，WAP）。

WAP 是一种新的移动通信技术，简单来说，通过 WAP，我们的手机就可以访问互联网的信息，如同用计算机上网一样，也就是说，有了 WAP，我们随时随地都可以利用手机上网查询资料、订票、收发电子邮件。

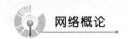

6.6.1 WAP 的标准

WAP 的功能类似互联网的 HTTP 协议，但主要是用在无线通信设备（这指的多为手机，但也可以是 PDA 之类的设备）上。在互联网里，HTTP 采用的是超文本链接标记语言（Hyper Text Markup Language，HTML），但在 WAP 上，则是采用无线超链接语言（Wireless Markup Language，WML）。因为目前无线通信设备的带宽有限，屏幕又小，且内存较小，以目前的网页来看，无线通信设备要承载这些信息困难巨大，所以必须有一套专为无线通信设备设计的语言才行。

计算机通过 TCP/IP 访问互联网的结构如图 6-17 所示。HTTP 所采用的通信协议是 TCP/IP，而 WAP 所采用的通信协议则是 WDP（Wireless Datagram Protocol），不过严格来说，WDP 并非是要取代 TCP/IP，而是为了让 WAP 能使用 TCP/IP 来访问互联网，如图 6-18 所示。

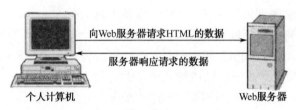

图 6-17　计算机通过 TCP/IP 访问互联网的结构

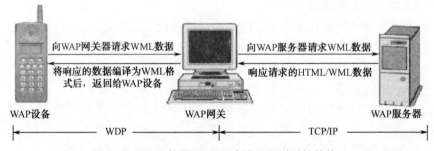

图 6-18　WAP 使用 TCP/IP 来访问互联网的结构

图 6-18 是 WAP 在访问互联网时的传输过程，与图 6-17 非常相似，只是在 WAP 设备和 WAP 服务器间多了一台 WAP 网关。而 WDP 就是在 WAP 设备和 WAP 网关间运作，这部分也才是 WAP 连接结构中的重点，因为 WAP 可以说只存在于这个部分。WAP 网关的主要功能就是转发 WAP 设备的要求，并编译、检查服务器返回的数据为 WML 格式后，再返回给 WAP 设备。

从 WAP 网关到 WAP 服务器，与用计算机连上互联网是一模一样的，甚至，WAP 服务器就是 Web 服务器，只是同时提供了利用 WML 语法写成的 WAP 网页而已。也就是说，原本在 Web 服务器上的程序、数据库（例如，CGI、ASP、Perl、PHP 等）都无需变动，只要将输出的部分改为 WML 的语法，即可让 WAP 手机使用，这也就是为何可以利用手机上网订票、进行交易的关键因素，因为变动幅度越小，成本越低，所以得以发展，如图 6-19 所示。

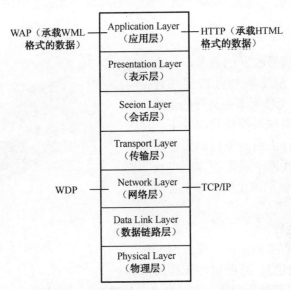

图 6-19　WAP 服务器与 Web 服务器比较

6.6.2　WAP 和 GPRS 的关系

　　在这里对应到 OSI 模型，介绍 WAP 和 GPRS 的差别。WAP 主要是在说明数据如何在无线通信网络中传输，包括如何进行保密的操作，如何将数据压缩以减少带宽的损耗，以及如何在手机上正确显示出所要求的信息。

　　GPRS 则是 GSM 系统的扩展（或说是强化功能），主要是把原本 GSM 系统只能用电路交换的信息传输方式，改为支持报文分组交换的传输模式，让传输的速度由 GSM 的 9.6 kb/s 跃升到 GPRS 的 171.2 kb/s。了解 WAP 和 GPRS 的功能后，可以发现，如果硬要把 WAP 和 GPRS 拿来做比较，就好像是把 HTTP 和 ADSL 拿来相比一样，根本是无从比较。不过这两者虽然不能比较，但却可以搭配使用，就像利用 ADSL 宽带上网后，再去访问 HTTP 的数据，有相辅相成的效果。

　　如果是用 OSI 模型来看这两者所处的相对位置，WAP 刚好是在第 7 层（应用层）到第 5 层（会话层），GPRS 则是在第 4 层（传输层）到第 1 层（物理层）。

　　从这个对应的位置来看，应该能更加了解 WAP 和 GPRS 彼此之间是互补的关系，所以在 GPRS 普及后，WAP 才有机会勃兴，在无线通信网络中异军突起。

6.7　无线网的设备

　　现在大家在室内上网，除了插网线上网，还有逐渐普及的无线上网，其实无线网络只是有线网络的一种延伸，从 LAN 到了 WLAN，解决了最后的接入问题，我们可以在无线信号覆盖的范围内随意上网。但这毕竟是在 LAN 的范围内，我们还是需要像路由器、交换机和网卡这类的常规网络设备才能接入网络，在无线网络里它们换了个名字。下面介绍常用的无线局域网设备。

6.7.1　无线网卡

无线网卡是一个信号收发的设备，只有找到无线接入点，才能实现与互联网的连接，如图 6-20 所示。无线网卡是终端的无线网络设备，是在无线局域网的信号覆盖下，通过无线连接网络进行上网而使用的无线终端设备。具体来说无线网卡就是使你的电脑（台式机和笔记本）可以利用无线信号来上网的一个网卡。

无线网卡可分为两种：

一种是笔记本内置的 MiniPCI 无线网卡（也称"迅驰"无线模块）。目前这种无线网

图 6-20　无线网卡

卡主要以联想公司的"迅驰"模块为主（如 Intel PRO/无线 2100 网卡），很多笔记本厂商也有自己的无线模块。

另一种是台式机专用的 PCI 接口无线网卡。台式机当然也可以无线上网，PCI 接口的无线网卡插在主板的 PCI 插槽上，无需外置电源，节省空间和系统资源，可以充分利用现有的计算机。PCMICA 是"非迅驰"笔记本电脑专用的接口网卡，PCMCIA 无线网卡造价比较低。USB 接口的无线网卡不管是台式机用户还是笔记本用户，只要安装了驱动程序，都可以使用。在选择时要注意的一点就是，只有采用 USB2.0 接口的无线网卡才能满足 802.11g 无线产品或 802.11g+无线产品的需求。

6.7.2　无线 AP

无线接入点（Access Point，AP）又称为无线访问结点或存取桥接器，类似于有线网络中的集线器，如图 6-21 所示。AP 的重要功能就是中继和桥接，即延长无线覆盖距离和无线连接几个不同的网络。无线接入点是移动计算机用户进入有线网络的接入点，主要用于宽带家庭、大楼内部以及园区内部，典型距离覆盖几十米至上百米。大多数无线接入点还带有接入点客户端模式，可以和其他接入点进行无线连接，延展网络的覆盖范围。

图 6-21　无线 AP

通俗地讲，无线 AP 是无线网和有线网之间沟通的桥梁，无线 AP 相当于一个无线交换机，接在有线交换机或路由器上，为跟它连接的无线网卡从路由器那里分得 IP。

6.7.3　无线网桥

无线网桥保留了网桥原有的一切，比如 1 个 WAN 口，4 个 LAN 口，共享上网、网络管理等功能，另外它又加上了天线、无线技术芯片等无线设备，用于无线信号的发送和接收。

6.7.4　无线天线

无线局域网的天线系统重点是适合于无线局域网的方向性天线。

1.　天线的有关概念

（1）天线增益

天线增益是将天线的方向图压缩到一个较窄的宽度内并且将能集中在一个方向上发射而获得的，由主波瓣的辐射密度和各向同性时的辐射密度的比值所得（输出功率相同时）。

（2）极化方向

极化方向是电磁波的振动方向，是天线的方向性，并且和各向等向天线有关。

2.　天线的类型

① 全向天线：在所有水平方位上信号的发射和接收都相等。

② 定向天线：在一个方向上发射和接收大部分的信号。

3.　天线位置选择因素

① 两点之间距离最短处。

② 水平高度最高处。

③ 最佳可视效果处。

④ 天线之间的分隔距离最大（选择分集接收器）。

6.8　无线局域网组网模式

无线局域网使用无线 AP 来连接终端，施工方便，不会因布线问题而阻碍施工。虽然无线设备目前较昂贵，但总体的工程费用还是较低的。无线局域网因使用无线介质，以微波作为传输媒介，信息的安全性较差，难以控制非法用户的接入、数据窃听等网络攻击，虽然采用了多种验证、加密等安全技术，但效果仍然不好。目前无线局域网的应用更多的是作为有线网络的补充，但无线网络一定会成为未来网络的发展方向。

6.8.1　点对点无线桥接模式

点对点桥接模式，多用于两个有线局域网间，通过两台 AP 将它们连接在一起，实现两个有线局域网之间通过无线方式的互联和资源共享，也可以实现有线网络的扩展。这种模式多应用于两个局域网距离并不很远，但由于中间的地带有阻碍，不方便布线连接的情况。

此时利用无线来替代有线的连接是简单易行的低成本解决方案。由于这种应用一般都是将 AP 置于室外，其环境多变，所以一般使用专用的室外无线 AP，并安装专用定向天线。高集中定向传输，有利于提高信号强度，保障稳定性，AP 之间不要有障碍物阻挡，否则衰减会比较严重。点对点桥接模式如图 6-22 所示。

点对点无线桥接模式，一般用于连接两个分别位于不同地点的网络，一般情况下由一对无线 AP 桥接器和一对天线组成。如上所述，该对桥接器应设置成相同的频率。它通过无线信号发送器与接收器即 AP 设备来完成两个网络的信号传送和网络的组建，只要 AP 设备处于相同的频段，能支持相同的标准，在有效距离范围内，就可以方便地实现两个局域网的互联。

点对点桥连模式

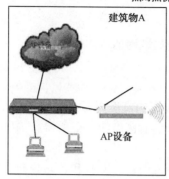
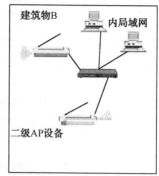

图 6-22　点对点桥接模式组图

点对点无线桥接模式，其应用范围还是很广泛的。在一些城市里，有河流居中而过，如此景况不便于网络线路的架设，此时采用 AP 无线网络连接两岸的网络，实在是一个很好的选择，一则方便，二则省去了架设线路的麻烦。在一些公司，办公大楼相隔较远，如两栋大楼相隔几千米远，然而却能互相看见，这时采用点对点桥接模式架设无线网络就可以省去租用电信专线所需要长期支付的费用，从长远来看，对公司的发展也有很大的好处。只要在两个分别位于不同地点的网络，不便于布线，布线成本过高，就可以采用无线 AP 组建无线网络连接。

目前，楼宇之间的局域网互联互通已经成为很多单位迫切需要解决的问题，一个公司可能希望将邻近的生产、运输子网和管理中心连接在一起；在大学校园区中，教学楼、学生宿舍中独立的内部局域网与计算中心联网后，可以方便学生和教师接入校园网和 Internet。总之，大家都希望网络可以实现在两个或多个邻近的建筑物间的局域网连接，提供高速互联网络接入以及实现移动获得网络服务等功能。按照传统的思路，要实现两栋大楼的互联，即使是近在咫尺，也需要牵线挖管，采用铺设线缆或租用线路的方法。如果遇到周围环境的条件限制，铺设线缆的工程可能无法实施；租用 DDN 线路会面临着租用费用太高和线路带宽太低等诸多困难。不过，现在无线技术已经有了解决上面诸多问题的答案。

在采用点对点无线桥接模式，组建两个网络的连接的时候，要充分考虑所需连接网络的大小，网络内复杂度，终端设备多少。同时还需要考虑网络连接的带宽需求和两个网络相隔的距离。在充分考虑了这些因素后，才能制定网络连接的方案和所需要的设备。AP 设备中，各种设备所支持的网络带宽和传输信号距离是不同的，不同的标准型号的 AP 设备的价格也是不一样的。我们要充分考虑性价比及可扩缩性。可扩缩性也是现在网络组建的一个较为重要的参数，在以后网络扩展的时候才不会大量浪费资源，实现网络资源的利用最大化。

6.8.2　点对多点无线桥接模式

点对多点无线桥接模式常用于有一个中心点，多个远端点的无线桥接模式。点对多点无线桥接模式最大优点是组建网络成本低、维护简单，又由于中心使用了全向天线，设备调试相对容易。该种网络的缺点也是因为使用了全向天线，波束的全向扩散使得功率大大衰减，网络传输速率低，对于较远距离的远端点，网络的可靠性不能得到保证。此外，由于多个远端站共用一台设备，网络延迟增加，导致传输速率降低，且中心设备损坏后，整个网络就会停止工作。其次，所有的远端站和中心站使用的频率相同，在有一个远端站受到干扰的情况下，其他站都要更换相同的频率，如果有多个远端站都受到干扰，频率更换更加麻烦，且不能互相兼顾。

点对多点无线桥接模式，一般用于建筑群之间的各个局域网之间的连接，在建筑群的中心建筑顶上安装一个全天向的 AP 无线设备，就可以使在其覆盖范围内的其他建筑的局域网络达成互联，实现网络共享。其应用范围也相对广泛。在如今的大城市里，高楼林立，在一定的区域内都可以使用这种点对多点的桥接模式来组建网络，特别是在高楼中间相隔一些不易布线的障碍物时，采用此种模式就能轻松方便地组建网络连接。

在如今的学校里、大型的公司里、一些较大的生活小区里，它们都有共同的特点：建筑很多，且建筑物之间的距离都不固定，成不规则布局，楼与楼的距离也相对较远。如果在它们之间布线只有从地面下通过，但网络连接布线不方便，施工麻烦。同时，在建筑物之间没有什么其他能阻碍无线信号传输的障碍物。像这样的环境采用局域网之间的无线 AP 连接，实现方便，架设难度不大，无需考虑像建立有线网络连接的布线、管道一系列的问题。

现在的无线网络及无线技术发展和应用都出现了多样化的特点。如今的无线分布式系统技术，为不同环境下的不同业务需求提供了多种无线连接的解决方案。采用点对多点无线桥接模式，就能轻松解决上面一系列的问题，实现分布的离散的局域网的连接。

6.8.3　中继连接

无线中继模式如图 6-23 所示。在此种模式下，中心 AP 也要提供对客户端的接入服务，所以选择"AP 模式"即可，而充当中继器的 AP 不接入有线网络，只接电源，使用"中继模式（Repeater）"，并填入"远程 AP 的 MAC 地址（Remote AP MAC）"即可。

无线中继技术是针对那些有线骨干网络布线成本很高，或者由于周边环境因素，无法进行有线骨干网络连接的环境而提出的。利用无线中继与无线覆盖相结合的组网模式，可实现扩大无线覆盖范围，达到无线网络漫游。无线中继技术就是利用 AP 的无线接力功能，将无线信号从一个中继点接力传递到下一个中继点，并形成新的无线覆盖区域，从而构成多个无线中继覆盖点接力模式，最终达到延伸无线网络覆盖范围的目的。

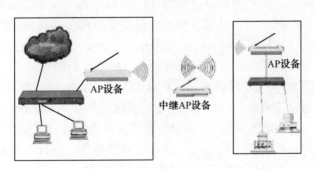

图 6-23　无线中继模式组图

无线中继模式组网方法的用途极其广泛。在无线网络已经开始广泛使用的今天，很多地方会因为场地比较大或者有障碍物，而无线设备的覆盖范围就达不到我们所需要的距离或中途受到阻碍，这时候我们采用无线中继模式来连接无线网络，就能满足组网的要求。以前只有通过无线网桥来实现无线连接，但无线网桥只具有桥接功能，而不能达到无限覆盖的效果。

在如今的城市里，连接两个建筑物之间的网络，采用无线 AP 连接具有很大的便利性。然而如今城市里高楼林立，很容易造成无线信号受阻，这样就不能顺利地实现网络的连接。另外，如果需要连接的网络相隔太远，就算中间没有什么其他的障碍物阻挡信号的传送与接收，网络技术及网络设备的覆盖范围也无法到达所要传送的较远目的地。如此情况，我们就采用中继模式，以中继 AP 来实现信号的放大与延续传送。

楼宇之间的局域网需要互相连接：一个公司希望将其最近的生产厂房、车间、管理中心等所有的网络连接在一起，便于资源共享、统一管理、实现信息的最大化利用；在大学校园里，教学楼、学生宿舍与计算中心等部门中独立的内部局域网，也需要组建在一起，可以方便学生和教师接入校园网和 Internet 等。这些需要连接各个局域网，都可以采用无线分布系统技术来实现，当出现距离过远，信号较弱，中间有障碍物阻挡的时候，我们就需要应用无线分布系统中的无线中继模式来连接组建网络。

6.8.4 蓝牙组网模式

蓝牙系统采用一种灵活的无基站的组网方式，使得一个蓝牙设备可同时与 7 个其他的蓝牙设备相连接。基于蓝牙技术的无线接入（Bluetooth Public Access），蓝牙系统网络结构的拓扑结构有两种形式：微微网（Piconet）和分布式网络（Scatternet）。

1. 微微网

微微网是通过蓝牙技术以特定方式连接起来的一种微型网络，一个微微网可以只是两台相连的设备，比如一台便携式电脑和一部移动电话，也可以是 8 台连在一起的设备。在一个微微网中，所有设备的级别是相同的，具有相同的权限，蓝牙采用自组式组网方式。微微网由主设备单元（发起链接的设备）和从设备单元构成，只能有一个主设备单元和最多 7 个从设备单元。主设备单元负责提供时钟同步信号和跳频序列；从设备单元一般是受控同步的设备单元，接受主设备单元的控制。

在这种网络模式下，最简单的应用就是蓝牙手机与蓝牙耳机，在手机与耳机间组建一个简单的微微网，手机作为主设备，而耳机充当从设备。同时在两个蓝牙手机间也可以直接应用蓝牙功能，进行无线的数据传输。办公室的 PC 机可以是一个主设备单元，主设备单元负责提供时钟同步信号和跳频序列，从设备单元一般是受控同步的设备单元，接受主设备单元的控制，无线键盘、无线鼠标和无线打印机可以充当从设备单元的角色。

在蓝牙技术组建无线局域网的时候，组网的无线终端设备都不超过 7 台。组建一个微微网有两种方式：一种是 PC 对 PC 组网；另一种是 PC 对蓝牙接入点组网。

① 在 PC 对 PC 组网模式中，一台 PC 机通过有线网络接入 Internet 之中，利用蓝牙适配器充当 Internet 共享代理服务器，另外一台 PC 通过蓝牙适配器与代理服务器组建蓝牙无线网络，充当一个客户端，从而实现无线连接、共享上网的目的。这种方案是在家庭蓝牙技术组网中最具有代表性和最普遍采用的方案，具有很大的便捷性。

② 在 PC 对蓝牙接入点的组网模式中，蓝牙接入点，即蓝牙网关，通过与 Modem 等宽带接入设备相连接入 Internet 网络，以蓝牙网关来发射无线信号，与各个带有蓝牙适配器的终端设备相连接，从而组建一个无线网络，实现所有终端设备的共享上网。终端设备可以是 PC、笔记本电脑、PDA 等，但它们都必须带有蓝牙无线功能，且不能超过 7 台终端。这种方案适用于公司企业组建无线办公系统，具有很好的便捷性和实用性。

2. 分布式网络

分布式网络是由多个独立的非同步的微微网组成的，以特定的方式连接在一起。一个微微网中的主设备单元同时也可以作为另一个微微网中的从设备单元，这种设备单元又称为复合设备单元。蓝牙独特的组网方式赋予了它无线接入的强大生命力，同时可以有 7 个移动蓝牙用户通过一个网络结点与 Internet 相连。它靠跳频顺序识别每个微微网。同一微微网所有用户都与这个跳频顺序同步。

蓝牙分布式网络是自组网的一种特例。其最大特点是可以无基站支持，每个移动终端的地位是平等的，并可独立进行分组转发的决策。其建网灵活性，多跳性、拓扑结构动态变化和分布式控制等特点是构建蓝牙分布式网络的基础。

现在的手机等大多数移动通讯设备上装上了蓝牙芯片，支持蓝牙无线网络技术，在设置和联机上的操作相当简单，只需将手机上此功能打开，设置主从设备关系，在可辐射的范围内，即可实现微微网，用以连接耳机和手机或手机与手机间的数据传输。

在组建有电脑终端的蓝牙无线网络时，各个微微网的终端连接设备都需要有蓝牙适配器。终端上可选择 USB 蓝牙适配器，而如今的市场上也基本上都是 USB 接口的蓝牙适配器了，方便适用，插入电脑，通过光盘等装上驱动程序，就拥有了蓝牙功能。而如今的 Windows XP SP2 系统能自动识别与安装，而不需要单独安装驱动程序。

安装了蓝牙设备的驱动程序后还要进行设备间的配对设置，两个蓝牙设备在首次进行互通使用时，要身份识别的设置，才能实现设备之间的通讯。当然，第一次使用的时候需要设置，而以后设备间的连接与通讯就不需要再进行设置了。蓝牙设备必须能够彼此识别，并通过安装合适的软件识别出彼此支持的高层功能。蓝牙的软件系统其实是一个独立的操作系统，不与其他操作系统捆绑。在进行蓝牙设备的配对设置时，要根据网络及网络设备的具体情况设置一些相应的参数，为蓝牙接入点设置相应的 IP、DNS 参数，电脑本身也要相应设置 IP 段的 IP、网关（蓝牙接入点）IP 和 DNS 等。同时还要考虑设备的主从关系，确保设备间顺利实现通讯。

蓝牙的发射输出电频的等级也不一致，导致它所覆盖的范围也并不一样，通常我们所用的蓝牙设备都在 10 m 半径的范围之内，所以在组建网络时候要考虑信号的有效范围。一个微微网只能支持 7 台从属终端设备，如果终端设备过多，就需要建立多个微微网，采用蓝牙分布式网络来实现组网需要。

6.9　无线局域网组网实例

要组建一个无线局域网，需要的硬件设备是无线网卡和无线接入点。

1. 无线网卡选择

要组建一个无线局域网，除了需要配备电脑外，还需要选择无线网卡。对于台式电脑，可以选择 PCI 或 USB 接口的无线网卡；对于笔记本电脑，则可以选择内置的 Mini PCI 接口，以及外置的 PCMCIA 和 USB 接口的无线网卡。为了能实现多台电脑共享上网，最好还要准备一台无线 AP 或无线路由器，并可以实现网络接入。在选购无线网卡的时候，需要考虑以下事项。

（1）接口类型

按接口类型分，无线网卡主要分为 PCI、USB、PCMCIA 三种，PCI 接口无线网卡主要

用于台式电脑，PCMCIA 接口的无线网卡主要用于笔记本电脑，USB 接口无线网卡可以用于台式电脑也可以用于笔记本电脑。

其中，PCI 接口无线网卡可以和台式电脑的主板 PCI 插槽连接，安装相对麻烦；USB 接口无线网卡具有即插即用、安装方便、高速传输等特点，只要配备 USB 接口就可以安装使用；而 PCMCIA 接口无线网卡主要针对笔记本电脑设计，具有和 USB 相同的特点。在选购无线网卡时，应该根据实际情况来选择合适的无线网卡。

（2）传输速率

传输速率是衡量无线网卡性能的一个重要指标。目前，无线网卡支持的最大传输速率可以达到 54 Mb/s，一般都支持 IEEE 802.11g 标准，兼容 IEEE 802.11b 标准。不过部分厂家的产品通过各种无线传输技术，实现了高达 108 Mb/s 的传输速率，例如，TP-LINK、NETGEAR 等。

比较常用的支持 IEEE 802.11b 标准的无线网卡最大传输速率可达 11 Mb/s，其增强型产品可以达到 22 Mb/s、甚至 44 Mb/s。在选购时，对于普通家庭用户选择 11 Mb/s 的无线网卡即可；而对于办公或商业用户，则需要选择至少 54 Mb/s 的无线网卡。

（3）认证标准

目前，无线网卡采用的网络标准主要是 IEEE 802.11b 以及 IEEE 802.11g 标准。两个标准分别支持 11 Mb/s 和 54 Mb/s 的速率，后者可以兼容 IEEE 802.11b 标准。

在选购时一定要注意，产品是否支持 Wi-Fi 认证的标准，只有通过该认证的标准产品才可以和其他的同类无线产品组成无线局域网。另外，很多厂商提供的支持 IEEE 802.11g 标准的产品，同时注明兼容 IEEE 802.11b 标准，这样，可以自由选择不同的传输速率。

（4）兼容性

无线局域网相关的 IEEE 802.11x 系列标准中，除了 IEEE 802.11b 和 IEEE 802.11g 标准外，还有 IEEE 802.11a 标准，该标准可以支持 20 Mb/s 的传输速率，但是与前面两个标准都不兼容。所以在选购产品时，最好不要选择该标准的产品。在选择多个无线网卡时，必须要选择支持同一标准或相互兼容的产品。

（5）传输距离

传输距离同样是衡量无线网卡性能的重要指标，传输距离越大说明其灵活性越强。目前，一般的无线网卡室内传输距离可以达到 30～100 m，室外可达到 100～300 m。在选购时，注意产品的传输距离不低于该标准值即可。另外，无线网卡传输距离的远近还会受到环境的影响，比如墙壁、无线信号干扰等。

（6）安全性

因为常见的 IEEE 802.11b 和 IEEE 802.11g 标准的无线产品使用了 2.4 GHz 工作频率，所以，理论上任何人安装了无线网卡的用户都可以访问网络，这样的网络环境，其安全性得不到保障。为此，一般采取 WAP（Wireless Application Protocol，无线应用协议）和 WEP（Wired Equivalent Privacy，有线等价加密）加密技术，WAP 加密性能比 WEP 强，不过兼容性不好。目前，一般的无线网卡都支持 68/128 位的 WEP 加密，部分产品可以达到 256 位。

2．无线路由器选择注意事项

无线接入点可以是无线 AP，也可以是无线路由器，它们主要用于网络信号的接入或转发。在选购无线接入点时（以无线路由器为例），需要注意以下事项。

（1）端口数目、速率

如今，很多无线路由器产品都内置有交换机，一般包括 1 个 WAN 端口以及 4 个 LAN 端口。WAN 端口用于和宽带网进行连接，LAN 端口用于和局域网内的网络设备或计算机连接，这样可以组建有线、无线混合网。在端口的传输速率方面，一般应该为（10/100）Mb/s 自适应 RJ-45 端口，每一端口都应该具备 MDI/MDIX 自动跳线功能。

（2）网络标准

与无线网卡所支持的标准一样，无线路由器一般支持 IEEE 802.11b 和 IEEE 802.11g 标准，理论上分别可以实现 11 Mb/s、54 Mb/s 的无线网络传输速率。家庭或小型办公网络用户一般选择 IEEE 802.11b 标准的产品即可。除此之外，还必须要支持 IEEE 802.3 以及 IEEE 802.3 u 网络标准。

（3）网络接入

对于家庭用户，常见的 Internet 宽带接入方式有 ADSL、Cable Modem 等。所以在选购无线路由器时要注意它所支持的网络接入方式，例如，使用 ADSL 上网的用户选择的产品必须支持 ADSL 接入；对于小区宽带用户，必须要支持以太网接入。

（4）防火墙

为了保证网络的安全，无线路由器最好还应该内置防火墙功能。防火墙功能一般包括 LAN 防火墙和 WAN 防火墙，前者可以采用 IP 地址限制、MAC 过滤等手段来限制局域网内计算机访问 Internet；后者可以采用网址过滤、数据包过滤等简单手段来阻止黑客攻击，保护网络传输安全。

（5）高级功能

选购无线路由器时，我们还需要注意它所支持的高级功能。例如，支持的 NAT（网络地址转换）功能可以将局域网内部的 IP 地址转换为可以在 Internet 上使用的合法 IP 地址；通过 DHCP 服务器功能可以自动为无线局域网中的任何一台计算机自动分配 IP 地址；通过 DDNS（动态 DNS）功能可以将动态 IP 地址解析为一个固定的域名，以便于 Internet 用户对局域网服务器的访问；通过虚拟服务器功能可以实现在 Internet 中访问局域网中的服务器。另外，为了让局域网中的路由器之间以及不同局域网段中的计算机之间进行通信，选购的无线路由器还必须支持动态/静态路由功能。

除了上面介绍的注意事项外，在选购无线路由器产品时，还需要注意无线路由器的管理功能。它至少应该支持 Web 浏览器的管理方式；无线传输的距离，至少应该达到室内 100 m，室外 300 m；至少应该支持 68/128 位 WEP 加密。网络操作系统是计算机网络的重要组成部分，每个网络结点只有安装网络操作系统后，才能作为网络成员对其他结点提供网络服务。单机操作系统只能为本地用户使用本机资源提供服务，不能满足开放的网络环境的服务需求。联网计算机的资源既是本机资源又是网络资源，它们既要为本地用户使用资源提供服务，又要为远程网络用户使用资源提供服务。

6.9.1 家庭、办公室无线共享 ADSL 上网

ADSL 资源共享在一定程度上讲就是搭建一个小型的局域网，通过 ADSL 拨号服务器、ADSL 路由器等设备使局域网实现网络资源的共享分配。实现资源共享的方式通常有利用硬件共享上网和软件共享上网两种。

硬件共享上网一般是指利用 ADSL 路由器等硬件设备来实现。它是通过内置的硬件

芯片来完成 Internet 与局域网之间的数据包交换的，实质上就是在芯片中固化了共享上网软件。硬件共享上网方式一般是企业级选用的，因为它需要投入较大的资金购买路由器设备。

软件共享上网方式是现在最为流行的共享上网方式，因为它无需什么投资，却能达到网络资源共享的目的，特别适用于小型公司。目前用来实现共享上网的软件分为两类：一类是代理服务器软件；另一类就是网络地址转换软件。

1. 软件共享方式

实现设备及软件：

- ADSL Modem。
- ADSL 拨号服务器。
- 集线器。
- 资源共享或代理服务软件

软件共享通常需要利用 ADSL 拨号服务器连接上一台集线器或者交换机，然后各台分机再通过五类线连接集线器分享 ADSL 的资源。工作时，用户的 ADSL Modem 和服务器的网卡 1 负责连接 Internet 通信，然后，服务器通过网卡 2 连接到集线器或交换机。这样，就组成了一个内部用户访问 Internet 的通路：局域网用户→交换机→服务器网卡 2→服务器网卡 1→ADSL Modem→Internet。软件方面可以通过设置系统或者安装 Sygate、WinGate 等资源共享软件实现网络资源的分配和共享。

这种方法的致命弱点就是可扩缩性差，一旦集线器的接口插满就无法让更多的电脑进行资源的共享与连接了。而且 ADSL 拨号服务器需要长时间处于开启状态，容易造成系统崩溃等弊端；附加安装的 Sygate 等资源共享软件不仅安装繁琐，也很容易造成瘫痪。但是对于只有 5～20 个人的小公司或者工作室来说，集线器+拨号服务器仍然是最廉价与实用的共享方案。

2. 硬件共享方式

实现设备：

- ADSL Modem。
- ADSL 路由器。
- 集线器。

这种方案采用了一台 ADSL 路由器代替了 ADSL 拨号服务器，增加了网络的可扩缩性。由于 ADSL 路由器已经将软件固化到了芯片之中，所以也省去了安装操作系统、资源共享及网络安全软件的麻烦。此外，由于路由器是单一设备，调试成功后基本不用经常维护，所以稳定性方面也比 ADSL 拨号服务器优秀。ADSL 路由器设置也很简单，通常利用 IE 登录路由器的 IP 地址就可以方便地进行网络的设置和账号的修改。虽然 ADSL 路由器有诸多的优点，但相比软件共享方式它需要另外花费资金购买。如果选择廉价的产品，安全性能往往又不尽如人意，所以要综合考虑这个问题。

6.9.2 无线校园网

校园内部铺设网络的工程涉及面很广，无论是在室内还是在室外，都会对现有的校园环境产生不少影响，这一点在发展历史较长、校内新老建筑并举的校园内表现尤为明显。从应用需求方面考虑，无线网络很适合学校的一些不易于网络布线的场所应用。在原有的有线校园网基础上构建无线校园网络，可以分为室内和室外两个部分进行。

1. 室内

指原先没有安装有线网络的教室、会议室、临时移动办公室等房间。在室内部署 WLAN 的第一步是要确定 AP 的数量和位置。也就是要将多个 AP 形成的各自的无线信号覆盖区域进行交叉覆盖，各覆盖区域之间无缝连接。所有 AP 通过双绞线与有线骨干网络相连，形成以有线网络为基础，无线覆盖为延伸的大面积服务区域。所有无线终端通过就近的 AP 接入网络，访问整个网络资源。覆盖区的间隙会导致在这些区域内无法连通。安装人员可以通过地点调查来确定 AP 的位置和数量。地点调查可以权衡实际环境（如教室的面积等）和用户需求，要考虑到教学环境对网络带宽、网络速度的要求，包括覆盖频率、信道使用和吞吐量需求等。多个 AP 通过线缆连接在有线网络上，使无线终端能够访问网络的各个部分。

通常情况下，一个 AP 最多可以支持多达 80 台计算机的接入，但是，数量为 20～30 台时工作站的工作状态最佳。AP 的典型室内覆盖范围是 30～100m。根据教室和会议厅的大小，可配置 1 个或多个无线接入点。例如，可在教室中放置 4 台 AP，使这个教室最多可容纳 80～120 个无线网络用户。

2. 室外

指校园操场及其他公共场所等。

与教室、会议室不同，在校园区室外配置无线接入点较复杂，要把各自成一个局域网而又有一定距离的各栋楼房连接起来相对不容易。如果在网络的每一端接入 AP，并在距离远或信号弱的地方，同时外接高增益天线，这样就可以实现几千米以内的两个网段之间的互联了。具体操作时，要根据实际情况（如各栋楼之间的实际距离以及障碍物等）来考虑选择设备（如设备型号，是否要加用全向、定向天线，以及增减设备数量等）。当然，在楼房上架设无线网络设备还需加装避雷器、防潮箱等设备，以防止无线网络设备损坏。

只需无线网卡及一台 AP，便能以无线方式配合既有的有线架构来分享网络资源。WLAN 具有安装便捷、使用灵活、易于扩展、价格便宜、辐射小等优点，能快速、方便地解决使用有线方式不易实现的网络连通问题。在安全方面，IEEE 802.11b 标准能提供保密机制，学校还可以同时借助一些管理策略（如只有授权用户可以访问无线设备等）和 VPN（虚拟专用网）来强化安全性能。

● 小　　结

无线局域网使用的是无线传输介质，按传输技术可以分为红外线局域网、扩频无线局域网和窄带微波无线局域网 3 类。目前，比较成熟的无线局域网标准是 802.11。蓝牙系统也是无线的，但是其目标更多地瞄准了桌面系统，它用无线的方式将头戴设备和其他的外设连接到计算机。它也可以用来将外设（比如传真机）连接到移动电话上。

无线网络的传输技术分为光传输和无线电波传输。以光为传输介质的技术有红外线（Infrared，IR）技术和激光（Laser）技术；利用无线电波传输的技术则包括窄频微波（Narrowband Microwave）、直接序列展频（Direct Sequence Spread Spectrum，DSSS）、跳频式展频（Frequency Hopping Spread Spectrum，FHSS）、家用无线网（HomeRF）以及蓝牙（Bluetooth）等技术，移动电话是利用无线电波来传输数据的。

拓展练习

1. 下列（　　）不属于无线网络。

   A. HomeRF　　　　　B. Bluetooth　　　　C. 100BASE-Tx Ethernet　　　　D. WAP

2. 下列（　　）不是红外线传输的模式。

   A. 直接红外线连接　　　　　　　　　B. 反射红外线连接

   C. 全向性红外线连接　　　　　　　　D. 广域性红外线连接

3. 下列（　　）是采用直接序列展频技术。

   A. IEEE 802.11b　　　B. Bluetooth　　　C. HomeRF　　　D. GPRS

4. 下列（　　）不是 HomeRF 的特点。

   A. 采用 IEEE 802.11 FHSS 的传输技术

   B. 可以让手机访问互联网的资源，就像是用计算机上网一样

   C. 可以和蓝牙设计在同一个设备中

   D. 耗电量比市面上任何无线设备还低

5. 下列（　　）不是 GSM 可以应用的频带。

   A. 1 700 MHz　　　B. 1 800 MHz　　　C. 1 900 MHz　　　D. 900 MHz

6. 无线网络的传输技术可分为哪两大类？请各举一个例子。

7. IEEE 802.11 规范了哪 3 种传输技术？

8. 为什么蓝牙又被称为带宽恶霸？

9. 简述 GPRS 和 GSM 的关系。

10. 简述 WAP 和 GPRS 的关系，并对应其在 OSI 模型的相对位置。

11. 无线局域网主要的应用领域是哪些？无线局域网从传输技术上可分为几种类型？

12. 无线局域网的设备包括哪些？

13. 蓝牙技术的主要技术特点是什么？

14. 简述无线网卡、无线路由器的选购注意事项。

第7章

IP 基础

本章主要内容

- IP 基础
- IP 信息包的传递方式
- IP 地址表示法
- IP 地址的等级
- 子网
- 超网
- 网络地址翻译

在前面几章陆续介绍了通信的原理、网络设备，以及包含局域网与广域网的各种通信技术。这些内容大致涵盖了 OSI 模型中物理层与数据链路层的范围。从本章开始，将以 3 章的篇幅（第 7、8、9 章）来介绍网络层的协议。网络层负责在网络系统之间传送信息，即将信息从源端传送到目的端。网络层的主要功能如下：

- 定址：为网络设备决定名称或地址的机制。
- 路由：决定信息包在网络之中的传送路径。

网络层中常用的协议是 TCP/IP 的 IP（Internet Protocol）等。至于其他通信协议，也都可以实现网络层的功能。下面以最常用的 IP 为例说明网络层的功能。

7.1 IP 基础

IP 是整个 TCP/IP 协议族的核心，也是构成互联网的基础。IP 位于 TCP/IP 模型的网络层（相当于 OSI 模型的网络层），对上可载送传输层各种协议的信息，例如 TCP、UDP 等；对下可将 IP 信息包放到链路层，通过以太网、令牌环网络等各种技术来传送。

IP 所提供的服务大致可归纳为两类：

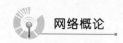

● IP 信息包的传送。

● IP 信息包的分割与重组。

以下将分别说明这两类服务。

7.1.1　IP 信息包传送

IP 是网络之间信息传送的协议，可将 IP 信息包从源设备（例如用户的计算机）传送到目的设备（例如某部门的 WWW 服务器）。为了达到这样的目的，IP 必须依赖 IP 定址与 IP 路由器两种机制来实现。

1. IP 定址

IP 规定网络上所有的设备都必须有一个独一无二的 IP 地址，就好比是邮件上都必须注明收件人地址，邮递员才能将邮件送到。同理，每个 IP 信息包都必须包含有目的设备的 IP 地址，信息包才可以正确地送到目的地。可以分配多个 IP 地址给同一个网络设备，但是同一个 IP 地址却不能重复分配给两个或以上的网络设备。

如果要使网络设备具有多个 IP 地址，在实际操作上必须有操作系统的支持。除了使每个网络设备都有一个 IP 地址之外，相关单位在分配 IP 地址时也考虑分布的合理性，尽量将连续的 IP 地址集合在一起，以有利于 IP 信息包的传递。这就好比推测 101 号、102 号必然在邻近的区域，而不会是位于几千米之外。

在现实生活中，相关单位会统筹分配地址的事宜，包括道路的命名、门牌号码的分配等等。同样地，全球也有类似的机构，负责分配 IP 地址。此机构的最高单位为 ICANN（Internet Corporation for Assigned Names and Numbers），网址为 http://www.icann.org/。

ICANN 根据地区与国家，授权给公正的单位来执行分配 IP 地址的工作。在中国是由中国互联网信息中心（China Internet Network Information Center，CNNIC）负责，网址为 http://www.cnnic.cn/。CNNIC 按照分配管理办法，将 IP 地址分配给学术网络、各家 ISP（Internet Service Provider，互联网服务供应厂商）等等。个人或公司如果需要 IP 地址，必须向 ISP 申请。

2. IP 路由

互联网是由许多个网络连接所形成的大型网络。如果要在互联网中传送 IP 信息包，除了确保网络上每个设备都有一个唯一的 IP 地址之外，网络之间还必须有传送的机制，才能将 IP 信息包通过一个个的网络传送到目的地。此种传送机制称为 IP 路由。

如图 7-1 所示，各个网络通过路由器相互连接。路由器的功能是为 IP 信息包选择传送的路径。换言之，必须依靠沿途各路由器的通力合作，才能将 IP 信息包送到目的地。在 IP 路由的过程中，由路由器负责选择路径，IP 信息包则是被传送的对象。

IP 地址与 IP 路由是 IP 信息包传送的基础。此外，IP 信息包传送时还有一项很重要的特性，即使用非连接式的传送方式。非连接式的传送方式是指 IP 信息包传送时，源设备与目的设备双方不必事先连接，即可将 IP 信息包送达。即源设备完全不用理会目的设备，而只是单纯地将 IP 信息包逐一送出。至于目的设备是否收到每个信息包、是否收到正确的信息包等等，则由上层的协议（例如 TCP）来负责检查。这就好像以平信来传送信件时，邮差只负责将信件投入收信地址的信箱，至于后续状况，例如，收信人是不是真的能拿到这封信，则不是平信递送的责任。寄信人如果要确认信件是否送达，必须自行以电话、传真等其他联络方式来确认。

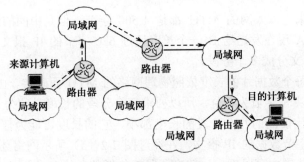

图 7-1　IP 路由说明

使用非连接式的优点是过程简单化，可提高传输的效率。此外，由于 IP 信息包必须通过 IP 路由的机制，在一个个路由器之间传递，非连接式的传送方式较易在此种机制中运行。

相对于非连接式的传送方式，也有连接式的传送方式，也就是源与目的设备双方必须先建立连接，才能进一步传输数据，TCP 就是使用连接式的传送方式。

7.1.2　IP 信息包封装、分段与重组

IP 报文要封装成帧之后才能发送给数据链路层。理想情况，IP 报文正好放在一个物理帧中，这样可以使得网络传输的效率最高。而实际的物理网络所支持的最大帧长各不相同。例如，以太网帧中最多可以容纳 1 500 字节，而一个 FDDI（光纤分布式数据接口）帧中可以容纳 4 470 字节的数据。把这个上限称为物理网络的最大传输单位（Maximum Transmission Unit，MTU）。每一种链路层的技术都有最大传输单位，即该种技术所能传输的最大信息包长度。有些网络的 MTU 非常小，其值可能只有 128 字节。表 7-1 列举了几种常用技术的最大传输单位。

表 7-1　链路层常用技术的最大传输单位

技　　术	最大传输单位/字节
以太网	1 500
FDDI	4 470
X.25	1 600
ATM	9 180

为了能把一个 IP 报文放在不同的物理帧中，最大 IP 报文的长度就只能等于这条路径上所有物理网络的 MTU 的最小值。当数据报通过一个可以传输长度更大的帧的网络时，把数据报的大小限制在互联网上最小的 MTU 之下不经济；如果数据报的长度超过互联网中最小的 MTU 值的话，则当该数据报在穿越该子网时，就无法被封装在一个帧中。

IP 协议在发送 IP 报文时，一般选择一个合适的初始长度。如果这个报文要经历的中间物理网络的 MTU 值比 IP 报文长度要小，则 IP 协议把这个报文的数据部分分割成若干个较小的数据片，组成较小的报文，然后放到物理帧中去发送。每个小的报文称为一个分段。分段的动作一般在路由器上进行。如果路由器从某个网络接口收到了一个 IP 报文，要向另外一个网络转发，而该网络的 MTU 比 IP 报文长度要小，那么就要把该 IP 报文分成多个小 IP 分段后再分别发送。

图 7-2 给出了一个对 IP 报文进行分段的网络环境示例。在图 7-2（a）中，两个以太网通

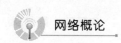

过一个远程网互联起来。以太网的 MTU 都是 1 500 字节，但是中间的远程网络的 MTU 为 620 字节。如果主机 A 现在发送给 B 一个长度超过 620 字节的 IP 报文，首先在经过路由器 R1 时，就必须把该报文分成多个分段。

在进行分段时，每个数据片的长度依照物理网络的 MTU 而确定。由于 IP 报文头中的偏移字段的值实际上是以 8 字节为单位，所以要求每个分段的长度必须为 8 的整数倍（最后一个分段除外，它可能比前面的几个分段的长度都小，它的长度可能为任意值）。图 7-2（b）是一个包含有 1 400 字节数据的 IP 报文，在经过图 7-2（a）所示网络环境中路由器 R1 后，该报文的分段情况。从图中可以看出，每个分段都包括各自的 IP 报文头。而且该报文头和原来的 IP 报文头非常相似，除了 MF 标志位、分段偏移量、检验和等几个字段外，其他内容完全相同。

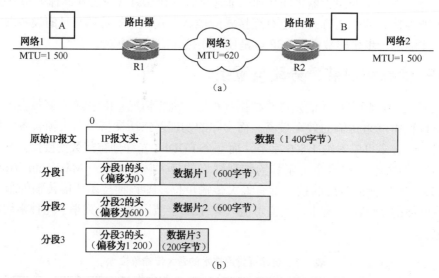

图 7-2 IP 数据报的分段

（a）多个有不同 MTU 值的网络；（b）分段后的 IP 数据报

重组是分段的逆过程，把若干个 IP 分段重新组合后还原为原来的 IP 报文。在目的端收到一个 IP 报文时，可以根据其分段偏移和 MF 标志位来判断它是否是一个分段。如果 MF 位是 0，并且分段偏移为 0，则表明这是一个完整的 IP 数据报。否则，如果分段偏移不为 0，或者 MF 标志位为 1，则表明它是一个分段。这时目的端需要实行分段重组。IP 协议根据 IP 报文头中的标识符字段的值来确定哪些分段属于同一个原始报文，根据分段偏移来确定分段在原始报文中的位置。如果一个 IP 数据报的所有分段都正确地到达目的地，则把它重新组织成一个完整的报文后交给上层协议去处理。

将上述的内容总结如下：IP 信息包在传送过程中，可能会经过许多个使用不同技术的网络。假设 IP 信息包是从 ATM（Asynchronous Transfer Mode，非同步传输）网络所发出，原始长度为 9 180 字节，如果 IP 路由途中经过以太网络，便面临信息包太大，无法在以太网络上传输的障碍。为了解决此问题，路由器必须有 IP 信息包分割与重组的机制，将过长的信息包进行分割，以便能在最大传输单位较小的网络上传输。分割后的 IP 信息包，由目的设备接受后重组，恢复成原来 IP 信息包。

7.1.3 IP 数据报的结构

IP 数据报是 IP 协议的基本处理单元，它由两部分组成：数据报头和数据部分。传输层的数据交给 IP 协议后，IP 协议要在其前面加个 IP 数据报头，用于在传输途中控制 IP 数据报的转发和处理。IP 数据报的格式如图 7-3 所示。

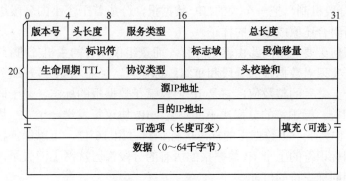

图 7-3 IP 数据报格式

（1）版本号

IP 数据报头部第一项就是 IP 协议的版本号，占用 4 位。无论是主机还是中间路由器在处理每个接收到的 IP 数据报之前，首先要检验它的版本号，以确保用正确的协议版本来处理。

（2）长度字段

在 IP 数据报中有两个长度字段：头长度和总长度。一个表示 IP 数据报头的长度，占用 4 位，另一个表示 IP 数据报总长度，占用 16 位，它的值是以字节为单位的。IP 数据报头又分为固定部分和选项部分，固定部分正好是 20 字节，而选项部分为变长。因此需要用一个字段来给出 IP 数据报头的长度。而且若选项部分长度不为 4 的倍数，则还应根据需要填充1～3 个字节以凑成 4 的倍数。

（3）服务类型

IP 数据报头中的服务类型字段规定了对于本数据报的处理方式。该字段共为 1 字节，分为 5 个子域，其结构如图 7-4 所示。

图 7-4 服务类型

其中优先权（共 3 位）指示本数据报的重要程度，其取值范围从 0～7。用 0 表示一般优先级，而 7 表示网络控制优先级，即值越大，表示优先级越高。

D、T、R、C 这 4 位表示本数据报所希望的传输类型。

D：要求有更低的延迟；

T：要求有更高的吞吐量；

R：要求有更高的可靠性，就是说在数据报传送中，被结点交换机丢弃的概率更小；

C：要求选择更低廉的路由。

（4）数据报的分段和重组

IP 数据报要放在物理帧中再进行传输，这一过程叫做封装。一般来说，在传输的过程中要跨越若干个不同的物理网络，由于不同的物理网络，采用的帧格式是不一样的，且所容许的最大帧长度不同（帧的最大传输单元，简称为 MTU，其值由物理网络的硬件和算法确定，不能更改）。而 IP 数据报的最大长度可达 64 千字节，远大于大多数物理网络的 MTU，因此 IP 协议需要一种分段机制，把一个大的 IP 数据报，分成若干个小的分段进行传输，最后到达目的地后再重新组合还原成原来的样子。

分段可以在任何必要的中间路由器上进行，而重组仅在目的主机处进行。在 IP 报头中，共有三个字段用于实现对数据报的分段和重组：标识符，标志域和分段偏移量。

标识符是一个无符号的整数值，它是 IP 协议赋予数据报的标志，属于同一个数据报的分段具有相同的标识符。标识符的分配决不能重复，IP 协议每发送一个 IP 数据报，则要把该标识符的值加 1，作为下一个数据报的标志。标识符占用 16 位，可以保证在重复使用一个标识符时，具有相同标识符的上个 IP 数据报的所有的分段都已从网上消失了，这样就避免了不同的数据报具有相同标识符的可能。

标志域为 3 位，但只有低两位有效。每个位意义如下：

0 位（MF 位），最终分段标志。

1 位（DF 位），禁止分段标志。

2 位，未用。

当 DF 位被置为 1 时，则该数据报不能被分段。假如此时 IP 数据报的长度大于网络的 MTU 值，则根据 IP 协议把该数据报丢弃。同时向源端返回出错信息。

当 MF 标志位置为 0 时，说明该分段是原数据报的最后一个分段。

分段偏移量指出本分段的第一个字节在初始的 IP 数据报中的偏移值，该偏移量以 8 字节为单位。

（5）数据报生存周期（TTL）

IP 数据报传输的特点就是每个数据报单独寻址。而在互联网的环境中从源端到目的端的时延通常都是随时变化的，还有可能因为中间路由器的路由表内容出现错误，导致数据报在网络中无休止地循环。为了避免这种情况，IP 协议中提出了生存时间的控制，它限制了一个数据报在网络中的存活时间。

在每个新生成的 IP 数据报中，其数据报头的生存时间字段被初始化设置为最大值 255，这是 IP 数据报的最大生存周期。由于精确的生存时间在分布式结构的网络环境中很难实现，故 IP 协议以这种近似的方式来处理，即在数据报每经过一个路由器时，其 TTL 值减 1，直到它的值减为 0 时，则丢弃该数据报。这样即使在网络中出现循环路由，循环转发的 IP 数据报也会在有限的时间内被丢弃。

（6）协议类型

该字段指出 IP 数据报中的数据部分是哪一种协议（高层协议），接收端则根据该协议类型字段的值来确定应该把 IP 数据报中的数据交给哪个上层协议去处理。

（7）头检验和

该字段用于保证头部数据的正确性。其计算方法很简单：在发送端把检验和字段置为 0，然后对数据报头中的内容按 16 比特累加，结果值取反，便得到检验和。注意，IP 协议并没有提供对数据部分的检验。

（8）源 IP 地址和目的 IP 地址

在 IP 数据报的头部有两个字段，源端地址和目的地址，分别表示该数据报的发送者和接收者。

（9）IP 数据报选项

IP 可选项主要用于额外的控制和测试。IP 报头可以包括多个选项。每个选项第 1 字节为标识符，标志该选项的类型。如果该选项的值是变长的，则紧接在其后的 1 字节给出其长度，之后才是该选项的值。在 IP 协议中可以有如表 7-2 所示的一些选项类型。

表 7-2　IP 数据头中的可选项

安全选项	表示该 IP 数据报的保密级别
严格源选径	给出完整的路径表
松散源选径	给出该数据报在传输过程中必须要经历的路由器地址
路由记录	让途径的每个路由器在 IP 数据报中记录其 IP 地址
时间戳	让途径的每个路由器在 IP 数据报中记录其 IP 地址及时间值

7.2　IP 信息包的传递方式

在传送 IP 信息包时，一定会指明源地址与目的地址。源地址当然只有一个，但是目的地址却可能代表单一或多部设备。根据目的地址的不同，区分为 3 种传递方式：单点传送、广播传送以及多点传送。

7.2.1　单点传送

是一对一的传递模式。在此模式下，源端所发出的 IP 信息包，其 IP 报头中的目的地址代表单一目的设备，因此只有该目的设备能收到此 IP 信息包。在互联网上传送的信息包，绝大多数都是单点传送的 IP 信息包。单点传送模式如图 7-5 所示。

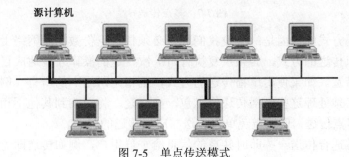

图 7-5　单点传送模式

7.2.2　广播传送

广播传送是一对多的传递方式。在此方式下，源设备所发出的 IP 信息包，其 IP 报头中的目的地址代表某一网络，而非单一设备，因此该网络内的所有设备都能收到、并处理此类 IP 广播信息包。由于此特性，广播信息包必须小心使用，否则稍有不慎，便会波及该网络内的全部设备。

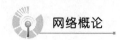

由于某些协议必须通过广播来运行，因此局域网内含有不少的广播信息包。广播传送模式如图7-6所示。

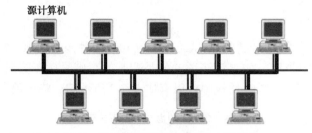

源计算机

图7-6　广播传送模式

前面章节曾介绍以太网络的广播，不要将它与IP的广播混淆，两者是在不同的协议层中运行。

7.2.3　多点传送

多点传送是一种介于单点传送与广播传送之间的传送模式。多点传送也是属于一对多的传送方式，但是它与广播传送有很大的不同。广播传送必定会传送至某一个网络内的所有设备，但是多点传送却可以将信息包传送给一群指定的设备。即多点传送的IP信息包，其IP报头中的目的地址代表的是一群选定的设备。凡是属于这一群的设备都可收到此多点传送信息包，如图7-7所示。

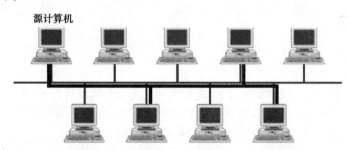

源计算机

图7-7　多点传送

设置多点传送方式的原因是：假设我们现在必须传送一份数据给网络上10部指定的设备。如果使用单点传送的方式，必须重复执行10次传送的操作才能达成目的，不仅没有效率，且浪费网络带宽。如果使用广播传送的方式，则指定网络中的所有（例如20部）计算机都会收到、且必须处理这些广播传送信息包，换言之，将影响到其他不相干的计算机。这时候，如果使用多点传送，便能避免单点传送与广播传送的问题。

多点传送非常适合传送一些即时共享的信息给一群用户，例如传送即时股价、多媒体影音信息等等。不过，虽然在同一个网络内进行多点传送没有技术上的问题，但如果要通过互联网，则沿途的路由器必须都支持相关的协议才行，这也是多点传送所面临的瓶颈。

7.3　IP地址表示法

IP地址是一个长度为32比特的二进制数，例如：

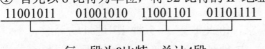

11001011010010101100110101101111

总共有32比特

这样一长串的二进制数值，不要说记下来，连复诵或抄写都很困难。为了方便记忆与使用，一般使用下列方式来转换这个 32 比特的二进制数。

① 首先以 8 比特为单位，将 32 比特的 IP 地址分成 4 段，每一段是 8 比特，即一个字节。

11001011　01001010　11001101　01101111

每一段为8比特，总计4段

② 将各段的二进制数值转换成十进制，再以"."隔开，便于阅读与理解。

203.74.205.111

这种表示方式便于记忆与使用。通常我们在设置 IP 地址时，都是以这种格式来输入。

目前互联网上通用的 IP 版本为 IPv4。IPv4 的 IP 地址是由 32 比特组成，理论上会有 2^{32}=4 294 967 296（将近 43 亿）种组合。这个数字虽然很大，但是现实世界对于 IP 地址的需求却是永无止境。为了解决这个问题，IETF 设计了下一版的 IPv6（第 6 版的 IP）。IPv6 的 IP 地址是由 128 比特所组成，2^{128} 数字巨大，可以提供非常充裕的 IP 地址空间。

7.4　IP 地址的等级

在设计 IP 时，基于路由与管理上的需求，因此制定了 IP 地址的等级。虽然这种设计方式在后来面临了地址不足的问题，因而做了许多更改，但是，了解 IP 地址等级的来龙去脉与发展过程，仍然是深入学习 IP 协议的必经之路。

7.4.1　IP 地址的结构

IP 地址用来识别网络上的设备，因此，IP 地址由网络地址与主机地址两部分组成。

1. 网络地址

网络地址可用来识别设备所在的网络，网络地址位于 IP 地址的前段。当组织或企业申请 IP 地址时，所获得的并非 IP 地址，而是取得一个唯一的、能够识别的网络地址。同一网络上的所有设备，都有相同的网络地址。IP 路由的功能是根据 IP 地址中的网络地址，决定要将 IP 信息包送至所指明的那个网络。

2. 主机地址

主机地址位于 IP 地址的后段，可用来识别网络上设备。同一网络上的设备都会有相同的网络地址，而各设备之间则是以主机地址来区别，32 位的 IP 地址的划分如图 7-8 所示。

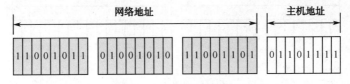

图 7-8　32 位的 IP 地址

网络地址与主机地址的长度分配是一个值得考虑的问题。如果网络地址的长度较长，例如 24 比特，那么主机地址便只有 8 比特，因此一个网络地址下共有 2^8=256 个主机地址可使用，可分配给 256 台设备使用。如果网络地址的长度较短，例如 16 比特，那么主机地址便有 16 比

特，因此一个网络地址下共有 2^{16}=65 536 个主机地址可使用，可分配给 65 536 台设备使用。

由于各个网络的规模大小不一，大型的网络应该使用较短的网络地址，以便能使用较多的主机地址；反之，较小的网络则应该使用较长的网络地址。为了符合不同网络规模的需求，IP 在设计时便根据网络地址的长度，设计与划分 IP 地址。

7.4.2 五种地址等级

在设计 IP 时，着眼于路由与管理上的需求，因此制定了 5 种 IP 地址的等级。不过，一般最常用到的便是 A、B、C 类这三种等级的 IP 地址。五种等级分别使用不同长度的网络地址，因此适用于大、中、小型网络。IP 地址的管理机构可根据申请者的网络规模，决定要赋予哪种等级。

传统 IP 地址的运行方式，由于是以等级来划分，所以称为等级式的划分方式。相对地，后来又产生了无等级的划分方式，也就是我们目前所用的方式。后文将介绍如何以无等级方式来划分 IP 地址。

1. A 类

网络地址的长度为 8 比特，最左边的比特（称为前导位）必须为 0。A 类的网络地址可从 00000000（二进制）至 01111111（二进制），总共有 $2^7 = 128$ 个，如图 7-9 所示。

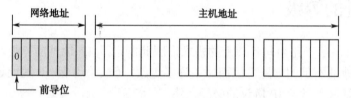

图 7-9　A 类的 IP 地址

由于 A 类的网络地址长度为 8 比特，所以主机地址长度为 32-8=24 比特，即每个 A 类网络可运用的主机地址有 2^{24}=16 777 216 个（1 600 多万）。只有国家（或一些特殊的单位）会分配到 A 类的 IP 地址。

由于每类地址的前导位不同，因此，从前导位就可以判断所属的等级。

2. B 类

网络地址的长度为 16 比特，最左边的 2 比特为前导位，必须为 10（这不是指 10 进制的 10，而是 2 进制的 10），因此 B 类的 IP 地址必然介于 128.0.0.0 与 191.255.255.255 之间，如图 7-10 所示。每个 B 类网络可以运用的主机地址有 2^{16}=65 536 个，通常用来分配给一些跨国企业或 ISP 使用。

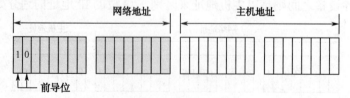

图 7-10　B 类的 IP 地址

3. C 类

如图 7-11 所示，网络地址的长度为 24 比特，最左边的 3 比特为前导位，必须为 110（这也不是指 10 进制的 110，而是 2 进制的 110），因此 C 类的 IP 地址必然介于 192.0.0.0 与

223.255.255.255 之间。每个 C 类网络可以运用的主机地址有 $2^8=256$ 个，通常用来分配给一些小型企业。

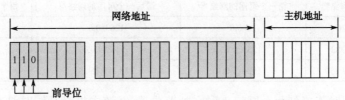

图 7-11　C 类的 IP 地址

4．D 类

D 类的地址的前导位为 1110，后面的 28 比特为组播地址。主要用于组播。D 类地址被分配给指定的通信组，当通信组被分配一个 D 类地址后，该组中的每一个主机都会在正常的单播地址的基础之上增加一个组播地址。

5．E 类

E 类地址是保留地址。E 类地址的最后一个（255.255.255.255）用作一个特殊地址。

6．五种常用的 IP 地址等级的比较

图 7-12 所示的是五种 IP 地址等级的比较。

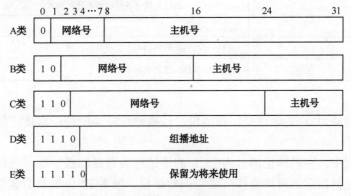

图 7-12　五种 IP 地址等级的比较

上述 A、B、C、D、E 类的规划，主要是针对路由与管理上的需求，优点如下：

从 IP 地址的前导位，便可判断出所属网络的等级，进而得知网络地址与主机地址。例如，某主机 IP 地址为 168.95.1.84。我们从第 1 个数字 "168" 便可判断此为 B 类的 IP 地址。因此，该 IP 地址的前 16 比特为网络地址，后 16 比特为主机地址。

根据企业或单位的实际需求，可分配不同等级的网络地址，使 IP 地址的分配更有效率。

7.4.3　特殊的 IP 地址

前文所述的 IP 地址的数量，都只是数学上各种排列组合的总量。在实际应用上，有些网络地址与主机地址有特别的用途，因此在分配或管理 IP 地址时，要特别注意这些限制，下面是这些特殊 IP 地址的说明。通常用点分十进制记法来表示 IP 地址，如 B 类 IP 地址 10000000000010110000001100011111，可记为 128.11.3.31。IP 地址的使用范围如表 7-3 所示。

表 7-3　常用三类 IP 地址的使用范围

网络类别	最大网络数	第一个可用的网络号	最后一个可用的网络号	每个网络中的最大主机数
A	126	1.0.0.0	126.0.0.0	16 777 214
B	16 382	128.1.0.0	191.254.0.0	65 534
C	2 097 150	192.0.1.0	223.255.254.0	254

当一个主机同时连接到两个网络上时（如路由器），该主机必须同时具有两个 IP 地址，其网络号部分应该是不同的。这种主机称为多地址主机。

IP 地址和电话号码的结构不一样。IP 地址和物理地址是不一样的，IP 地址不能反映任何有关主机位置的地理信息

除了上面介绍的可使用的 IP 地址，还有一些不使用的特殊 IP 地址，如表 7-4 所示。

表 7-4　特殊 IP 地址

网 络 号	主 机 号	含 义
0	0	在本网络上的本主机
0	主机号	在本网络上的某个主机
全 1	全 1	只在本网络上进行广播（各路由器不进行转发）
网络号	全 0	表示一个网络
网络号	全 1	对网络号标明的网络的所有主机进行广播
127	任何数	用作本地软件回送测试

1. 广播地址

所有主机号部分为 1 的地址是广播地址。广播地址分为两种：直接广播地址和有限广播地址。

在一特定子网中，主机地址部分为全 1 的地址称为直接广播地址。一台主机使用直接广播地址，可以向任何指定的网络直接广播它的数据报，很多 IP 协议利用这个功能向一个子网上广播数据。

32 比特全为 1 的 IP 地址（即 255.255.255.255）被称为有限广播地址或本地网广播地址，该地址被用作在本网络内部广播。使用有限广播地址，主机在不知道自己的网络地址的情况下，也可以向本子网上所有的其他主机发送消息。

广播地址不像其他的 IP 地址那样分配给某台具体的主机。因为它是指满足一定条件的一组计算机。广播地址只能作为 IP 报文的目的地址，表示该报文的一组接收者。

2. 组播地址

D 类 IP 地址就是组播地址，即在 224.0.0.0～239.255.255.255 范围内的每个 IP 地址，实际上代表一组特定的主机。

组播地址与广播地址相似之处是都只能作为 IP 报文的目的地址，表示该报文的一组接收者，而不能把它分配给某台具体的主机。

组播地址和广播地址的区别在于广播地址是按主机的物理位置来划分各组的（属于同一个子网），而组播地址指定一个逻辑组，参与该组的计算机可能遍布整个 Internet。组播地址主要用于电视会议、视频点播等应用。

网络中的路由器根据参与的主机的位置，为该组播的通信组形成一棵发送树。服务器在发送数据时，只需发送一份数据报文，该报文的目的地址为相应的组播地址。路由器根据已经形成的发送树依次转发，只是在树的分岔点处复制数据报，向多个网络转发一份复制。经过多个路由器的转发后，则该数据报可以到达所有登记到该组的主机处。这样就大大减少了源端主机的负担和网络资源的浪费。

3．0 地址

主机号为 0 的 IP 地址从来不分配给任何一个单个的主机，例如，202.112.7.0 就是一个典型的 C 类网络地址，表示该网络本身。

网络号为 0 的 IP 地址是指本网络上的某台主机。例如，如果一台主机（IP 地址为202.112.7.13）接收到一个 IP 报文，它的目的地址中网络号部分为 0，而主机号部分与它自己的地址匹配（即 IP 地址为 0.0.0.13），则接收方把该 IP 地址解释成为本网络的主机地址，并接收该 IP 数据报。

0.0.0.0 代表本主机地址。网络上任何主机都可以用它来表示自己。

4．回送地址

从表 7-1 中可以看到，原本属于 A 类地址范围内的 IP 地址 127.0.0.0～127.255.255.255 却并没有包含在 A 类地址之内。

任何一个以数字 127 开头的 IP 地址（127.×.×.×）都叫做回送地址。它是一个保留地址，最常见的表示形式为 127.0.0.1。

在每个主机上对应于 IP 地址 127.0.0.1 有个接口，称为回送接口。IP 协议规定，当任何程序用回送地址作为目的地址时，计算机上的协议软件不会把该数据报向网络上发送，而是把数据直接返回给本主机。因此网络号等于 127 的数据报文不能出现在任何网络上，主机和路由器不能为该地址广播任何寻径信息。回送地址的用途是，可以实现对本机网络协议的测试或实现本地进程间的通信。

7.5　子网

IP 地址等级的设计虽然有许多好处，但有一个缺点，即可塑性不强。举例而言，假设 A企业分配到 B 类的 IP 地址，但如果将六万多台计算机连接在同一个网络中，势必造成网络效能的低下，因此在实际上不可行。但是，如果在 B 类网络中只连接几十台计算机，将浪费掉许多 IP 地址。解决这个问题的方法便是让企业能自行在内部将网络分割为子网。例如，A企业将分配到的 B 类网络分割成规模较小的子网，再分配给多个实体网络。换言之，子网的技术，可使只有 5 种等级的 IP 地址更为灵活。

一个网络上的所有主机都必须有相同的网络号。当网络增大时，这种 IP 编址特性会引发问题。例如，一个公司一开始在 Internet 上有一个 C 级局域网。一段时间后，其机器数超过了 254 台，因此需要另一个 C 级网络地址；或该公司又有了一个不同类型的局域网，需要与原先网络不同的 IP 地址。最后，结果可能是创建了多个局域网，各个局域网有它自己的路由器和 C 类网络号。

随着各个局域网的增加，管理成了一件很困难的事。每次安装新网络时，系统管理员就得向网络信息中心 NIC（网络接口卡）申请一个新的网络号。然后该网络号必须向全世界公布；而且把计算机从一个局域网上移到另一个局域网上要更改 IP 地址，这反过来又需要修改

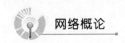

其配置文件并像全世界公布其 IP 地址。解决这个问题的办法是：让网络内部可以分成多个部分，但对外像任何一个单独网络一样工作，这些网络称作子网。

一个被子网化的 IP 地址包含 3 部分：网络号、子网号、主机号。

其中子网号和主机号是由原先 IP 地址的主机地址部分分为两部分而得到的。因此，用户子网的能力依赖于被子网化的 IP 地址类型。IP 地址中主机地址位数越多，就能分得更多的子网和主机。然而，子网减少了能被寻址主机的数量，实际上是把主机地址的一部分拿走用于识别子网号。子网由伪 IP 地址（也称为子网掩码）标识。

7.5.1 子网分割的原理

分割子网的重点便是让每个子网拥有一个唯一的子网地址，以识别子网。由于企业分配到的网络地址无法变动，所以，如果要分割子网的话，必须从主机地址借用前面几个比特，作为子网地址。原先的网络地址加上子网地址便可用来识别特定的子网。

假设 A 企业申请到 B 类的 IP 地址如下：

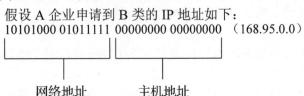

按照原先等级式 IP 的规划，前面 16 比特是网络地址，后面 16 比特则是主机地址。如果要分割子网，必须借用主机地址前面的几个比特作为子网地址。假设我们现在使用主机地址的前 3 比特作为子网地址：

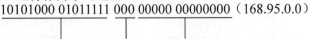

子网地址与原先的网络地址加起来共 19 比特，是新的网络地址，用来识别该子网。原先 16 比特的网络地址当然不可更动，但是子网地址却是可以自行分配。如果子网地址使用了 3 比特，则产生了 2^3=8 个子网：

10101000 01011111 00000000 00000000
10101000 01011111 00100000 00000000
10101000 01011111 01000000 00000000
10101000 01011111 01100000 00000000
10101000 01011111 10000000 00000000
10101000 01011111 10100000 00000000
10101000 01011111 11000000 00000000
10101000 01011111 11100000 00000000

　　　　网络地址　　　子网地址

换言之，从主机地址借用了 3 比特之后，便可以分割出 8 个子网。当然，主机地址长度变短后，所拥有的 IP 地址数量也减少了。以上例而言，原先 B 类可以有 2^{16}=65 536 个可用的主机地址；而新建立的子网，仅有 2^{13}=8 192 个可用的主机地址。

由于子网地址必须取自于主机地址，每借用 n 个主机地址的位，便会产生 2^n 个子网。因此，分割子网时，其数目必然是 2 的幂方，也就是 2^2、2^3、2^4、2^5 等数目。

B类网络可能分割的子网如表7-5所示。

表7-5　B类可能分割的子网

子网地址位数	形成的子网数目	每个子网可用的主机地址
0	1	65 536
1	2	32 768
2	4	16 384
3	8	8 192
4	16	4 096
5	32	2 048
6	64	1 024
7	128	512
8	256	256
9	512	128
10	1 024	64
11	2 048	32
12	4 096	16
13	8 192	8
14	16 384	4
15	32 768	2

C类网络可能分割子网如表7-6所示。

表7-6　C类可能分割的子网

子网地址位数	形成的子网数目	每个子网可用的主机地址
1	2	128
2	4	64
3	8	32
4	16	16
5	32	8
6	64	4
7	128	2

上表只是表示使用多少个位作为子网地址时,可产生的子网与可分配主机地址的数目。但在实际应用上,必须记得子网地址与主机地址不得全为 0 或 1 的原则。所以,上表中有几项是不可用的。

① 不可能使用 1 比特作为子网地址,因为它只能建立 2 个子网地址,扣掉全为 0 或 1 的子网地址,即没有可用的子网。

② 不能使主机地址只剩下 1 比特,因为此时每个子网只能有 2 个主机地址,扣掉全为 0 或 1 的主机地址,就没有可用的主机地址了。

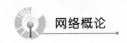

7.5.2 子网掩码

子网掩码是可用十进制数格式表示的 32 位二进制数。掩码告诉网络中的设备（包括路由器和其他主机）IP 地址的多少位用于识别网络和子网，这些位称为扩展的网络前缀。剩下的位标志子网内的主机，掩码中用于标志网络号的位，置为 1；主机位，置为 0。

例如，掩码 11111111.11111111.11111111.11000000（255.255.255.192）能在子网产生 64 个可能的主机地址。因此可以在子网内唯一地标志 64 个设备。实际上只有 62 个地址是可用的，另两个主机地址是保留的，第一个主机号总保留为识别子网自身，另一个主机号保留作为子网的广播地址。因此当得到子网内最大可用的主机数时总要减去 2，才能得到可用的主机数。

每一类地址使用不同的位数识别网络，因此每一类地址用于子网化的位数也不同。如果不断扩大的公司用 B 类地址，将 16 位的主机号分成一个 6 位的子网号和一个 10 位的主机号，如图 7-13 所示。这种分解法可以使用 30 个局域网，每个局域网最多有 1 022 个主机。子网掩码是 255.255.252.0。

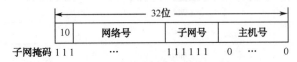

图 7-13　B 类子网分成若干子网的一种方法

在网络外部，子网是不可见的，因此分配一个新子网不必与 NIC 联系或改变程序外部数据库。第一个子网可能使用以 130.50.4.1 开始的 IP 地址，第二个子网可能使用 130.50.8.1 开始的地址，依此类推。

使用 A 类和 B 类 IP 地址的单位可以把它们的网络划分成几个部分，每个部分称为一个子网。每个子网对应于一个下属部门或一个地理范围（如一座或几座办公楼），或者对应一种物理通信介质（如以太网，点到点连接线路或 X.25 网）。它们通过网关互联或进行必要的协议转换。

首先，要确定每个子网最多可包含多少台主机，因为这将影响 32 位 IP 地址中子网号和主机号的分配。例如，B 类地址用开头 2 字节表示网络号，剩下 2 字节是本地地址。如果拥有该 IP 网的单位的计算机数目不超过 14×4 094=57 316 台，就可以用主机号的开头 4 位作子网号。这种划分（即用主机号部分的开头 4 位作子网号）允许该单位有 14 个子网，每个子网最多可以挂 4 094 台主机。再如，拥有 B 类 IP 地址的单位在下属部门较多、每个部门配备的计算机数量较少的情况下，也可以用主机号的开头一个字节作子网号，从而允许该单位有 254 个子网，每个子网最多可以挂 254 台主机。

划分子网以后，每个子网看起来就像一个独立的网络。对于远程的网络而言，它们不知道这种子网的划分。例如，如图 7-13 所示的 B 类网络的网络号是 130.130，在该单位之外的网络仅仅知道这个网络号代表这个简单的网络，而对 130.130.11.1 和 130.130.22.3 所在的两个子网 11 和 22 不加区别，不关心某台主机究竟在哪个子网上。在该单位内部必须设置本地网关，让这些网关知道所用的子网划分方案。也就是说，在单位网络内部，IP 软件识别所有以子网作为目的地的地址，将 IP 分组通过网关从一个子网传输到另一个子网。

当一个 IP 分组从一台主机送往另一台主机时，它的源地址和目标地址被掩码。子网掩码的主机号部分是 0，网络号部分的二进制表示码是全 1，子网号部分的二进制表示码也是全

1。因此，使用 4 位子网号的 B 类地址的子网掩码是：255.255.240.0。使用 8 位子网号的 B 类地址的子网掩码是 255.255.255.0。

子网不仅是单纯地将 IP 地址加以分割，其关键在于分割后的子网必须能够正常地与其他网络相互连接，也就是在路由过程中仍然能识别这些子网。此时，便产生了一个问题：无法再利用 IP 地址的前导位来判断网络地址与主机地址有多少个位。

以上述 A 企业最后所分配到的网络地址为例，虽然其前导位仍然为 10，但是经过子网分割后，网络地址长度并非 B 类的 16 比特，而是 17、18 个以上的位。因此，势必要利用其他方法来判断 IP 地址中哪几个位为网络地址和哪几个位为主机地址。子网掩码正是为了此目的应运而生。以下说明子网掩码的特性。

① 子网掩码长度为 32 比特，与 IP 地址的长度相同。

② 子网掩码必须是由一串连续的 1，再跟上一串连续的 0 所组成。因此，子网掩码可以是这类的 32 位数值：

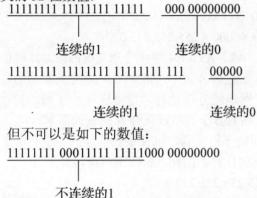

11111111 11111111 11111　　000 00000000

连续的1　　　　　连续的0

11111111 11111111 11111111 111　　00000

连续的1　　　　连续的0

但不可以是如下的数值：

11111111 00011111 11111000 00000000

不连续的1

③ 为了方便阅读，子网掩码使用与 IP 地址相同的十进制来表示。例如：

11111111 11111111 11111111 00000000

通常写作：

255.255.255.0

④ 子网掩码必须与 IP 地址配对使用才有意义。单独的子网掩码不具任何意义。当子网掩码与 IP 地址一起时，子网掩码的 1 对应至 IP 地址便是代表网络地址位，0 对应至 IP 地址便是代表主机地址位。例如：

　　　　　　　　　　　　网络地址　　　　　　　主机地址

IP地址：　　10101000 01011111 11000　　000 00000001 　（168.95.192.1）

子网掩码：　11111111 11111111 11111　　000 00000000 　（255.255.248.0）

　　　　　　　　　　21 比特　　　　　　　11 比特

IP 地址的前 21 比特为网络地址，后 11 比特为主机地址。路由过程中，便是据此来判断 IP 地址中网络地址的长度，以便能将 IP 信息包正确地转送至目的网络。而这也是子网掩码最主要的目的。

上述 IP 地址与子网掩码的组合也可写成：

168.95.192.1/21

"/" 前面是正常的 IP 表示法，"/" 后面的数字 21 则代表子网掩码中 1 的数目。

⑤ 原有等级式的网络地址仍然可继续使用。以 C 类的 IP 为例：

IP 地址：11001011010010101100110101101111

如果不执行子网分割，则其子网掩码为：

子网掩码：11111111111111111111111100000000

换言之，原先使用 A、B、C 三种等级的网络仍然可继续使用，只是必须额外设置对应的子网掩码。A 类、B 类、C 类对应的子网掩码如下：

A 类：11111111000000000000000000000000（255.0.0.0）

B 类：11111111111111110000000000000000（255.255.0.0）

C 类：11111111111111111111111100000000（255.255.255.0）

7.5.3　子网分割实例

子网分割经常使用，以下以实例说明如何在企业内部分割子网。

假设 A 企业申请到如下的 C 类 IP 地址：

IP 地址　：11001011 01001010 11001101 00000000（203.74.205.0）

子网掩码：11111111 11111111 11111111 00000000（255.255.255.0）

A 企业由于业务需求，内部必须分成 A1、A2、A3、A4 等 4 个独立的网络。此时便需要利用子网分割的方式，建立数个子网，以便分配给这 4 个独立的网络。首先要决定的是子网地址的长度。可以查一下前面的信息，如果子网地址为 3 比特，可形成 8 个子网，扣除子网地址全为 0 或 1 的子网，因此实际上可用的子网有 6 个，足以符合 A 企业的需求。

决定了子网地址的长度后，便可以知道新的子网掩码，以及主机地址的长度。由于使用了 3 比特作为子网地址，网络地址变成 24+3=27 比特。因此，新的子网掩码为：

11111111 11111111 11111111 11100000（255.255.255.224）

而原先的主机地址有 8 比特，但是子网地址借用了 3 比特，主机地址只能使用剩下的 5 比特。因此，每个子网可以有 2^5=32 个可用的主机地址。不过，主机地址不得全为 0 或 1，所以实际上每个子网可分配的 IP 地址为 30 个。

A 企业的网管人员接着便必须决定子网分配的方式。表 7-7 将子网依次分配给 A1～A4 等 4 个网络。

表 7-7　A 企业可用的子网

网　　络	可设置的 IP 地址	子 网 掩 码
A1	203.74.205.33～203.74.205.62	255.255.255.224
A2	203.74.205.65～203.74.205.94	255.255.255.224
A3	203.74.205.97～203.74.205.126	255.255.255.224
A4	203.74.205.129～203.74.205.158	255.255.255.224
未分配	203.74.205.161～203.74.205.190	255.255.255.224
未分配	203.74.205.193～203.74.205.222	255.255.255.224

接着是最重要的步骤，关系着子网是否能正确地运行，便是必须在 A 企业所有的路由器上设置 A1、A2、A3、A4 等子网的路由记录，以便在路由器能将 IP 信息包正确地传送到分割后的子网。子网分割至此大功告成。最后有两项要注意：

① 子网可再进一步分割成更小的子网。例如，网管人员可以再将 A1 网络分割成更小的子网。方法仍旧是从主机地址借用几个位来作为子网地址。

② 子网分割时所作的设置，都是在企业内部。换言之，远端的网络或路由器并不需知道 A 企业内部是如何分割子网。如此，可保持互联网上路由结构的简单性。

7.6 超网

当初在设计 IP 地址的等级时，网络环境主要是由大型主机所组成，主机与网络的总数都相当有限。但随着个人计算机与网络技术的快速普及，各种大小的网络如雨后春笋般出现，对于 IP 地址的需求也迅速增加。5 种等级的 IP 地址分配方式，很快便产生了一些问题。这其中最严重的便是 B 类的 IP 地址面临缺少的危机；但是相对地，C 类使用的数量则仅是缓慢成长。为了解决这个问题，便产生了无等级的 IP 地址划分方式。

B 类耗尽快，有很多地址空间是浪费了。举例而言，假设 B 企业需要 1 500 个 IP 地址，由于 C 类地址只能供 256 个 IP 地址，因此必须分配 B 类的网络地址给此 B 企业。不过，B 类其实可提供 65 536 个 IP 地址，远超过 B 企业的需求，这些多出来的 IP 地址无法再分配给其他企业使用，因此实际上都浪费了。既然 B 类严重不足，而 C 类还很充裕，更重要的是 B 类实际上有很多是浪费了，那么要解决这些问题，自然地想到是否可以将数个 C 类的 IP 地址合并，分配给原先需申请 B 类的企业。

在上例中，我们只要分配 6 至 7 个 C 类的 IP 地址给 B 企业，便可符合其需求，因而节省下 1 个 B 类的地址空间。如何合并数个 C 类的 IP 地址，可以使用子网掩码来定义网络地址。这与子网分割的原理相同，无等级的 IP 地址划分方式定义的网称为超网，超网与子网都是使用相同的概念与技术，只是在应用上略有不同，其区别如下。

子网是利用子网掩码重新定义较长的网络地址，以便将现有的网络加以分割成 2、4、8、16 等 2 幂方数的子网。超网是利用子网掩码重新定义较短的网络地址，以便将现有 2、4、8、16 等 2 幂方数的网络，合并成为一个网络。

7.7 网络地址翻译

凡是使用 IP 协议的设备，都必须指定一个独特的 IP 地址。近年来由于互联网的日渐普及，一般公司所能申请到的 IP 地址数量有限，经常有不够用的情况发生。为此网络地址翻译（Network Address Translation，NAT）机制应运而生，它可以解决 IP 地址不足的问题，让许多台计算机可以共用一个合法的 IP 地址。

网络地址翻译的运行方式如图 7-14 所示。

图 7-14 网络地址翻译的运行结构（专线）

网络地址翻译的原理并不难，当使用专用 IP 地址的计算机对外传送 IP 信息包，首先会送至具有网络地址翻译功能的路由器，并在此将 IP 信息包的来源地址从专用地址转为合法的 IP 地址后，再送到外界。IP 信息包从外界送入时，网络地址翻译会先判断信息包目的地，然后将目的地址从合法的 IP 地址转为私人地址，再送到局域网内，如图 7-15 所示。

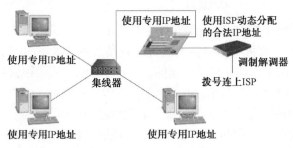

图 7-15　网络地址翻译的运行结构（拨号）

当局域网内许多台计算机的专用地址都对应到同一个 IP 地址时，由网络地址翻译机制判断 IP 信息包该送给哪一台计算机。它主要是通过客户端 TCP/UDP 连接端口号码来判断。换言之，只有使用 TCP/UDP 协议的应用程序才能通过网络地址翻译与外界连接。送出信息时，网络地址翻译的运行方式如图 7-16 所示。

图 7-16　送出信息时网络地址翻译的运行方式

收入信息时，网络地址翻译的运行方式如图 7-17 所示。

图 7-17　收入信息时网络地址翻译的运行方式

● 小　　结

网络层中常用的协议是 TCP/IP 的 IP（Internet Protocol）等。本章以最常用的 IP 为例说明网络层的功能，主要介绍 IP 信息包的传递方式、IP 地址表示法、IP 地址的等级、子网、超网和网络地址翻译等内容。

● 拓展练习

1. IPv4 的地址长度是（　　　）。
   A. 16 比特　　　　　　B. 24 比特　　　C. 32 比特　　　D. 40 比特

2. C 类网络的主机地址长度是（　　　）。
   A. 8 比特　　　　　　B. 16 比特　　　C. 24 比特　　　D. 32 比特

3. B 类网络的子网掩码如果为 255.255.224.0，代表主机地址长度是（　　　）。
   A. 8 比特　　　　　　B. 10 比特　　　C. 13 比特　　　D. 16 比特

4. 如果要以 CIDR 的方式合并 8 个 C 类网络，则子网掩码应该设为（　　　）。
   A. 255.255.224.0　　　　　　　　B. 255.255.240.0
   C. 255.255.248.0　　　　　　　　D. 255.255.252.0

5. 当 IP 地址的主机地址全为 1 时代表的意思是（　　　）。
   A. 专用 IP 地址　　　　　　　　B. 对于该网络的广播信息包
   C. 不可使用的 IP 地址　　　　　D. Loopback 地址

6. 列出 3 种 IP 报头中重要的信息。

7. IP 信息包传送过程中为何需要分割信息包？

8. 简述 IP 报头中标识码的用途。

9. 简述 3 种 IP 信息包的传递模式。

10. 列出 A 类、B 类、C 类的前导位。

第8章

ARP 协议与 ICMP 协议

在 TCP/IP 族中，属于网络层的协议有 IP、ARP 与 ICMP 3 种。其中最主要的当然是 IP，至于 ARP 与 ICMP 一般都视为辅助 IP 的协议。本章将依次介绍 ARP 协议与 ICMP 协议及其应用。

8.1 地址解析协议

在数据链路层传递信息包时，必须利用数据链路层地址来识别目的设备，例如以太网 MAC 地址。网络层在传递信息包时，必须利用网络层地址来识别目的设备，例如 IP 地址。

从上述特性我们可以得到以下推论：当网络层信息包要封装为数据链路层信息包之前，必须先取得目的设备的 MAC 地址。将 IP 地址转换为 MAC 地址的工作由地址解析协议（Address Resolution Protocol，ARP）来执行。

如果以 OSI 模型来说明 ARP 的功能，便是利用网络层地址来取得对应的链路层地址。换言之，如果网络层使用 IP，数据链路层使用以太网，当我们知道某项设备的 IP 地址时，便可利用 ARP 来取得对应的以太网 MAC 地址。由于 MAC 地址是局域网内传送信息包所需的识别信息，所以，在传送 IP 信息包之前，必然使用 ARP 这个协议。

8.1.1　地址解析协议功能

地址解析协议（ARP）用来将 IP 地址转换成物理网络地址。考虑两台计算机 A 和 B 共享一个物理网络的情况。每台计算机分别有一个 IP 地址 IA 和 IB，同时有一个物理地址 PA 和 PB。设计 IP 地址的目的是隐蔽低层的物理网络，允许高层程序只用 IP 地址工作。但是不管使用什么样的硬件网络技术，最终通信总是由物理网络实现的。IP 模块建立了 IP 分组，并且准备送给以太网驱动程序之前，必须确定目的地主机的以太网地址。于是就提出这样一个问题：假设计算机 A 要通过物理网络向计算机 B 发送一个 IP 分组，A 只知道 B 的 IP 地址。把这个 IB 变成 B 的物理地址 PB 的方法是：TCP/IP 协议采用了地址解析协议解决了具有广播能力物理网络的地址转换问题。

8.1.2　地址解析协议实现

从 IP 地址到物理网络地址的变换通过查表实现，ARP 表放在内存储器中，其中的登录项是在第一次需要使用而进行查询时通过 ARP 协议自动填写的。图 8-1 列出的是一个简化了的 ARP 表的示例。

IP 地址	以太网地址
130.130.71.1	08-00-39-00-2F-C3
130.130.71.3	08-00-5A-21-A7-22
130.130.71.4	08-00-10-99-AC-54

图 8-1　一个简化了的 ARP 表的示例

当 ARP 解析一个 IP 地址时，它搜索 ARP 缓存和 ARP 表作匹配。如果找到了，ARP 就把物理地址返回给提供 IP 地址的应用，如果 IP 模块在 ARP 表中找不到某一目标 IP 地址的登录项，它就使用广播以太网地址发一个 ARP 请求分组给网上每一台计算机。这个 ARP 请求分组说："如果你的 IP 地址跟这个目标 IP 地址相同，请告诉我你的以太网地址"。这些计算机的以太网接口收到这个广播以太网帧后，以太网驱动程序检查帧的类型字段（值 0806 表明是一个 ARP 分组），将相应的 ARP 分组送给 ARP 模块。

图 8-2 给出的是一个 ARP 请求分组的示例。

发送方 IP 地址	130.130.71.1
发送方以太网地址	08-00-39-00-2F-C3
目标 IP 地址	130.130.71.2
目标以太网地址	

(a)

发送方 IP 地址	130.130.71.2
发送方以太网地址	08-00-39-00-3B-A9
目标 IP 地址	130.130.71.1
目标以太网地址	08-00-39-00-2F-C3

(b)

图 8-2　一个 ARP 请求分组的示例

因为在 ARP 表中不能找到 IP 地址，所以发出一个 ARP 请求分组。收到广播的每个 ARP 模块检查请求分组中的目标 IP 地址，当该地址和自己的 IP 地址相同时，就直接发一个响应分组给源以太网地址。ARP 响应分组说："是的，那个目标地址是我，让我来告诉你我的以太网地址"。对应图 8-2（a）中的 ARP 请求分组的响应如图 8-2（b）所示，这个响应分组被发送请求的计算机接收，其 ARP 模块将得到的目标计算机 IP 地址和以太网地址加入它的 ARP 表。如果目标计算机不存在，则得不到 ARP 响应，在 ARP 表中也就不会有其登录项，本地 IP 模块将会抛弃发往这个目标地址的 IP 分组。

图 8-3 表示了在以太网上使用的 ARP 分组格式，在其他物理网络上，地址段长度可能不同。

下面对分组的各个段分别加以说明。

0	8	16	24	31
硬件类型		协议类型		
硬件地址长度	协议地址长度	操作		
发送方硬件地址（8位组0-3）				
发送方硬件地址（8位组4-5）		发送方IP地址（8位组0-1）		
发送方IP地址（8位组2-3）		目标硬件地址（8位组0-1）		
目标硬件地址（8位组2-5）				
目标IP地址（8位组0-3）				

图 8-3　用于以太网的 ARP/RARP 分组格式

● 硬件类型：指明硬件接口类型，对于以太网，此值为 1。合法的值如表 8-1 所示。

表 8-1　硬件类型表

类　　型	描　　述
1	以太网
2	实验以太网
3	X.25
4	Token Ring（令牌环）
5	混沌网 CHAOS
6	IEEE 802.X
7	ARC 网络

● 协议类型：指明发送者在 ARP 分组中所给出的高层协议的类型，对 IP 地址而言，此值是 0800（十六进制）。
● 硬件地址长度：硬件地址的字节数，对于以太网，此值是 6。
● 协议地址长度：高层协议地址的长度，对于 IP，此值等于 4。

ARP 请求和 ARP 应答报文的格式如图 8-4 所示，当一个 ARP 请求发出时，除了接收端硬件地址之外，所有域都被使用。ARP 应答中，使用所有的域。使用 ARP 主要有两个方面的优点：

● 不必预先知道连接到网络上的主机或网关的物理地址就能发送数据。

● 当物理地址和 IP 地址的关系随时间的推移发生变化（如一台机器更换了有故障的以太网控制器，因而以太网地址改变了）时，能及时给予修正。

硬件类型（16位）	
协议类型（16位）	
硬件地址长度	协议地址长度
操作码（16位）	
发送硬件地址	
发送IP地址	
接收端硬件地址	
接收端IP地址	

图 8-4 ARP 请求和应答报文格式

8.1.3 反向地址解析协议

ARP 协议有一个缺陷：假如一个设备不知道它自己的 IP 地址，就没有办法产生 ARP 请求和 ARP 应答。网络上的无盘工作站就是这种情况。无盘工作站在启动时，只知道自己的网络接口的 MAC 地址，不知道自己的 IP 地址。一个简单的解决办法是使用反向地址解析协议（RARP）得到自己的 IP 地址，RARP 以与 ARP 相反的方式工作。

RARP 实现 MAC 地址到 IP 地址的转换。RARP 允许网上站点广播一个 RARP 请求分组，将自己的硬件地址同时填写在分组的发送方硬件地址段和目标硬件地址段中。网上的所有机器都收到这一请求，但只有那些被授权提供 RARP 服务的计算机才处理这个请求，并且发送一个回答，称这样的机器为 RARP 服务器，服务器对请求的回答是填写目标 IP 地址段，将分组类型由请求改为响应，并且将响应分组直接发送给做请求的机器。请求方机器从所有的 RARP 服务器接收回答，尽管只需要第一个回答就够了。这一切都只在系统开始启动时发生。RARP 此后不再运行，除非该无盘设备重设置或关掉后重新启动。

以太网帧的类型段中用十六进制 8035 表示该以太网帧运载 RARP 分组。应当指出的是，为了运行无盘工作站，在每个以太网上必须至少有一个 RARP 服务器，广播帧是不能通过 IP 路由器转发的。RARP 所提供的服务是接收 48 位的以太网物理地址，将它映射成 IP 地址。

RARP 报文和 ARP 报文的格式几乎完全一样。唯一的差别在于 RARP 请求包中是由发送者填充好的源端 MAC 地址，而源端 IP 地址域为空（需要查询）。在同一个子网上的 RARP 服务器接收到请求后，填入相应的 IP 地址，然后发送回给源工作站。

8.1.4 ARP 运行方式

以 IP 而言，网络上每部设备的 IP 与 MAC 地址的对应关系，并未集中记录在某个数据库，因此，当 ARP 欲取得某设备的 MAC 地址时，必须直接询问该设备。

ARP 运行的方式相当简单，整个过程是由 ARP 请求（ARP Request）与 ARP 应答（ARP Reply）两种信息包所组成。为了方便说明，我们假设有 A、B 两台计算机。A 计算机已经知

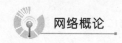

道 B 计算机的 IP 地址，现在要传送 IP 信息包给 B 计算机，因此必须先利用 ARP 取得 B 计算机的 MAC 地址。

1. ARP 请求

A 计算机送出 ARP 请求信息包给局域网上所有的计算机，如图 8-5 所示。

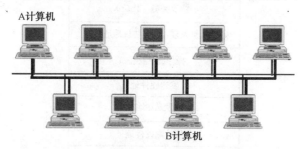

图 8-5　ARP 请求信息包送给局域网上所有的计算机

ARP 请求信息包在链路层，是广播信息包（即以太网广播信息包），因此局域网上的每一台计算机都将收到这个信息包。A 计算机所送出的 ARP 请求信息包含了所要解析对象的 IP 地址（即 B 计算机的 IP 地址），也记录了 A 计算机的 IP 地址与 MAC 地址。

2. ARP 应答

局域网内的所有计算机都会收到 ARP 请求的信息，并与本身的 IP 地址对比，决定自己是否为要求解析的对象。以上例而言，B 计算机为 ARP 要求的解析对象，因此只有 B 计算机能够送出响应 ARP 应答信息包，如图 8-6 所示。

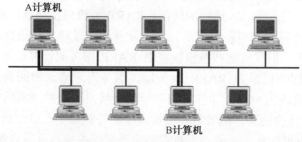

图 8-6　ARP 应答信息包只会送回到发出 ARP 请求的计算机

由于 B 计算机可从 ARP 请求信息包中得知 A 计算机的 IP 地址与 MAC 地址，因此 ARP 应答信息包不必再使用广播的方式，而是直接在以太网信息包中，指定 A 计算机的 MAC 地址为目的地址。ARP 应答中最重要的内容就是 B 计算机的 MAC 地址。A 计算机收到此 ARP 应答后，即完成 MAC 地址解析的工作。

3. ARP 解析范围

以太网的广播信息包只能在局域网内传送，路由器等设备可以阻挡住以太网广播信息包，使之无法传输到其他网络。由于 ARP 在解析过程中，ARP 请求信息包为以太网广播信息包，即 ARP 请求无法通过路由器传送到其他网络。因此 ARP 仅能解析同一网络内的 MAC 地址，无法解析其他网络的 MAC 地址。

8.1.5　ARP 与 IP 路由

由于 ARP 只能解析同一网络内的 MAC 地址，所以，在整个 IP 路由过程中，可能出现多次的 ARP 地址解析。例如，A 计算机要传送 IP 信息包给 B 计算机时，如果途中必须经过两部路由器，则总共需进行 3 次 ARP 名称解析的操作，如图 8-7 所示。

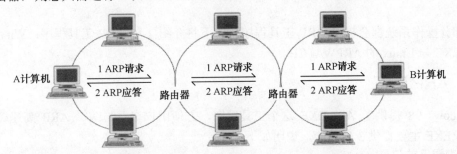

图 8-7　在 IP 路由过程中，可能出现多次的 ARP 地址解析

8.1.6　ARP 高速缓存

在 ARP 的解析过程中，由于 ARP 要求为数据链路层的广播信息包，如果经常出现，势必造成局域网的沉重负担。为了避免此项问题，在实际操作 ARP 时，通常会加入 ARP 高速缓存的设计。高速缓存能够将数据临时保存在读写效率较佳的存储区域，以加速访问的过程。ARP 高速缓存可将网络设备的 IP/MAC 地址记录在本地计算机上（通常是存储在内存中）。系统每次要解析 MAC 地址前，便先在 ARP 高速缓存中查看是否有符合的记录。如果 ARP 高速缓存中有符合的记录，便直接使用；如果 ARP 高速缓存中找不到符合的记录，才需要发出 ARP 要求的广播信息包。因此，ARP 高速缓存不仅加快地址解析的过程，也可避免过多的 ARP 要求广播信息包。ARP 高速缓存所包含的记录，按产生的方式，可分为动态与静态两种记录。

1. 动态记录

当 ARP 完成每条 IP/MAC 地址的解析后，便会将结果存储在 ARP 高速缓存中，供后续使用，以避免重复向同一对象请求地址解析。这些由 ARP 自动产生的记录为动态记录。

以先前 A、B 计算机为例，当 A 计算机通过 ARP 要求和 ARP 应答取得 B 计算机的 MAC 地址后，便将 B 计算机的 IP 地址与对应的 MAC 地址存储在 A 计算机的 ARP 高速缓存中。

ARP 高速缓存的动态记录虽然可提高地址解析的性能，但是却可能产生一个问题。以先前 A、B 计算机为例，当 A 计算机的 ARP 高速缓存中有 B 计算机 MAC 地址的记录时，如果 B 计算机故障、关机或更换网卡，A 计算机因为无从得知，仍然会根据 ARP 高速缓存中的记录将信息包传送出去。这些信息包传送出去后不会有任何设备加以处理，就好像丢到黑洞一样有去无回，此种现象称为网络黑洞。为了避免此种情况发生，ARP 高速缓存中的动态记录必须有一定的寿命时间，超过此时间的记录便会被删除。

2. 静态记录

当用户已知某设备的 IP/MAC 地址的对应关系后，可通过手动的方式将它加入 ARP 高速缓存中，即为静态记录。由于 ARP 高速缓存存储在计算机的内存中，因此无论是动态或静态记录，只要重新开机，全部都会消失。

8.2 ARP 工具程序

大部分操作系统都会提供 ARP 工具程序。以下将介绍 2 种 ARP 工具程序：Windows 98 的 ARP.EXE 与 Linux 的 ARPWATCH。

8.2.1 ARP.EXE

Windows 98 提供了 ARP.EXE 这个工具程序，方便用户查看与编辑 ARP 高速缓存的内容。ARP.EXE 主要提供 3 项功能，说明如下。

1. 查看目前记录

可以利用 ARP.EXE 查看 ARP 高速缓存中目前的记录。语法如下：

```
arp -a
```

例如：

```
C:\>arp -a
Interface: 203.74.205.111 on Interface 0x2
Internet Address        Physical Address        Type
203.74.205.1            00-10-7b-c1-ec-98       dynamic
203.74.205.3            00-10-b5-3a-91-75       dynamic
203.74.205.7            00-10-b5-3a-91-b8       dynamic
203.74.205.11           00-10-b5-3a-91-dc       dynamic

C:\>
```

Internet Address 字段代表解析对象的 IP 地址，Physical Address 字段为解析所得的 MAC 地址，Type 字段则是代表此记录产生的方式。如果是动态记录，Type 字段值为 dynamic；如果是静态记录，Type 字段值为 static。

2. 删除记录

删除 ARP 高速缓存中指定的记录。语法格式如下：

```
arp -d [IP 地址]
```

例如：

```
C:\>arp -a
Interface: 203.74.205.111 on Interface 0x2
Internet Address        Physical Address        Type
203.74.205.1            00-10-7b-c1-ec-98       dynamic
203.74.205.3            00-10-b5-3a-91-75       dynamic
203.74.205.7            00-10-b5-3a-91-b8       dynamic        原先有 4 条记录
203.74.205.11           00-10-b5-3a-91-dc       dynamic
C:\>arp -d 203.74.205.11          删除 203.74.205.11 这条记录
C:\>arp -a
```

```
Interface: 203.74.205.111 on Interface 0x2
Internet Address        Physical Address        Type
203.74.205.1            00-10-7b-c1-ec-98       dynamic
203.74.205.3            00-10-b5-3a-91-75       dynamic
203.74.205.7            00-10-b5-3a-91-b8       dynamic
               少了 203.74.205.11 这条记录

C:\>
```

3. 添加记录

在 ARP 高速缓存中添加一条静态记录。语法格式如下：

```
arp -s [IP 地址] [MAC 地址]
```

例如：

```
C:\>arp -s 203.74.205.42 00-00-e8-97-73-86        新增记录


C:\>arp -a
Interface: 203.74.205.111 on Interface 0x2
Internet Address        Physical Address        Type
203.74.205.1            00-10-7b-c1-ec-98       dynamic
203.74.205.3            00-10-b5-3a-91-75       dynamic
203.74.205.7            00-10-b5-3a-91-b8       dynamic
203.74.205.11           00-10-b5-3a-91-dc       dynamic
203.74.205.42           00-00-e8-97-73-86       static

C:\>
```

手动方式所加入的静态记录不会受到 ARP 高速缓存寿命的限制。由于 ARP 高速缓存存储在 RAM 中，因此只要重新开机，静态记录也会被清除。

8.2.2 ARPWATCH

Linux 的 ARPWATCH 可检测与记录局域网中的 ARP 信息包，并通过电子邮件将结果报告给管理员，或直接将结果显示在屏幕上。

1. 通过电子邮件

执行 ARPWATCH 后，如果检测到新的 ARP 记录，即通过电子邮件来报告。以下为电子邮件的内容：

```
Date: Sat，8 Apr 2000 16:24:00 +0800
From: Arpwatch <arpwatch@localhost.localdomain>
To: root@localhost.localdomain
Subject: new station


hostname: <unknown>                          主机名称
```

ip address: 203.74.205.96	IP 地址
ethernet address: 0:0:e8:97:73:95	网卡的硬件地址
ethernet vendor: Accton Technology Corporation	网卡的制造商
timestamp:Saturday，April 8，2000 16:23:25 +0800	发生的时间

2. 直接显示在屏幕

如果要直接在屏幕上显示结果，执行：

```
arpwatch -d
```

如果检测到新的 ARP 记录，则屏幕上会显示如下的内容：

```
$ arpwatch -d
Kernel filter，protocol ALL，raw packet socket
From: arpwatch (Arpwatch)
To: root
Subject: new station
hostname: <unknown>
    ip address: 203.74.205.22
    ethernet address: 0:0:e8:97:70:ea
    ethernet vendor: Accton Technology Corporation
    timestamp: Saturday，April 8，2000 16:28:59 +0800
...
```

8.3 ICMP 协议

IP 在传送信息包时，只是简单地将 IP 信息包送出即完成任务。至于传送过程中，如果发生问题，则是由上层的协议来负责确认、重送等工作。但是，在 IP 路由的过程中如果发生问题，例如，路由器找不到合适的路径，或无法将 IP 信息包传送出去，则势必需要某种机制，将此状况通知 IP 信息包的来源端。这时候便会用到网络控制报文协议（Internet Control Message Protocol，ICMP）。ICMP 属于在网络层运行的协议，一般视为是 IP 的辅助协议，可用来报告错误。换言之，在 IP 路由的过程中，如果主机或路由器发现任何异常，便可利用 ICMP 来传送相关的信息。不过，ICMP 只负责报告问题，至于要如何解决问题则不是 ICMP 的管辖范围。

除了路由器或主机可利用 ICMP 来报告问题外，网管人员也可利用适当的工具程序发出 ICMP 信息包，以便测试网络连接或排解问题等。

ICMP 信息包有多种类型，以下介绍数种常见的类型。

8.3.1 ICMP 的功能

如果一个网关不能为 IP 分组选择路由，或者不能递交 IP 分组，或者这个网关测试到某种不正常状态，例如，网络拥挤影响 IP 分组的传递，那么就需要使用 ICMP 来通知源发主机采取措施，避免或纠正这类问题。

ICMP 也是在网络层中与 IP 一起使用的协议。ICMP 通常由某个监测到 IP 分组中错误的站点产生。从技术上说，ICMP 是一种差错报告机制，这种机制为网关或目标主机提供一种方法，使它们在遇到差错时能把差错报告给原始报源。例如，如果 IP 分组无法到达目的地，那么就可能使用 ICMP 警告分组的发送方——网络、计算机或端口不可到达。ICMP 也能通知发送方网络出现拥挤。ICMP 是互联网协议（IP）的一部分，但 ICMP 是通过 IP 来发送的。ICMP 的使用主要包括下面三种情况。

① IP 分组不能到达目的地。

② 在接收设备接收 IP 分组时，缓冲区大小不够。

③ 网关或目标主机通知发送方主机，如果这种路径确实存在，应该选用较短的路径。

ICMP 数据报和 IP 分组一样不能保证可靠传输，ICMP 信息也可能丢失。为了防止 ICMP 信息无限地连续发送，对 ICMP 数据报传输的问题不能再使用 ICMP 传达。另外，对于被划分成片的 IP 分组而言，只对分组偏移值等于 0 的分组片（也就是第 1 个分组片）才能使用 ICMP 协议。

8.3.2 ICMP 报文的封装

ICMP 报文需要如图 8-8 所示的两级封装。每个 ICMP 报文都在 IP 分组的数据字段中通过互联网传输，而 IP 分组本身又在帧的数据段中穿过每个物理网。为标识 ICMP，在 IP 分组协议字段中包含的值是 1。重要的是，尽管 ICMP 报文使用 IP 协议封装在 IP 分组中传送，但 ICMP 不被看成是高层协议的内容，它只是 IP 中的一部分。之所以使用 IP 递交 ICMP 报文，是因为这些报文可能要跨过几个物理网络才能够到达最终目的地址。因此，ICMP 报文不能依靠单个物理网络来递交。

图 8-8 ICMP 的两级封装

8.3.3 ICMP 报文的种类

ICMP 报文有两种：一种是错误报文；另一种是查询报文。每个 ICMP 报文的开头都包含三个段：1 字节的类型字段、1 字节的编码字段和二字节的校验和字段。8 位的类型字段标识报文，表示 13 种不同的 ICMP 报文中的一种。8 位的编码字段提供关于一个类型的更多信息。16 位的校验和的算法与 IP 头的校验和算法相同，但检查范围限于 ICMP 报文结构。

表 8-2 给出了 ICMP8 位类型字段定义的 13 种报文的名称，每一种都有自己的 ICMP 头部格式。

表 8-2 ICMP 报文类型

类 型 段	ICMP 报文
0	回送应答（用于测试 PING 命令）
3	无法到达目的地
4	抑制报源（拥挤网关丢弃一个 IP 分组时发给报源）

类 型 段	ICMP 报文
5	重导向路由
8	回送请求
11	IP 分组超时
12	一个 IP 分组参数错
13	时戳请求
14	时戳应答
15	信息请求（已过时）
16	信息请求（已过时）
17	地址掩码请求（发给网关或广播）
18	地址掩码请求（网关回答子网掩码）

回送请求报文（类型=8）用来测试发送方到达接收方的通信路径。在许多主机上，这个功能叫做 PING。发送方发送一个回送请求报文，其中包含一个 16 位的标识符及一个 16 位的序列号，也可以将数据放在报文中传输。当目的地计算机收到该报文时，就会把源地址和目的地址倒过来，重新计算检验和，并传回一个回送应答（类型=0）报文。数据字段中的内容在有的情况下也要返回给发送方。

1. 响应请求与响应应答

响应请求与响应应答是最常见的 ICMP 信息包类型，主要可用来排解网络问题，包括 IP 路由的设置、网络连接等。响应请求与响应应答必须以配对的方式来运行，如图 8-9 所示。

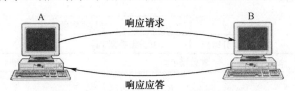

图 8-9　响应请求与响应应答的运行方式

① A 主动发出响应请求信息包给 B。

② B 收到响应请求后，被动发出响应应答信息包给 A。

由于 ICMP 信息包都是封装成 IP 信息包的形式来传送，所以，如果能完成上述步骤，A 便能确认以下事项：

● B 设备存在，且运行正常。

● A、B 之间的网络连接状况正常。

● A、B 之间的 IP 路由正常。

图 8-10 所示是回送请求和回送应答报文的格式。

0 　　　　　　 7 8 　　　　　 15		31
类型	编码=0	校验和
标识符		序列号
数 据		

图 8-10　回送请求和回送应答报文

2．无法送达目的

无法送达目的也是常见的 ICMP 信息包类型。在路由过程中如果出现下列问题，路由器或目的设备便会发出此类型的 ICMP 信息包，通知 IP 信息包的来源端。

① 路由器无法将 IP 信息包传送出去。例如，在路由表中找不到合适的路径，或是连接中断而无法将信息包从合适的路径传出。

② 目的设备无法处理收到的 IP 信息包。例如，目的设备无法处理 IP 信息包内所装载的传输层协议。

3．降低来源端传送速度

当路由器因为来往的 IP 信息包太多，以至于来不及处理时，便会发出降低来源端传送速度的 ICMP 信息包给 IP 信息包的来源端设备。在正式文件中并未规定路由器发出降低来源端传送速度的条件。在实际操作时，厂商通常是以路由器的 CPU 或缓冲区的负荷作为衡量标准，例如路由器的缓冲区使用量到达 85%时，便发出降低来源端传送信息包速度。

4．重定向

当路由器发现主机所选的路径并非最佳路径时，送出 ICMP 重定向信息包，通知主机较佳的路径，以图 8-11 为例。

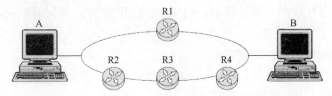

图 8-11　可能产生 ICMP 重定向的网络环境

当 A 要传送 IP 信息包给 B 时，假设最佳路径是通过 R1 路由器传送至 B。可是由于某种因素（不当的设置或网络连接的变动），A 将 IP 信息包送至 R2 路由器，而 R2 路由器从本身的路由表发现，A 至 B 的最佳路径应通过 R1 路由器，则 R2 会发出重定向的 ICMP 信息包给 A。

R2 只负责告知 A 计算机可能的问题，至于 A 计算机后续要如何应变，则非 ICMP 的管辖范围。

5．传送超时

IP 报头记录了信息包的存活时间，其主要功能是为了防止 IP 信息包在不当的路由结构中永无止境地传送。当路由器收到存活时间为 1 的 IP 信息包时，会将此 IP 信息包丢弃，然后送出传送超时的 ICMP 信息包给 IP 信息包的来源设备。此外，当 IP 信息包在传送过程中发生分割时，必须在目的设备重组分割后的 IP 信息包。重组的过程中如果在指定的时间内未收到全部分割后的 IP 信息包，目的设备也会发出传送超时的 ICMP 信息包给 IP 信息包的来源设备。

8.4　ICMP 工具程序

大部分操作系统都会提供一些 ICMP 工具程序，方便用户测试网络连线状况。以下便以 Windows 98 为例，介绍数种常见的 ICMP 工具程序。

8.4.1 PING

PING 工具程序可用来发出 ICMP 响应请求信息包。网管人员可利用 PING 工具程序，发出响应请求给特定的主机或路由器，进而诊断网络的问题。

1. 利用 PING 诊断网络问题

当发现网络连接异常时，可参考下列步骤，利用 PING 工具程序，由近而远逐步锁定问题。

（1）PING 127.0.0.1

127.0.0.1 是 Loopback 地址。目的地址为 127.0.0.1 的信息包不会送到网络上，而是送至本机的 Loopback 驱动程序。此操作主要是用来测试 TCP/IP 协议是否正常运行。

（2）PING 本机 IP 地址

如果步骤（1）中本机 TCP/IP 设置正确，接下来可试试看网络设备是否正常。如果网络设备有问题（例如，旧式网卡的 IRQ 设置有误），则不会响应。

（3）PING 对外连接的路由器

也就是 PING 默认网关的 IP 地址。如果成功，代表内部网络与对外连接的路由器正常。

（4）PING 互联网上计算机的 IP 地址

可以随便找一台互联网上的计算机，PING 它的 IP 地址。如果有响应，代表 IP 设置全部正常。

（5）PING 互联网上计算机的网址

对于互联网上的一台计算机，PING 它的网址，例如，www.sina.com.cn（Sina 的 WWW 服务器）。如果有响应，代表 DNS 设置无误。

2. PING 的语法与参数

PING 的语法格式如下：

PING[参数][网址或 IP 地址]

PING 的参数相当多，以下仅说明较常用的参数，如表 8-3 所示。

表 8-3 PING 的参数

参　数	意　义
-a	执行 DNS 反向查询，默认不会进行此查询
-i<存活时间>	设置 IP 信息包存活时间，默认为 32
-n<次数>	每次执行时，发出响应请求信息包的数目，默认为 4 次
-t	持续发出相应请求直到按 Ctrl+C 才停止
-w<等待时间>	等待响应应答的时间。等待时间的单位为千分之一秒，默认值为 1 000，即 1 秒

3. PING 举例

如果要让 PING 执行 DNS 反向查询：

C:\>ping -a 168.95.192.1

反向查询所得的名称

Pinging hntp1.hinet.net [168.95.192.1] with 32 bytes of data:

Reply from 168.95.192.1: bytes=32 time=1292ms TTL=55

Request timed out.

Request timed out.　　超过默认的等待时间未获响应，便会出现此种信息

Request timed out.

Ping statistics for 168.95.192.1:

　　　Packets: Sent = 4，Received = 1，Lost = 3 (75% loss)，

Approximate round trip times in milli-seconds:

　　　Minimum = 1292ms，Maximum = 1292ms, Average = 323ms

利用-w 参数，可以延长等待响应应答的时间。此外，也可以结合多个参数一起使用，设置只发出 2 个响应请求信息包。

将等待时间延长为 5 秒的设置如下：

C:\>ping -n 2 -w 5000 168.95.192.1

Pinging 168.95.192.1 with 32 bytes of data:

Reply from 168.95.192.1: bytes=32 time=1192ms TTL=55

Reply from 168.95.192.1: bytes=32 time=1442ms TTL=55

Ping statistics for 168.95.192.1:

　　　Packets: Sent = 2，Received = 2，Lost = 0 (0% loss)，

Approximate round trip times in milli-seconds:

　　　Minimum = 1192ms，Maximum = 1442ms, Average = 1317ms

8.4.2　TRACERT

TRACERT 工具程序可找出至目的 IP 地址所经过的路由器。

1. TRACERT 原理

首先假设如图 8-12 所示的网络环境。

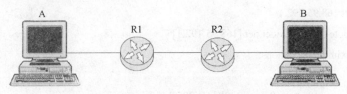

图 8-12　说明 TRACERT 原理的网络环境

如果从 A 主机执行 TRACERT，并将目的地设为 B 主机，则 TRACERT 会利用以下步骤，找出沿途所经过的路由器。

① 发出响应请求信息包，该信息包的目的地设为 B，存活时间设为 1。为了方便说明，我们将所有信息包都加以命名，此信息包命名为"响应请求 1"。

② R1 路由器收到"响应请求 1"后，因为存活时间为 1，因此会丢弃此信息包，然后发出"传送超时 1"给 A。

③ A 收到"传送超时 1"之后，便可得知到 R1 为路由过程中的第一部路由器。接着，A 再发出"响应请求 2"，目的地设为 B 的 IP 地址，存活时间设为 2。

④ "响应请求 2"会先送到 R1，然后再转送至 R2。到达 R2 时，"响应请求 2"的存活时间为 1，因此，R2 会丢弃此信息包，然后传送"传送超时 2"给 A。

⑤ A 收到"传送超时 2"之后，便可得知到 R2 为路由过程中的第二部路由器。接着，A 再发出"响应请求 3"，目的地设为 B 的 IP 地址，存活时间设为 3。

⑥ "响应请求 3"会通过 R1、R2 然后转送至 B。B 收到此信息包后便会响应"响应应答 1"给 A。

⑦ A 收到"响应应答 1"之后便大功告成。

2. TRACERT 过程中的注意事项

① 路由器至少会有两个网络接口。利用 TRACERT 所得到的是路由器"本地"接口的 IP 地址。以上例而言，A 利用 TRACERT 可得知 R1 连接 A 所在网络的接口，以及 R2 连接 R1 所在网络的接口。

② Windows 98 的 TRACERT 每次会发出 3 个响应请求，换言之，会有 3 个"响应请求 1"，以及 3 个响应的"传送超时 1"等。

3. TRACERT 的语法与参数

TRACERT 的语法如下：

TRACERT[参数][网址或 IP 地址]

TRACERT 常用的参数如表 8-4 所示。

表 8-4　TRACERT 常用的参数

参　　数	意　　义
-d	TRACERT 默认会执行 DNS 反向查询。如果不要反向查询，使用此参数
-h<存活时间>	TRACERT 每次发出响应请求时存活时间加 1，本参数可设置存活时间最大值，默认为 30
-w<等待时间>	等待传输超时或响应应答的时间，等待时间的单位为千分之一秒，默认为 1 000，即 1 秒

4. TRACERT 范例

以下我们不使用任何参数，利用 TRACERT 找出至目的主机沿途所经的路由器。

```
C:\>tracert 168.95.192.1
Tracing route to hntp1.hinet.net [168.95.192.1]
over a maximum of 30 hops:

  1   <10 ms <10 ms <10 ms   203.74.205.3
  2   <10 ms <10 ms <10 ms   c137.h203149174.is.net.tw [203.149.174.137]
  3    50 ms   60 ms   60 ms   10.1.1.70
  4    60 ms   60 ms   60 ms   c248.h202052070.is.net.tw [202.52.70.248]
  5   290 ms   60 ms   60 ms   ISNet-PC-TWIX-T3.rt.is.net.tw [210.62.131.225]
  6    70 ms   50 ms   70 ms   210.62.255.5
  7    50 ms   70 ms   51 ms   210.65.161.126
  8    51 ms   50 ms   50 ms   168.95.207.21
  9    60 ms   50 ms   50 ms   hntp1.hinet.net [168.95.192.1]
Trace complete.
```

TRACERT 的结果显示了以下信息：

① 由近到远显示沿途所经的每部路由器。以上范例显示，从来源端主机至 168.95.192.1

主机必须经过 8 部路由器。

② 显示每部路由器响应的时间。由于 TRACERT 会传送 3 个响应请求信息包给每部路由器，所以会有 3 个响应时间。

③ 显示每部路由器在"本地"的 IP 地址，以及 DNS 反向查询所得的名称。

8.5 Internet 组管理协议（IGMP）

TCP/IP 传送形式有 3 种：单目传送、广播传送和多目传送（组播）。

单目传送是一对一的，广播传送是一对多的。组内广播也是一对多的，但组员往往不是全部成员（如是一个子网的全部主机），因此可以说组内广播是一种介于单目与广播传送之间的传送方式，称为多目传送，也称为组播。

对于一个组内广播应用来说：假如用单目传送实现，则采用端到端的方式完成，如果小组内有 n 个成员，组内广播需要 $n-1$ 次端到端传送，组外对组内广播需要 n 次端到端传送；假如用广播方式实现，则会有大量主机收到与自己无关的数据，造成主机资源和网络资源的浪费。因此，IP 协议对其地址模式进行扩充，引入多目编址机制以解决组内广播应用的需求。IP 协议引入组播之后，有些物理网络技术开始支持多目传送，比如以太网技术。当多目跨越多个物理网络时，便存在多目组的寻径问题。传统的网关是针对端到端而设计的，不能完成多目寻径操作，于是多目路由器用来完成多目数据报的转发工作。

IP 采用 D 类地址支持多点传送。每个 D 类地址代表一组主机。共有 28 位可用来标志小组，所以同时多达 25.000 05 亿个小组。当一个进程向一个 D 类地址发送分组时，尽最大努力将它送给小组成员，但不能保证全部送到，有些成员可能收不到这个分组。

Internet 支持两类组地址：永久组地址和临时组地址。永久组地址总是存在而且不必创建，每个永久组有一个永久组地址。永久组地址的一些例子如表 8-5 所示。

表 8-5 永久组地址

永久组地址	描　　述
224.0.0.1	局域网上的所有系统
224.0.0.2	局域网上的所有路由器
224.0.0.5	局域网上的所有 OSFP（开放最短路径优先）路由器
224.0.0.6	局域网上的所有指定 OSPF 路由器

临时组在使用时必须先创建，一个进程可以要求其主机加入或脱离特定的组。当主机上的最后一个进程脱离某个组后，该组就不再在这台主机中出现。每个主机都要记录它当前的进程属于哪个组。

为了加入跨越物理网络的多目传送，主机必须实现通知本地多目路由器关于自己加入某多目组的信息，该信息称为组员身份信息。然后，各多目路由器之间互相交换各自的多目组信息以建立多目传送路径。

组播路由器可以是普通的路由器。各个多点播送路由器周期性地发送一个多点播送信息给局域网上的主机（目的地址为 224.0.0.1），要求它们报告其进程当前所属的是哪一组，各主机将选择的 D 类地址返回。多目路由器和参与组播的主机之间交换信息的协议称为 Internet 组管理协议，简称为 IGMP 协议。IGMP 提供一种动态参与和离开多点传送组的方

法。它让一个物理网络上的所有系统知道主机当前所在的多播组。多播路由器需要这些信息以便知道多播数据报应该向哪些接口转发。

IGMP 与 ICMP 的相似之处在于它们都使用 IP 服务的逻辑高层协议。事实上，因为 IGMP 影响了 IP 协议的行为，所以 IGMP 是 IP 的一部分，并作为 IP 的一部分来实现。为了避免网络通信量问题，当投递到多点传送地址中的消息被接收时，不生成 ICMP 错误消息。

当路由器有一个 IGMP 消息需要发送时，创建一个 IP 数据报，把该 IGMP 消息封装在 IP 数据报中再进行传输。IGMP 报文通过 IP 数据报进行传输。IGMP 有固定的报文长度，没有可选数据。图 8-13 显示了 IGMP 报文如何封装在 IP 数据报中。

图 8-13　IGMP 报文封装在 IP 数据报中

IGMP 报文通过 IP 首部中协议字段值为 2 来指明。

8.5.1　IGMP 报文

图 8-14 显示了长度为 8 字节的 IGMP 报文格式。

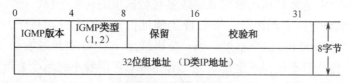

图 8-14　IGMP 报文格式

- 版本：4 位，版本号，RFC1112 将此值定义为 1。
- 类型：4 位，1 表示查询报文，2 表示报告报文。
- 保留：占 1 字节，以便将来使用。
- 校验和：共占 2 字节，提供对整个 IGMP 报文的校验和。
- 组地址：共占 2 字节，查询时，被置为 0；报告时，被置为多点传送组地址。

IGMP 类型为 1 说明是由多播路由器发出的查询报文，为 2 说明是主机发出的报告报文。两种报文格式相同，只是前者的组地址字符取值为 0。IGMP 报告报文的特点是不给出主机信息，所以由若干主机参加同一多目组，它们给出的报告报文完全相同，除第一个外，其余都是不必要的。校验和的计算和 ICMP 协议相同。

IGMP 报告和查询的生存时间（TTL）均设置为 1，这涉及 IP 首部中的 TTL 字段。一个初始 TTL 为 0 的多播数据报将被限制在同一主机。在默认情况下，待传多播数据报的 TTL 被设置为 1，这将使多播数据报仅局限在同一子网内传送。更大的 TTL 值能被多播路由器转发。

从 224.0.0.0～224.0.0.255 的特殊地址空间是打算用于多播范围的。不管 TTL 值是多少，多播路由器均不转发目的地址为这些地址中的任何一个地址的数据报。

组地址为 D 类 IP 地址。在查询报文中组地址设置为 0，在报告报文中组地址为要参加的组地址。

8.5.2　IGMP 协议工作过程

目的 IP 地址 224.0.0.1 被称为全主机组地址。它涉及在一个物理网络中的所有具备多播能力的主机和路由器。当接口初始化后，所有具备多播能力接口上的主机均自动加入这个多播组。这个组的成员无需发送 IGMP 报告。

一个主机通过组地址和接口来识别一个多播组。主机必须保留一个表，此表中包含所有至少含有一个进程的多播组以及多播组中的进程数量。

此表被称为组员状态表，在参加多目组的主机中，IGMP 软件负责维护着这个表，其中每一表目对应一个多目组，初始化的时候均为空。当某应用程序宣布加入一个新的多目组时，IGMP 位置分配一个表目，登记上相应信息，并将计数字段赋值 1。然后，每当有新的应用程序加入该多目组时，计数字段加 1；每当有应用程序退出该多目组时，计数字段减 1。当减到 0 时，表明该主机不再属于该多目组，主机不再参加该多目组的操作。

多播路由器对每个接口保持一个表，表中记录接口上至少还包含一个主机的多播组。当路由器收到要转发的多播数据报时，它只将该数据报转发到（使用相应的多播链路层地址）还拥有属于那个组主机的接口上。

IGMP 协议工作过程分为两个阶段：

① 某主机加入一个新的多目组时，按全主机多目地址组员身份传播出去。本地多目路由器收到该信息后，一方面将此信息记录相应表格中，一方面向 Internet 上的其他多目路由器通知此组员身份信息，以建立必要的路径。

② 为适应组员身份的动态变化，本地多目路由器周期性地查询本地主机，以确定哪些主机仍然属于哪些多目组。假如查询结果表明某多目组中已无本地主机成员，多目路由器一方面将停止通告相应的组员身份信息，同时不再接收相应的多目数据报。

多播是一种将报文发往多个接收者的通信方式。在许多应用中，它比广播更好，因为多播降低了不参与通信的主机的负担。简单的主机成员报告协议（IGMP）是多播的基本模块。在一个局域网中或跨越邻近局域网的多播需要使用这些技术。广播通常局限在单个局域网中，对目前许多使用广播的应用来说，可采用多播来替代广播。

● 小　结

在 TCP/IP 协议族中，属于网络层的协议有 IP、ARP 与 ICMP 等 3 种。其中最主要的是 IP，至于 ARP 与 ICMP 一般都视为辅助 IP 的协议。本章依次介绍了 ARP 协议与 ICMP 协议及其应用。主要内容包括地址解析协议、ARP 工具程序、ICMP 协议、ICMP 工具程序和 Internet 组管理协议等。

● 拓展练习

1. 以 OSI 模型而言，ARP 的功能是取得（　　　）的地址。
   A. 物理层　　　　　　　　　　　　　　B. 数据链路层
   C. 网络层　　　　　　　　　　　　　　D. 传输层

2. ARP 请求信息包具有（　　　）的特性。
   A. 数据链路层的单点传送信息包　　　　B. 数据链路层的多点传送信息包
   C. 数据链路层的广播传送信息包　　　　D. 无此信息包

3. ARP 应答信息包具有以下（　　　）的特性。

    A. 数据链路层的单点传送信息包   B. 数据链路层的多点传送信息包

    C. 数据链路层的广播传送信息包   D. 无此信息包

4. ICMP 在 OSI 的（　　　）运行。

    A. 数据链路层   B. 网络层   C. 传输层   D. 会话层

5. 当路由器找不到合适的路径来传送 IP 信息包时，可能会发出（　　　）的 ICMP 信息包。

    A. 响应请求   B. 响应应答

    C. 无法送达目的   D. 传送超时

6. 说明 ARP 请求信息包无法通过路由器的原因。

7. ARP 高速缓存的功能是什么？

8. 说明在哪种情况下会产生 ICMP 重定向信息包。

9. 假设 PING 本机的 IP 地址结果正常，但 PING 默认网关则无反应，可能是什么问题？

10. 列出 TRACERT 过程中会出现的 3 种 ICMP 信息包类型。

第*9*章

互联网

本章主要内容

- 互联网的概念
- 互联网的结构
- 上网的方式
- 万维网
- 电子邮件
- 网络论坛

互联网是一个无国界、无地区性的超级大型网络，它的魅力席卷全球，它的资源取之不尽，用之不竭，它的应用不断被发掘出来，它已经成为许多人生活中的必需品。

9.1 互联网的概念

互联网的出现是通信技术的一次革命，互联网从一开始就是为人们的交流服务。计算机或计算机网络的根本作用是为人们的交流服务，而不仅是用来计算。互联网就是能够相互交流、相互沟通、相互参与的互动平台。

互联网是由多个计算机网络相互连接而成，而不论采用何种协议与技术的网络，即广域网、局域网及单机按照一定的通讯协议组成的大型计算机网络。互联网是指将两台计算机或者是两台以上的计算机终端、客户端、服务端通过计算机信息技术的手段互相联系起来的结果，人们可以与远在千里之外的朋友相互发送邮件、共同完成一项工作等。

互联网是全球性的。互联网的结构是按照包交换的方式连接的分布式网络。因此，在技术的层面上，互联网绝对不存在集中控制的问题。

互联网、因特网、万维网三者的关系是互联网包含因特网，因特网包含万维网。凡是能彼此通信的设备组成的网络就叫互联网。所以，即使仅有两台机器，不论用何种技术使其彼

此通信，也叫互联网。国际标准的互联网写法是 internet，字母 i 一定要小写。

因特网是互联网的一种。因特网可不是仅有两台机器组成的互联网，它是由上千万台设备组成的互联网。因特网使用 TCP/IP 协议让不同的设备可以彼此通信。但使用 TCP/IP 协议的网络并不一定是因特网，一个局域网也可以使用 TCP/IP 协议。判断自己是否接入的是因特网，首先是看自己电脑是否安装了 TCP/IP 协议，其次看是否拥有一个公网地址（所谓公网地址，就是所有私网地址以外的地址）。国际标准的因特网写法是 Internet，字母 I 一定要大写。

因特网是基于 TCP/IP 协议实现的，TCP/IP 协议由很多协议组成，不同类型的协议又被放在不同的层，其中，位于应用层的协议就有很多，比如 FTP、SMTP、HTTP。只要应用层使用的是 HTTP 协议，就称为万维网（World Wide Web）。之所以在浏览器里输入百度网址时，能看见百度网提供的网页，就是因为个人浏览器和百度网的服务器之间使用的是 HTTP 协议在交流。

9.2 互联网的结构

本节将介绍互联网的组成，展望互联网的未来。

9.2.1 互联网的组成

互联网是由许多网络连接而成的，也就是由网络连接而成的网际间（Inter-network）超大型网络。不管在任何国家，互联网通常包括由政府机构、各大学、研究单位、军事单位和企业所构建的网络，而这些网络之间则是以快速、稳定的主干线路相互连接，如图 9-1 所示。

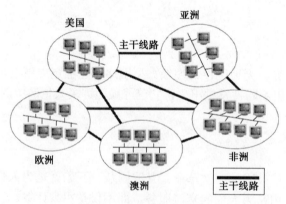

图 9-1　互联网基本结构

1. 主干线路

主干线路原意是动物的脊椎，也就是说主干线路扮演的角色就像是脊椎神经一般，是快速传递信息的神经主干道，脊椎一旦受损，就会瘫痪，而主干线路也是一样。

2. 通信协议

事实上，只是用主干线路将各个网络连接起来，各网络之间还是无法通信。这是因为各网络在架设时，所使用的信息传输技术各有不同，而采用不同传输技术所载送的信息并不能相互沟通，因此必须建立一个共同沟通信息的技术，并且由各个网络共同遵守使用，这样信息才能在网络之间流通无碍，这种共同沟通信息的技术称为通信协议。

3. 互联网服务供应商

互联网是由多个网络连接而成，所以能使用互联网的人就是各网络的用户，例如政府机构、各大学、研究单位、军事单位、企业等机构的人员。只有这些网络的用户才能访问互联网的资源，那么一般人并不能连上互联网。不过在互联网服务供应商（Internet Service Provider，ISP）出现后，每一个人都能轻易地连上互联网，因此我们也可以说，ISP 是促成互联网兴盛的关键。ISP 的想法是要让每个人都能由家里或工作场所连上互联网，达到共享、访问资源的目的。基于这个理念，ISP 首先建立主干线路将自己和互联网连接起来，然后让用户通过它来访问互联网。通过图 9-2 所示的结构，个人用户便能轻易地连接互联网共享资源。

图 9-2　家庭和中小企业的上网方式

9.2.2　互联网的未来

因为互联网是由全世界的人共同参与而改进与发展的，也就是说互联网并没有一个绝对的主导力量，反而是由多向性的渠道去改变它。因此，没有人有绝对的把握说出互联网未来的面貌，也没有人可以告诉我们互联网会对我们的生活造成多大的影响，网络的未来很难完整地预测出来。不过话虽如此，我们还是可以根据目前互联网的演变和网络用户的需求去了解互联网未来演变的大方向，以及可能对人们生活所造成的改变。

① 传输速度的加快。
② 更丰富的内容和更具可看性的网页。
③ 电子商务的发展。
④ 全天在线服务。
⑤ 越来越多公司开放在家上班。
⑥ 终身学习成为生活的一部分。
⑦ 互联网正在改变人类的文化与交流方式。
⑧ 互联网彻底改变了视频存在的目的和分发手段。

前面所提到的几点，只不过是网络未来的一小部分。随着互联网的商业运用日趋成熟普遍，所引起的变化和影响实在是难以估计与预测，而企业信息管理系统如果能与互联网结合，则又是一种翻天覆地的变革，所以无法一清二楚地说明互联网的未来发展和可能造成的改变，只希望这几点抛砖引玉。

9.3　上网的方式

一般社会大众要连上 ISP 的方式，可以通过电话线和有线电视（也就是俗称的有线台）的线缆，而这其中又因为带宽的不同，而分为一般拨号和宽带两种。一般拨号就是利用传统调制解调器，通过电话线拨号到 ISP，建立连接到互联网的信道；宽带则又分为 ADSL 和线缆调制解调器两种，前者和传统调制解调器一样，是利用电话线为传输线路，而后者则是利

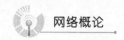

用有线电视的同轴电缆为传输线路。下面我们分别来说明这 3 种上网方式。

9.3.1 拨号上网

因为只要安装好调制解调器，把电话线接上，然后拨号连上 ISP 就可以访问网络了，所以称为拨号上网，如图 9-3 所示。

图 9-3 拨号上网

使用这种方式上网，首先必须向 ISP 公司申请一组拨号用的账号和密码，然后通过调制解调器拨号到 ISP 的主机，用这组账号、密码通过身份验证，就可以自由访问互联网了。

9.3.2 利用 ADSL 上网

ADSL（Asymmetric Digital Subscriber Line，非对称式数字用户线路）在近年来应用广泛。

1. ADSL 的特点

传统调制解调器是利用电话网络连接互联网，目前最大的下载/上传速度只能达到 56 kb/s 或 33.6 kb/s。为了突破这个限制，ADSL 运用先进的数字信号处理技术与创新的数据演算方法，在一条电话线上使用更高频的范围来传输数据，并将下载、上传与语音数据传输的频道各自分开，形成一条电话线路上同时可以传输 3 个不同频道的数据。这 3 个频道分别为：高速下行频道、上行频道和语音传输的 POTS（Plain Old Telephone System）频道。而利用这种传输技术，ADSL 的传输速度将可高达 8 Mb/s，远比调制解调器拨号上网的速度快上数十倍。

ADSL 的关键是数字信号与模拟信号能否同时在电话线上传输的问题。其上行与下行的带宽不对称，也就是从 ISP 到客户端（下行频道）传输的带宽比较高，客户端到 ISP（上行频道）的传输带宽则比较低。这样的设计一方面是为了与现有的电话网络频谱相容，另一方面也符合一般使用互联网的习惯与特性（接收的数据量远大于送出去的数据量）。

2. ADSL 的瓶颈

ADSL 的问题就是 ADSL 的速度和客户端与电信机房之间的距离密切相关。也就是说，用户距离电信机房越远，连线速度就越慢，因此在没有妥善的解决方案前，距离电信机房超过 4 km 的用户，将无法申请 ADSL 服务。

3. ADSL 的结构

ADSL 的基本结构如图 9-4 所示。

在这个结构中，也有一台调制解调器，即 ADSL 调制解调器。不过它的功能和拨号上网用的调制解调器有所不同。拨号调制解调器，利用调制/解调的功能，将数据资料放在电话线路中传输，因此语音与数据资料不能同时传输，而 ADSL 调制解调器则是将电话线分成 3 个频道，借以同时传输数据和语音资料。

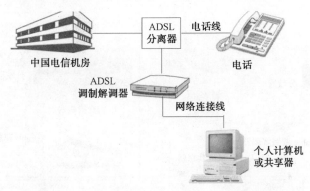

图 9-4　ADSL 利用电话线达到宽带上网的目的

　　另外和拨号上网不同的是，在 ADSL 结构中，还多了一台 ADSL 分离器。这台设备的功能是用来分离语音与数据信号。因为 ADSL 调制解调器将数据资料和语音资料同时放到电话线路上传输，所以必须通过分离器将信号分离出来，否则将数据资料送到电信交换机房，将语音资料送到 ISP 机房，那就出问题了。

9.3.3　利用线缆调制解调器上网

　　利用有线电视的线缆（同轴电缆）连接互联网的技术，其实在 1994 年就已经有人提出了，而且也推出线缆调制解调器这种产品，不过当时的有线电视普及率还不高，利用线缆调制解调器上网的成本相对较为昂贵，因此一直都无法在市场上占有一席之地。而那时候有线电视系统才刚开始萌芽，当然更不会有厂商敢尝试。如今有线电视系统高度普及，中国有线电视的普及率也高达 50%，可说是每个家庭不可或缺的休闲主流，而且其线缆布设范围几乎涵盖了所有县市。在这种情形下，利用有线电视的线缆连接互联网，水到渠成。

1．线缆调制解调器的特点

　　有线电视传送近百个电视频道给用户观赏。现在线缆调制解调器利用相同的技术，将数据放置于未使用到的频道传输，使用户可以通过线缆访问互联网的数据。理论上，如果仅用一个频道来上网，速度大概介于 27～38 Mb/s，而一条 T1 专线也不过 1.544 Mb/s，相比较之下这个数字巨大，不过理论值不等于实际运作的速度，线路质量、距离机房的距离，以及无法独享带宽等问题，都会让实际使用的带宽大幅度减少，所以实际上每一个用户所能分到的带宽通常都不超过 1 500 kb/s。如果能多频道同时上网，那带宽将骤增。目前有线台的频道大概在 70 台左右，再加上安全频道及法规所禁用的频道，也不过用掉 80 个频道，以目前有线台所用的新规格线缆而言，一条线缆可以容纳 100 个以上的频道，也就是说一条同轴电缆上可供上网的频道最少也有 10 个，所以有非常充裕的频道数量可供上网使用，不过因为技术及其他特殊因素，短期内还是仅能使用一个频道来上网。旧规格的同轴电缆能容纳的频道数较少，有时候甚至没有空的频道，因此如果采用旧规格的电缆，很有可能无法使用线缆调制解调器。

2．线缆调制解调器的结构

　　利用线缆调制解调器上网的基本结构有两种，如图 9-5 和图 9-6 所示。

　　从这两个结构中可以看出线缆调制解调器的用途如下：

①　将数据资料放到线缆上传输，以及把在线缆上的数据资料取回给用户。

②　在单向服务中，尚需兼具调制解调器的功能，也就是要有调制/解调制的功能。

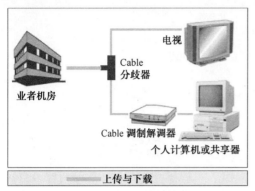

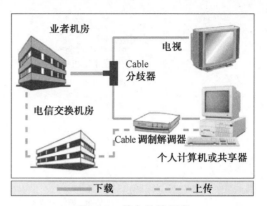

图 9-5　双向传输服务　　　　　　　　图 9-6　单向传输服务

本节所介绍的 3 种上网方式，是目前一般用户最常使用的方式。

9.4　万维网

万维网是目前在互联网上最流行、最受人欢迎的服务。它拥有色彩缤纷的网页，还能搭配符合网页风格的悠扬乐声，令人心旷神怡，流连忘返。而在宽带网站里，我们可以收听电台广播、看视频短片，甚至还能以虚拟实境来观看想要购买的产品。

9.4.1　万维网的起源

万维网（World Wide Web，WWW）是在 1989 年 3 月，由欧洲粒子物理实验室所提出的。当时只是为了设计一个能让分布在世界各地的物理研究人员以简单又有效率的方式共享资源、分工合作，也就是希望创造一个共同的信息空间。没想到所开发出来的技术，最后却成为全球最受欢迎的信息传播方式。

9.4.2　万维网的运行原理

万维网之所以能够呈现各种各样的变化，是许多标记语言（HTML、XML）、脚本语言（JavaScript、VBScript）、JAVA、ActiveX 组件、Plug-in 等的强大功能，因为客户端的浏览程序支持这些语言，所以能解读出正确的显示方式，例如，闪烁、跑马灯、动画等效果。至于服务器所要负担的则是数据处理、数据查询与更新、产生网页文件等操作，这些工作是由 CGI、SSI、LiveWire、ASP 或 PHP 包办。

客户端指的是访问网页的计算机，服务器指的则是提供网页数据的远程计算机。为了方便说明，所以我们都以客户端和服务器来表示。也就是说，当我们在浏览网页时，看到一些美丽的图片、跑马灯文字，其实都是由我们的浏览器处理而产生的，服务器只是提供了文字、文件和文件位置的信息而已，但如果是搜索数据、计数器这类和数据库相关的操作，则是由服务器处理过后，再将结果返回给客户端，如图 9-7 所示。

图 9-7　使用搜索引擎查找网络数据的流程

简言之，不管是要显示图片，还是要查询数据库，如果不能先建立信息流通的桥梁，客户端和服务器根本是各自独立、互不相关。所以在传送信息前，必须先通过超文本传输协议（HyperText Transfer Protocol，HTTP）在两端建立信道，让信息可以在两者之间传递。它定义了在服务器和客户端之间所传输的数据格式，使得包含文字、图片、声音等内容的网页能够呈现在客户端的浏览器中。这个协议最主要的特性在于它是一个跨平台的标准，因此在不同计算机系统中所存放的数据，都可以通过互联网传送给其他计算机，达到资源共享的目的。

9.5 文件传输服务

自从有了网络后，通过网络来访问文件就一直是很平常的工作，例如，添加、删除、复制、移动等。但是客户端要如何上传文件给服务器，或者如何从服务器下载文件，这个问题有多个答案，但是较常见的方式是利用文件传输协议（File Transfer Protocol，FTP）。在互联网上，FTP 一直占有最大的数据流量，直到 1995 年才被万维网的 HTTP 协议超越过去。

1. 文件传输服务与文件传输协议

原本 FTP 是一个文件传输协议，但是现在 FTP 不只是协议，在很多情况下，已经成为文件传输服务的代名词，因此在了解 FTP 时，要特别注意它何时代表"协议"，何时是代表"服务"。本节在说明时，出现 FTP 表示的是"文件传输协议"，如果是要表示服务则会使用"文件传输服务"的字眼，避免混淆。

在互联网诞生的初期，FTP 就已经被应用在文件传输服务上，而且一直是文件传输服务的主角，不过时至今日，许多网络操作系统所推出的文件传输解决方案，无论是通过共享文件夹或共享驱动器，还是整合到文件系统（例如，Sun 的 NFS），整合性都远优于 FTP，用户通过网络操作系统便可直接操作远程服务器的文件数据，相比之下，FTP 的操作方式就显得繁琐而难用。

为了对 FTP 进行改革，TFTP（Trivial FTP）、SFTP（Simple FTP）这类的精简版协议不断地被提出来，但仍无法挽回 FTP 的风光。其中 TFTP 由于核心码精简，可以顺利置入ROM 中，因而转战至无磁盘系统上继续奋斗，供机器开机时通过网络向服务器读取开机数据，算是延续了 FTP 的生命。

在互联网上，目前提供文件传输服务的技术还有"电子邮件"和"万维网"。相较于电子邮件以"附加文件"夹带文件的方式，FTP 文件传输功能的传输效率高。然而随着互联网越来越普及，许多用户仍选择直接以电子邮件发送文件，为的是操作上的方便，所以，虽然FTP 在传输效益上有优势，但还是无法挽回用户使用电子邮件。如果和万维网相比，则 FTP的劣势就显而易见了。万维网可以提供清楚、完整、即时性的说明，甚至还能显示出欲下载的文件展示图，目前在万维网上提供软件下载的网站，例如，Sohu、中国下载、Sina，都是如此，而 FTP 在这方面是完全无法与之竞争。事实上，当我们使用 FTP 软件连接到 FTP 服务器时，只能看到许多的文件名称。虽然大多数的服务器上会提供帮助文件，但还是纯文本的内容，而且即时性也不够（要先下载帮助文件，看完后再去找文件），对于忙碌、追求速度又为了方便的人来说，FTP 实在是不够个性化，因此 FTP 的没落是必然的。

2. FTP 的运作原理

与其他 TCP 应用协议所不同的是，FTP 在运作时会使用到两条 TCP 连线，一条传输控制指令，一条传输数据。FTP 服务器的规格一开始便保留了"20"与"21"这两个连接端

口，其中端口 21 用在控制连线，端口 20 则用在数据连线。在 FTP 连线期间，控制连线随时都保持在畅通的状态下，但数据连线却是等到要传输文件时，才临时建立起来的，文件一传输完毕，就中断这条临时的数据连线，如图 9-8 所示。

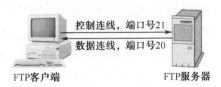

图 9-8 FTP 运行时，必须用两条连线，一条负责控制，一条负责传输数据

我们以实际运作的状况来看：FTP 服务器在启动后会持续检测端口 21。当我们使用 FTP 软件连接到 FTP 服务器的端口 21 时，便会建立控制连线。但是等到我们要下载文件时，才会建立起数据连线，开始传输数据。而数据传输结束时，数据连线也会随之中断，最后当我们结束 FTP 软件时，控制连线也就跟着结束，完成整个 FTP 的操作。

更换连接端口编号注意：有些 FTP 服务器只开放给特定的用户，会故意不用端口 20 与端口 21，而改用其他较不常用到的连接端口。但是这两个端口的编号有连带关系，如果以端口 X 用在控制连线，则端口 X-1 就必然用在数据连线。例如，以端口 49151 当作控制连线连接端口，那么端口 49150 便是它的数据连线连接端口。

虽然 FTP 的战场逐渐消失，但 FTP 仍然是一种很可靠的文件传输协议，而且新版本又加入了错误恢复功能（也就是一般所谓的文件续传功能），更是让它的身价加分。因此 FTP 虽已风光不再，但它仍旧是需要经常进行大量文件传输操作的用户的最爱，例如，许多网页制作者，按旧习惯通过 FTP 将制作好的网页文件传送到网站服务器上，而提供免费网页空间的公司也仍旧支持 FTP。

9.6 电子邮件

9.6.1 SMTP 简介

SMTP（Simple Mail Transfer Protocol，简易邮件传输协议）之所以能成为互联网中主要的电子邮件传输协议，主要是因为当初设计 SMTP 时，设计者希望它是一个小巧、简洁、可适用于各种网络系统的应用协议。结果在互联网普及后，这些特点正好符合互联网的复杂性，于是便迅速地成为最受欢迎的电子邮件传输协议。SMTP 的运行程序很简单，能适用于各种网络系统，如图 9-9 所示。

图 9-9 SMTP 应用广泛

用户代理程序可以协助我们编辑信件内容，然后将信件转交给邮件传输代理程序（Mail Transfer Agent，MTA）发出。两个 MTA 之间便以 SMTP 作为沟通的语言，顺利完成信件的传送与接收工作。而收件人则可以通过用户代理程序阅读别人发给他的电子邮件，并进一步回复或转发他所收到的信件。

不过在实际应用中，用户代理程序和邮件传输代理程序其实都已经被整合在一起了。也就是说，如 Outlook Express、Netscape 这些我们用来收发信件的软件，本身就能协助我们编辑信件内容（用户代理程序的角色），而且在编辑完成后，还可以帮我们把信件发出去（邮件传输代理程序的角色），省去了我们设置与使用上的麻烦。

9.6.2 POP 简介

电子邮件的传递是即时性的，发件人将信件发送过去，收件人马上就收到了，这是电子邮件的一大特点，也是能逐渐取代传统邮寄信件的主要原因之一，但相对地也会产生一个问题：发送信件时，两边计算机都得在正常的连接状态下，否则无法收发信件。

电子邮件和传统邮寄信件最大的区别有 3 点：即时性高、成本低、遗失率低。这 3 点也是电子邮件的最大优点。用户上网多半是通过 ISP 转接，而 ISP 则会提供几台 24 小时运行、全年无休的邮件服务器，并给我们一个电子邮件账号。凡是要寄到这个账号的信件，都将暂存于这台服务器，直到我们连接到这台服务器取回信件，解决了 STMP 需要两端都在线才能运作的问题。

POP（Post Office Protocol）通信协议正是用来从邮件服务器取回信件的。目前大多数邮件服务器都支持 POP 协议的第 3 个版本，简称为 POP3（Post Office Protocol-Version 3），如图 9-10 所示。

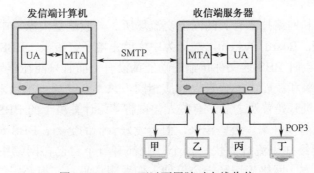

图 9-10　POP3 可以不用随时在线收信

POP3 协议的结构简洁而易于实际操作，已成为信件下载的业界标准。此外，在这个简洁的结构下，邮件服务器仅负责信件下载的相关工作，其他的邮件处理工作则交由用户的电子邮件软件负责，一方面减轻了邮件服务器的负担，另一方面也让电子邮件软件有更大的发挥空间，可以设计出更多更好用的邮件编辑与显示功能，如图 9-11 所示。

电子邮件高即时性、低成本的特性，使使用电子邮件的人数逐日递增，而邮件服务器的任务也越来越重，成为互联网里不可或缺的主角。用户要发送电子邮件时，只要通过 SMTP 直接将邮件丢给服务器，而用户再通过 POP3 将邮件下载回自己的计算机即可，快速又方便，再加上现在的电子邮件可以夹带各种文件，方便性更加显著。

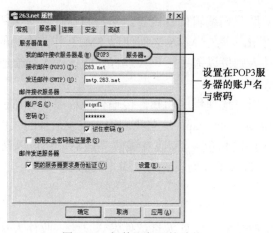

图 9-11　邮件服务器的功能

电子邮件的安全问题主要有两点：

① 发送的安全性：大家都知道网络黑客的厉害，甚至可以说，只要他们有心，几乎可以侵入任一部邮件服务器，因此信件发送的安全性一直是令人困扰的问题。

② 来源的可信度：在网络上，要伪装成另一名用户发送信件非常简单，但又很难追查，因此要如何确认信件来源，将是未来电子邮件发展的方向之一。

9.7　网络论坛

9.7.1　网络论坛的概念

网络论坛是一个和网络技术有关的网上交流场所。一般就是大家口中常提的 BBS。BBS 的英文全称是 Bulletin Board System，翻译为中文就是电子公告板。BBS 最早是用来公布股市价格等类信息的，当时 BBS 连文件传输的功能都没有，而且只能在苹果计算机上运行。早期的 BBS 与一般街头和校园内的公告板性质相同，只不过是通过电脑来传播或获得消息而已。一直到个人计算机开始普及之后，有些人尝试将苹果计算机上的 BBS 转移到个人计算机上，BBS 才开始渐渐普及开来。近些年来，由于爱好者们的努力，BBS 的功能得到了很大的扩充。因为现在的网络知识流行太快，每个行业都有一个自己在网络中进行交流的一块区域。论坛是最好的地方。网络论坛是一个可使人们发表意见、交换心得的园地，在论坛中，可以看到别人的高见，并能发表自己的意见参与讨论。我们可以将网络论坛想象为一个会议室，而这个会议室可以是全球性的，也可以是区域性的，可以是自由参加的，也可以是组织成员才能参与的。

BBS 多被作为大型公司或中小型企业开放给客户交流的平台。对于初识网络的新人来讲，BBS 就是在网络上交流的地方，可以发表一个主题，让大家一起来探讨，也可以提出一个问题，大家一起来解决等，是一个人与人语言文化共享的平台，具有实时性、互动性。随着时代的发展。新新人类的出现。同时论坛也使得新型词语或一些不正规的词语飞速蔓延，例如，斑竹（版主），罐水（灌水），沙发（第一个回帖人），板凳（第二个回贴人）。因此，在交流的时候请注意，同时避免不正规的词语蔓延。

9.7.2　网络论坛的分类

论坛如同雨后春笋般出现，并迅速发展壮大。现在的论坛几乎涵盖了我们生活的各个方面，几乎每一个人都可以找到自己感兴趣或者需要了解的专题性论坛，而各类网站，综合性门户网站或者功能性专题网站也都青睐于开设自己的论坛，以促进网友之间的交流，增加互动性和丰富网站的内容。

（1）综合类论坛

综合类论坛包含的信息比较丰富和广泛，能够吸引方方面面的网民来到论坛，但是由于广便难于精，所以这类论坛往往存在着弊端，即不能全部做到精细和面面俱到。通常大型门户网站有足够的人气和凝聚力以及强大的后盾支持，所以能够把门户类网站做到很强大，但是对于小型规模的网络公司，或个人经营的论坛站，应倾向于选择专题性的论坛，来做到精致。

（2）专题类论坛

此类论坛是相对于综合类论坛而言，专题类的论坛，能够吸引真正志同道合的人一起来交流探讨，有利于信息的分类整合和搜集。专题性论坛对学术、科研、教学都起到重要的作用，例如，军事类论坛、情感倾诉类论坛、电脑爱好者论坛、动漫论坛，这样的专题性论坛能够在单独的一个领域里进行版块的划分设置。但是有的论坛，把专题性直接做到最细化，这样往往能够取到更好的效果，如养猫人论坛、吉他论坛等。

（3）教学型论坛

这类论坛如一些教学类的博客，或者是教学网站，其核心为对某一类知识的传授和学习。在计算机软件等技术类的行业，这样的论坛发挥着重要的作用，因为通过在论坛里浏览帖子，发布帖子，能迅速与很多人在网上进行技术性的沟通和学习，譬如金蝶友商网。

（4）推广型论坛

这类论坛通常不是很受网民的欢迎，因其生来就注定是要作为广告的形式，为某一个企业，或某一种产品进行宣传服务。从 2005 年起，这样形式的论坛很快成立起来。但是往往这样的论坛，很难具有吸引人的性质，且单就其宣传推广的性质，很难有大作为，所以这样的论坛寿命经常很短，论坛中的会员也几乎是由受雇佣的人员非自愿组成。

（5）地方性论坛

地方性论坛是论坛中娱乐性与互动性最强的论坛之一。不论是大型论坛中的地方站，还是专业的地方论坛，都有很热烈的网民反响，比如百度长春贴吧、北京贴吧或者是清华大学论坛、一汽公司论坛等，地方性论坛能够更大程度地拉近人与人的沟通，因为地方性论坛中的成员有一定的局域限制性，他们或多或少都来自于相同的地方，这样即有那么点点的真实感、安全感，再加上网络特有的朦胧感，因此这样的论坛常常受到网民的欢迎。

（6）交流性论坛

交流性论坛又是一个广泛的大类，这样的论坛重点在于论坛会员之间的交流和互动，所以内容也较丰富多样，有供求信息、交友信息、线上线下活动信息、新闻等。这样的论坛是将来论坛发展的大趋势。

网络论坛的确是一个非常好的功能，特别是它的主题成千上万，用户遍及全球，学者、专家不计其数，只要在上面发问，几乎在 24 小时内，就可以获得解答。不过目前网络论坛有一个很大的问题就是：垃圾信充斥。这是因为网络论坛是一个开放式的园地，每天发上去

的帖子数以万计，要以人工逐封过滤根本是不可能的。虽然有些网络论坛会利用邮件过滤的功能，自动滤除掉含有特定关键字或特定发帖人所送出的帖子。可是道高一尺，魔高一丈，发送垃圾帖的人，总是想办法避开过滤的操作，因此垃圾帖的问题依旧严重。

由于垃圾帖的问题，网络论坛渐趋弱势。不过拜万维网所赐，目前网络论坛逐渐由电子邮件的接口，转而成为万维网的接口，不但查找主题方便，过滤的功能更好，而且可以选择只看最近一天的文章或热门话题等，完成以前论坛所做不到的事，因此网络论坛再次热闹起来，也让我们有更方便、更多的空间来切磋、交流彼此的意见。

9.8 博客

9.8.1 博客的概念

博客又译为网络日志、部落格或部落阁等，是一种通常由个人管理、不定期张贴新的文章的网站。博客上的文章通常根据张贴时间，以倒序方式由新到旧排列。许多博客专注在特定的课题上提供评论或新闻，其他则被作为比较个人的日记。一个典型的博客结合了文字、图像、其他博客或网站的链接、其他与主题相关的媒体，能够让读者以互动的方式留下意见，这些都是博客的重要元素。大部分的博客内容以文字为主，仍有一些博客专注在艺术、摄影、视频、音乐、播客等各种主题。博客是社会媒体网络的一部分。

博客最初的名称是 Weblog，由 web 和 log 两个单词组成，按字面意思就为网络日记，后来喜欢新名词的人把这个词的发音故意改了一下，读成 we blog，由此，blog 这个词被创造出来。中文意思即网志或网络日志，往往也将 Blog 本身和 blogger（即博客作者）均音译为"博客"。"博客"有较深的涵义："博"为"广博"；"客"不单是"blogger"，更有"好客"之意；看 Blog 的人都是"客"。Blog 本身有社群、群组的意义，借由 Blog 可以将网络上网友集结成一个大博客，成为另一个具有影响力的自由媒体。

Blogger 即指撰写 Blog 的人。Blogger 在很多时候也被翻译成为"博客"一词，而撰写 Blog 这种行为，有时候也被翻译成"博客"。因而，中文"博客"一词，既可作为名词，分别指代两种意思——Blog（网志）和 Blogger（撰写网志的人），也可作为动词，意思为撰写网志这种行为。在不同的场合分别表示不同的意思。

Blog 是一个网页，通常由简短且经常更新的帖子构成。这些帖子一般是按照年份和日期倒序排列的。而作为 Blog 的内容，它可以是你纯粹个人的想法和心得，包括你对时事新闻的个人看法，也可以是在基于某一主题的情况下或是在某一共同领域内由一群人集体创作的内容。它并不等同于"网络日记"。作为网络日记带有很明显的私人性质，而 Blog 则是私人性和公共性的有效结合，它绝不仅仅是纯粹个人思想的表达和日常琐事的记录，它所提供的内容可以用来进行交流和为他人提供帮助，可以包容整个互联网，具有极高的共享精神和价值。一个 Blog 就是一个网页，它通常是由简短且经常更新的文章所构成，这些张贴的文章都按照年份和日期排列。Blog 的内容和目的有很大的不同，有对其他网站的超级链接和评论，有关于公司、个人、构想的新闻，有个人创作的日记、照片、诗歌、散文，甚至科幻小说，等等。Blog 可以是个人所思所想、所见所闻，也可以是一群人基于某个特定主题或共同利益领域的集体创作。

简言之，Blog 就是以网络作为载体，简易、迅速、便捷地发布自己的心得，及时、有效、轻松地与他人进行交流，再集丰富多彩的个性化展示于一体的综合性平台。不同的 Blog 可能使用不同的编码，所以相互之间也不一定兼容。而且，目前很多 Blog 都提供丰富多彩的模板等功能，这使得不同的博客各具特色。Blog 是继 Email、BBS、ICQ 之后出现的第四种网络交流方式，是网络时代的个人"读者文摘"，是以超级链接为武器的网络日记，代表着新的生活方式和新的工作方式，更代表着新的学习方式。

目前网络上发表和张贴 Blog 的目的有很大的差异。不过，由于沟通方式比电子邮件、讨论群组更简单和容易，Blog 已成为家庭、公司、部门和团队之间越来越盛行的沟通工具，因此它也逐渐被应用在企业内部网络中。

9.8.2　博客的分类

1．基于功能分类

（1）基本博客

基本博客是博客中最简单的形式。单个的作者对于特定的话题提供相关的资源，发表简短的评论。这些话题几乎可以涉及人类的所有领域。

（2）微型博客

微型博客是目前全球最受欢迎的博客形式，博客作者不需要撰写很复杂的文章，而只需要抒写 140 字（这是大部分的微博字数限制，网易微博的字数限制为 163 个）内的心情文字即可，如 twitter、新浪微博、随心微博、Follow5、网易微博、搜狐微博、腾讯微博等。

2．基于个人和企业分类

（1）个人博客

① 亲朋之间的博客（家庭博客）：这种类型博客的成员主要由亲属或朋友构成，他们是一种生活圈、一个家庭或一群项目小组的成员。

② 协作式的博客：与小组博客相似，其主要目的是通过共同讨论使得参与者在某些方法或问题上达成一致，通常把协作式的博客定义为允许任何人参与、发表言论、讨论问题的博客日志。

③ 公共社区博客：公共出版在几年以前曾经流行过一段时间，但是因为没有持久有效的商业模型而销声匿迹了。廉价的博客与这种公共出版系统有着同样的目标，但是使用更方便，所花的代价更小，所以也更容易生存。

（2）企业博客

对于这种类型博客的管理类似于通常网站的广告管理。企业博客分为：CEO 博客、企业高管博客、产品博客、"领袖"博客，等等。以公关和营销传播为核心的博客应用已经被证明将是商业博客应用的主流。

① CEO 博客：是处在公司领导地位者撰写的博客。这些博客所涉及的公司虽然以新技术为主，但也不乏传统行业的国际巨头，如波音公司等。

② 企业高管博客：即以企业的身份而非企业高管或者 CEO 个人名义进行博客写作。

③ 企业产品博客：即专门为了某个品牌的产品进行公关宣传或者以为客户服务为目的所推出的博客。

④ "领袖"博客：除了企业自身建立博客进行公关传播，一些企业也注意到了博客群体作为意见领袖的特点，尝试通过博客进行品牌渗透和再传播。

⑤ 知识库博客，或者叫 K-LOG：基于博客的知识管理将越来越广泛，使得企业可以

有效地控制和管理那些原来只是由部分工作人员拥有的、保存在文件档案或者个人电脑中的信息资料。知识库博客提供给了新闻机构、教育单位、商业企业和个人一种重要的内部管理工具。

3. 基于存在方式分类

（1）托管博客

无须自己注册域名、租用空间和编制网页，只要去免费注册申请即可拥有自己的博客空间，是一种便捷的方式。

（2）自建独立网站的博客

有自己的域名、空间和页面风格，需要一定的条件。（例如，自己需要会网页制作，需要懂得网络知识，当然，自己域名的博客更自由，有最大限度的管理权限。）

（3）附属博客

将自己的博客作为某一个网站的一部分（如一个栏目、一个频道或者一个地址）。这三类之间可以演变，甚至可以兼得，一人拥有多种博客网站。

另外，按照博客主人的知名度、博客文章受欢迎的程度，可以将博客分为名人博客、一般博客、热门博客等。按照博客内容的来源、知识版权还可以将博客分为原创博客、非商业用途的转载性质的博客以及二者兼而有之的博客。

9.8.3 博客的作用

① 个人自由表达和出版。

② 知识过滤与积累。

③ 深度交流沟通的网络新方式。

④ 展示个人形象或企业形象；用于商业推广。

小   结

互联网的出现是通信技术的一次革命，互联网从一开始就是为人们的交流服务的。计算机或计算机网络的根本作用是为人们的交流服务，而不仅是用来计算。互联网就是能够相互交流、相互沟通、相互参与的互动平台。

本章主要内容包括互联网的概念、互联网的结构、上网的方式、万维网、电子邮件和网络论坛等。通过本章内容的学习，可以为进一步学习互联网建立基础。

拓展练习

1. 组成互联网的各个网络间，通常是通过（   ）来进行实体的连接。

    A. 基本线路　　　　　　B. 主干线路　　　　C. 核心线路　　　　　D. 通信协议

2. ADSL 的关键概念是（   ）。

    A. 上行与下行的带宽对称　　　　　　　　B. 上行与下行的带宽不对称

    C. 传输速度高达 8 Mb/s　　　　　　　　D. 能利用电话网络来连接互联网

3. 设计万维网时，其构想是（   ）。

    A. 创造一个共同的信息空间　　　　　　　B. 建立一个便宜的信息传输通道

    C. 设计一个安全的信息传输机制　　　　　D. 提供一个更快速的信息传输方式

4. 下列（　　　）是目前无磁盘系统上的文件传输技术。

    A. FTP　　　　　　　　B. SFTP　　　　　　　　C. TFTP　　　　　　　　D. CFTP

5. 按 FTP 的规格来说，其所定义用来进行控制连线的连接端口号为（　　　）。

    A. 49150　　　　　　　B. 49151　　　　　　　C. 20　　　　　　　D. 21

6. ISP 的用途是什么？

7. 简述 ADSL 的特点。

8. 是什么原因导致各种浏览程序所支持的功能略有差异？

9. 简述电子邮件的运作过程。

10. 什么是网络论坛？

11. 什么是博客？分几类？

12. 阐述博客的主要用处。

第10章

网络安全

本章主要内容

- 网络安全概念
- 数据加密技术概述
- 网络攻击、检测与防范技术
- 计算机病毒与反病毒
- 因特网的层次安全技术

10.1　网络安全概念

安全性是互联网技术中最关键且最容易被忽视的问题。许多组织都建立了庞大的网络体系，但在多年的使用中从未考虑过安全问题，直到网络安全受到威胁，才不得不采取安全措施。随着计算机网络的广泛使用和网络之间数据传输量的急剧增长，网络安全的重要性愈加突出。

10.1.1　网络安全的重要性

黑客威胁网络安全的报道已经屡见不鲜。然而内部工作人员能较多地接触内部信息，工作中的任何大意也都可能给信息安全带来危险。无论是有意的攻击，还是无意的误操作，都会给系统带来不可估量的损失。虽然目前大多数的攻击者只是恶作剧似的使用篡改网站主页面、拒绝服务等攻击，但当攻击者的技术达到了某个层次后，他们就可以窃听网络上的信息，窃取用户密码、数据库等信息；还可以篡改数据库内容，伪造用户身份，否认自己的签名。更有甚者，可以删除数据库内容，摧毁网络结点，释放计算机病毒等。

综上所述，网络必须有足够强大的安全措施。无论是在局域网中还是在广域网中，无论是单位还是个人，网络安全的目标是能全方位地防范各种威胁以确保网络信息的保密性、完整性和可用性。

10.1.2 网络安全现状

20 世纪 90 年代初，英、法、德、荷 4 国联合提出了包括保密性、完整性、可用性概念的"信息技术安全评价准则"（TISFC），但是该准则中并没有给出综合解决上述问题的理论模型和方案。近年来 6 国 7 方（美国国家安全局和国家技术标准研究所、加、英、法、德、荷）共同提出了"信息技术安全评价通用准则"（CC for IT SEC）。CC 综合了国际上已有的评审准则和技术标准的精华，给出了框架和原则要求。然而，它仍然缺少综合解决信息的多种安全属性的理论模型依据。更重要的是，他们的高安全级别的产品对我国是封锁禁售的。作为信息安全的重要内容，安全协议的形式化方法分析始于 20 世纪 80 年代初，目前主要有基于状态机、模态逻辑和代数工具的 3 种分析方法，但仍有局限性和漏洞，处于发展提高阶段。

由于在广泛应用的 Internet 上，黑客入侵事件不断发生，不良信息在网上大量传播，所以网络安全监控管理理论和机制的研究就备受重视。黑客入侵手段的研究分析、系统脆弱性检测技术、报警技术、信息内容分级标识机制、智能化信息内容分析等研究成果已经成为众多安全工具软件的基础。

从已有的研究结果可以看出，现在的网络系统中存在着许多设计缺陷和情报机构有意埋伏的安全陷阱。例如在 CPU 芯片中，发达国家利用现有技术条件，可以植入无线发射接收功能，在操作系统、数据库管理系统或应用程序中能够预先安置从事情报收集、受控激发的破坏程序。通过这些功能，可以接收特殊病毒；接收来自网络或空间的指令来触发 CPU 的自杀功能，搜集和发送敏感信息；通过特殊指令在加密操作中将部分明文隐藏在网络协议层中传输等。而且，通过唯一识别 CPU 个体的序列号，可以主动、准确地识别、跟踪或攻击一个使用该芯片的计算机系统，根据预先设定收集敏感信息或进行定向破坏。

作为信息安全关键技术的密码学，近年来空前活跃，密码学和信息安全学术会议频繁举行。1976 年出现的公开密钥密码体制，克服了网络信息系统密钥管理的困难，同时解决了数字签名问题，并可用于身份认证。目前处于研究和发展阶段的电子商务的安全性是人们普遍关注的焦点，它带动了论证理论、密钥管理等方面的研究。随着计算机运算速度的不断提高，各种密码算法面临着新的密码体制，如量子密码、DNA 密码、混沌理论等的挑战。

基于密码理论的综合研究成果和可信计算机系统的研究成果，构建公开密钥基础设施、密钥管理基础设施成为当前的另一个热点。

10.1.3 网络面临的主要威胁

影响计算机网络的因素很多，如有意的或无意的、人为的或非人为的，外来黑客对网络系统资源的非法使用。归结起来，网络安全的威胁主要有以下几个方面。

1. 人为的无意失误

人为的疏忽包括失误、失职、误操作等。例如，操作员安全配置不当所造成的安全漏洞、用户安全意识不强、用户密码选择不慎、用户将自己的账号随意转借他人或与别人共享等都会对网络安全构成威胁。

2. 人为的恶意攻击

这是计算机网络所面临的最大威胁，敌人的攻击和计算机犯罪就属于这一类。此类攻击

又可以分为以下两种：一种是主动攻击，它以各种方式有选择地破坏信息的有效性和完整性；另一类是被动攻击，它是在不影响网络正常工作的情况下，进行截获、窃取、破译以获得重要机密信息。这两种攻击均可对计算机网络造成极大的危害，并导致机密数据的泄漏。人为恶意攻击具有下述特性。

（1）智能性

从事恶意攻击的人员大都具有相当高的专业技术和熟练的操作技能。他们的文化程度高，在攻击前都经过了周密的预谋和精心策划。

（2）严重性

涉及到金融资产的网络信息系统恶意攻击，往往会由于资金损失巨大，而使金融机构、企业蒙受重大损失，甚至破产。同时，也给社会稳定带来震荡。如美国资产融资公司计算机欺诈案，涉及金额20亿美元之巨，犯罪影响震惊全美。

（3）隐蔽性

人为恶意攻击的隐蔽性很强，不易引起怀疑，作案的技术难度大。一般情况下，其犯罪的证据，存在于软件的数据和信息资料之中，若无专业知识很难获取侦破证据。而且作案人可以很容易地毁灭证据。计算机犯罪的现场也不像传统犯罪现场那样明显。

（4）多样性

随着计算机互联网的迅速发展，网络信息系统中的恶意攻击也随之发展变化。出于经济利益的巨大诱惑，近年来，各种恶意攻击主要集中于电子商务和电子金融领域。攻击手段日新月异，新的攻击目标包括偷税漏税、利用自动结算系统洗钱以及在网络上进行盈利性的商业间谍活动等。

3．网络软件的漏洞

网络软件不可能无缺陷和无漏洞。这些漏洞和缺陷恰恰是黑客进行攻击的首选目标。曾经出现过的黑客攻入网络内部事件大多是由于安全措施不完善导致的。

4．非授权访问

没有预先经过同意，就使用网络或计算机资源被视为非授权访问，如对网络设备及资源进行非正常使用，擅自扩大权限或越权访问信息等。主要包括：假冒身份攻击、非法用户进入网络系统进行违法操作、合法用户以未授权方式进行操作等。

5．信息泄露或丢失

信息泄露或丢失是指敏感数据被有意或无意地泄露出去或者丢失，通常包括信息在传输中丢失或泄露，例如黑客们利用电磁泄漏或搭线窃听等方式可截获机密信息，或通过对信息流向、流量、通信频度和长度等参数的分析，进而获取有用信息。

6．破坏数据完整性

破坏数据完整性是指以非法手段窃取数据的使用权，删除、修改、插入或重发某些重要信息，恶意添加，修改数据，以干扰用户的正常使用。

10.1.4　网络安全的定义

网络安全是指为保护网络不受任何损害而采取的所有措施的总和。当正确采用这些措施时，能使网络得到保护，得以正常运行。

网络安全的定义中包含3方面的内容：保密性、完整性和可用性。

1. 保密性

保密性是指网络能够阻止未经授权的用户读取保密信息。

2. 完整性

完整性包括资料的完整性和软件的完整性。资料的完整性是指在未经许可的情况下，确保资料不被删除或修改。软件的完整性是指确保软件程序不会被错误、怀有恶意的用户或病毒修改。

3. 可用性

可用性是指网络在遭受攻击时可以确保合法用户对系统的授权访问正常进行。

10.2 数据加密技术概述

在信息时代，一方面信息服务于生产、生活，使我们受益；另一方面，信息的泄漏可能对我们构成巨大的威胁。因此，在客观上就需要一种强有力的安全措施来保护机密数据不被窃取或篡改。数据加密与解密在宏观上非常简单，很容易理解。加密与解密的方法非常直接，而且很容易被掌握，可以很方便对机密数据进行加密和解密。

加密是指发送方将一个信息（或称明文）经过加密钥匙及加密函数转换，变成无意义的密文，而接收方则将此密文经过解密函数、解密钥匙还原成明文。

密码是实现秘密通信的主要手段，是隐蔽语言、文字、图像的特种符号。凡是用特种符号按照通信双方约定的方法把电文的原形隐蔽起来，不为第三者所识别的通信方式统称为密码通信。在计算机通信中，采用密码技术将信息隐蔽起来，再将隐蔽后的信息传输出去，使信息在传输过程中即使被窃取或被截获，窃取者也无法了解信息的内容，从而保证信息传输的安全。

加密技术是网络安全技术的基石。任何一个加密系统至少包括下面四个组成部分：

① 明文（未加密的报文）。

② 密文（加密后的报文）。

③ 加密解密设备或算法。

④ 加密解密的密钥。

计算机网络中的加密可以在不同的层次上进行，最常见的是在应用层、链路层和网络层。应用层加密需要所使用的应用程序的支持，包括客户机和服务器的支持。这是一种高级别的加密，在单项安全应用中十分有效，但它不能保护网络链路。链路层加密仅适用于单一网络链路，仅仅在某条线路上保护数据，而当数据通过其他链路、路由、中介主机时则不予保护。它是一种比较低级的加密，不能广泛应用。网络层加密介于应用层加密和链路层加密之间，加密是在发送段进行，通过不可信的中间网络传送，然后在接收端解密。加密和解密操作是由可信任端的路由器或其他网络设备完成。

数据加密可以分为两种途径：一种是通过硬件实现数据加密，另一种是通过软件实现数据加密。通常所说的数据加密是指通过软件对数据进行加密。

1. 硬件加密技术

通过硬件实现网络数据加密的方法有 3 种：链路层加密、结点加密和端对端加密。

链路层加密是将密码设备安装在结点跟调制解调器之间，使用相同的密钥，在物理层上实现两通信结点之间的数据保护。

结点加密是在传输层上进行的数据加密，其加密算法依附于加密模型实现，每条链路使用一个专用密钥，明文不通过中间结点。

端对端加密是在表示层上对传输的数据进行加密，数据在中间结点不需要解密，其加密的方法可以用硬件实现，也可以用软件实现。目前，多用硬件实现而且采用脱机的方式进行。

2. 软件加密技术

常用的软件加密方法为对称加密和非对称加密。

10.2.1 数据加密的原理

首先通过一个例子来介绍数据加密的原理。例如银行传递一张支票，采取步骤如下：

① 在一张空白支票上填写接收者的姓名和金额。

② 在支票上签上自己的姓名（称为授权过程）。

③ 把支票放在一个信封内，以防其他人看见。

④ 把支票交给邮局来投递。

接收者：

① 接收者收到信件后，检查信件的完整性。

② 如果对支票的真实性有怀疑，可以到银行去检查签名的正确性。

③ 如果签名正确，银行可以转移支票的金额，从而实现整个交易。

但是在电子环境下，这个支票在计算机网络上传递可能产生如下问题：

① 由于网络（特别是 Internet）上很多人能截取和阅读这个支票，所以需要私有性。

② 由于其他人可能伪造这样的支票，所以需要身份鉴别。

③ 由于原签署者可能否认这个支票，所以需要不可复制性。

④ 由于其他人可能改变支票的内容，所以需要完整性。

为了克服这些问题，委托者需要采取以下一些数据处理方式。

1. 私有性和加密

一个电子支票可以通过一些高速数学算法对数据进行变换，一般需要使用一个密钥，这个过程称为加密。

2. 数字签名

数字签名可以解决支票的身份鉴别、不可复制性、完整性等问题。

3. 明文

需要被加密的信息称为明文。

4. 密文

明文通过加密函数变换后的信息称为密文。

5. 密钥

加密函数以一个密钥（Key）作为参数，可以用 $C=E(P，Key)$ 来表示这个加密过程。

10.2.2 传统数据加密模型

数据加密由基于字符的密码算法构成。不同的密码算法只是字符之间互相代替或换位。好的密码算法综合了以上两种方法，每次进行多次运算。

虽然加密现在变得复杂多了，但原理还是没变。重要的变化是算法对位而不是对字母进行变换。实际上这只是字母表长度上的改变，由原来的 26 个元素变为 2 个元素。大多数好的密码算法仍然是代替和换位的元素组合。传统加密的一般过程如图 10-1 所示。

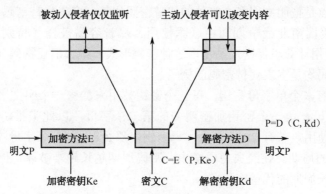

图 10-1　传统加密的一般过程

1. 代替密码

代替密码就是明文中每一个字符被替换为另外一个字符。接收者对密文进行逆替换就能恢复明文。

在经典密码学中，有下述 4 种类型的代替密码。

（1）单字母代替密码

单字母代替密码是一种简单代替密码，这种方法就是把明文的一个字符用相应的一个密文字符代替。报纸中的密报就使用了这种方法。著名的恺撒密码就是一种简单的代替密码，它的每一个明文字符都由其右边第 3 个（模 26）字符代替（A 由 D 代替，B 由 E 代替，W 由 Z 代替，X 由 A 代替，Y 由 B 代替，Z 由 C 代替）。它是一种很简单的代替密码，因为密文字符是明文字符的环移替换，并且不是任意置换。

ROT13 是建在 UNIX 系统上的简单的加密程序，也是一种简单的代替密码。在这种加密方法中，A 被 N 代替，B 被 O 代替等，每一个字母是环移 13 所对应的字母。

用 ROT13 加密文件两遍便恢复出原始的文件：

$$P=ROT13（ROT13（P））$$

ROT13 经常用来在互联网 Vsenet 电子邮件中隐藏特定的内容，以避免泄露一个难题的解答等。

单字母代替密码很容易破译，因为它没有把明文的不同字母的出现频率掩盖起来。

（2）多名码代替密码

这种方法与简单代替密码相似，唯一的不同是单个字符明文可以映射成密文的几个字符之一，例如，A 可能对应于 5、13、25 或 56，B 可能对应于 7、19、31 或 42 等。多名码代替密码最早由 Duchy Mantua 公司使用，这些密码比简单代替密码更难破译，但仍不能掩盖明文的所有统计特性。用已知明文攻击，破译这种密码非常容易，在计算机上只需几秒钟就可以实现解密。

（3）多字母代替密码

这种方法是把字符块成组加密，也就是字母成组加密，例如"ABA"可能对应于"RTQ"，"ABB"可能对应于"SLL"等。多字母代替密码是由普莱费尔在 1854 年发明的。

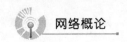

在第一次世界大战中英国人就采用这种密码。希尔密码是多字母代替密码的又一个例子。Huffman 编码是另一种不安全的多字母代替密码。

（4）多表代替密码

这种方法的特点是把明文用多个简单的代替密码代替。多表代替密码由 Leon Battista 在 1568 年发明，在美国南北战争期间由联军使用。尽管容易破译（特别是在计算机的帮助下），但仍有许多商用计算机保密产品使用这种密码形式。维吉尼亚密码（第一次在 1586 年发表）和博福特密码均是多表代替密码的例子。

多表代替密码有多个单字母密钥，每一个密钥被用来加密一个明文字母。第一个密钥加密明文的第一个字母，第二个密钥加密明文的第二个字母，以此类推。当所有的密钥用完后，密钥再次循环使用。若有 20 个单个字母密钥，那么每隔 20 个字母的明文都被同一密钥加密，这称为密码的周期。在经典密码学中，密码周期越长越难破译，但使用计算机就能够轻易地破译具有很长周期的代替密码。

2. 换位密码

在换位密码中，明文的字母保持相同，但顺序被打乱，即明文字符并没有被替换，而是出现的位置改变了。

例如：密钥是 megabuck，对

Pleasetransferonemilliondollarstomyswissbankaccountsixtwotwo

进行加密，加密过程如下（一列不满时用 abcde 等填写）：

```
m  e  g  a  b  u  c  k
7  4  5  1  2  8  3  6
p  l  e  a  s  e  t  r
a  n  s  f  e  r  o  n
e  m  i  l  l  i  o  n
d  o  l  l  a  r  s  t
o  m  y  s  w  i  s  s
b  a  n  k  a  c  c  o
u  n  t  s  i  x  t  w
o  t  w  o  a  b  c  d
```

加密时按列书写，次序按字母顺序，上述明文加密后的密文是：

Afllsksoselawaiatoossctclnmomantesilyntwrnntsowdpaedobuoeriricxb

10.2.3 加密算法分类

数据加密是保障数据安全的最基本、最核心的技术支持和理论基础。数据加密也是现代密码学的重要组成部分。数据加密过程由各种加密算法具体实施，它以很小的代价提供很大的安全保护。在多数情况下，数据加密是保证信息机密性的唯一方法。据不完全统计，到目前为止，已经公开发表的各种加密算法达数百种之多。

数据加密一般分为两类：对称加密，非对称加密。

1. 对称加密

在对称密钥体制中，收信方和发信方使用相同的密钥。比较著名的对称密钥算法有美国的 DES 及其各种变形。比如，Triple DES、GDES、NewDES 和 DES 的前身 Lucifer；欧洲的

IDEA；日本的 FEAL-N、LOKI-91、Skipjack、RC4、RC5 以及以代换密码和转轮密码为代表的古典密码等，其中影响最大的是 DES 密码算法。

2. 非对称加密

非对称加密是指收信方和发信方使用的密钥互不相同，而且几乎不可能由加密密钥推导出解密密钥。比较著名的公钥密码算法有：RSA、背包密码、McEliece 密码、Diffe-Hellman、Rabin、Ong-FiatShamir、零知识证明的算法、Elliptic Curve、ElGamal 算法等。最有影响的公钥加密算法是 RSA。

在实际应用中，通常将对称密码和公钥码结合在一起使用，例如利用 DES 或者 IDEA 来加密信息，而采用 RSA 来传递会话密钥。

如果按照每次加密所处理的位数来分类，可以将加密算法分为序列密码和分组密码。前者每次只加密一位，而后者则先将信息序列分组，每次同时处理一个组。

10.3 网络攻击、检测与防范技术

随着计算机网络的广泛使用和发展，信息的共享给我们的工作和生活带来更多便利的同时，也引起了许多安全方面的问题。而且这一问题日趋严重，采取有效的措施解决这一问题就变得刻不容缓了。

10.3.1 网络攻击简介

1. 网络攻击的定义

任何以干扰、破坏网络系统为目的的非授权行为都称之为网络攻击。法律上对网络攻击的定义有两种观点：第一种是指攻击仅仅发生在入侵行为完全完成，并且入侵者已在目标网络内；另一种观点是指可能使一个网络受到破坏的所有行为，即从一个入侵者开始在目标机上工作的那个时刻起，攻击就开始了。入侵者对网络发起攻击的地点是多种多样的，可以发生在家里、办公室或车上等。

2. 常见的网络安全问题

常见的网络安全问题有以下几类。

（1）病毒

病毒与计算机相伴而生，而 Internet 更是病毒孳生和传播的温床。从早期的"小球病毒"到引起全球恐慌的"梅丽莎"和 CIH，病毒一直是计算机系统最直接的安全威胁。

（2）内部威胁和无意破坏

事实上，大多数威胁来自企业内部人员的蓄意攻击。此外，一些无意失误，如丢失密码、疏忽大意、非法操作等都可以对网络造成极大的破坏。据统计，此类问题在网络安全问题中的比例高达 70%。

（3）系统的漏洞和陷门

操作系统和网络软件不可能完全没有缺陷和漏洞。这些漏洞和缺陷恰恰是黑客进行攻击的首选目标。大部分黑客攻入网络内部的事件都是因为安全措施不完善所致。另外，软件的陷门通常是软件公司编程人员为了自便而设置的，一般不为外人所知，而一旦陷门打开，造成的后果将不堪设想。

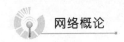

（4）网上的蓄意破坏

在未经许可的情形下篡改他人网页，此类犯案动机多半是因为政治原因或仅仅为了炫耀自己的技术。近年来，此类案件频频发生。

（5）侵犯隐私或机密资料

很多人有这样的经验，当你从事网络购物或信息搜索时，对方往往会要求你提供信用卡资料进行注册，并添加一大段文字确保个人资料的安全。事实上，黑客并不需使用多么先进的技术便可获得此类资料，他们通常只需利用偷窥信息的封装程序，即可得知使用者的注册名称和密码，然后利用这些资料上网获取用户的个人资料。

（6）拒绝服务

组织或机构因为有意或无意的外界因素或疏漏，导致无法完成应有的网络服务项目，称为拒绝服务。

3. 网络攻击的手段

（1）服务器拒绝服务攻击

拒绝服务是指一个未经授权的用户不需要任何特权就可以使服务器无法对外提供服务，从而影响合法用户的使用。拒绝服务攻击可以由任何人发起。拒绝服务攻击是最不容易捕获的攻击，因为不留任何痕迹，安全管理人员不易确定攻击来源。其攻击目标是使得网络上结点系统瘫痪，因此是很危险的攻击。当然，就防守一方的难度而言，拒绝服务攻击是比较容易防御的攻击类型。这类攻击的特点是以潮水般的申请使系统在应接不暇的状态中崩溃；除此之外，拒绝服务攻击还可以利用操作系统的弱点，有目标地进行针对性的攻击。

（2）利用型攻击

① 密码猜测：通过猜测密码进入系统，从而对系统进行控制是一种常见的攻击手段，因为它只要能在登录次数范围内提供正确的密码，即可实现成功的登录。

② 特洛伊木马：特洛伊木马是在一个普通的程序中嵌入了一段隐藏的、激活时可用于攻击的代码。特洛伊木马可以完成非授权用户无法完成的功能，也可以破坏大量数据。

（3）信息收集型攻击

网络攻击者经常在正式攻击之前，进行试探性的攻击，目标是获取系统有用的信息。

① 扫描技术：

● 端口扫描：利用某种软件自动找到特定的主机并建立连接。

● 反向映射：向主机发送虚假消息。

● 慢速扫描：以特写的速度来扫描以逃过侦测器的监视。

● 体系结构探测：使用具有数据响应类型的数据库的自动工具对目标主机针对坏数据包传送所作出的响应进行检查。

② 利用信息服务：

● DNS 域转换：利用 DNS 协议对转换或信息性的更新不进行身份认证，以便获得有用信息。

● Finger 服务：使用 Finger 命令来刺探一台 Finger 服务器，以获取关于该系统的用户的信息。

● LDAP 服务：使用 LDAP 协议窥探网络内部的系统及其用户信息。

（4）假消息攻击

① DNS 调整缓存污染：DNS 服务器与其他名称服务器交换信息时不进行身份验证。

② 伪造电子邮件：由于 SMTP 并不对邮件发送者的身份进行鉴定，所以有可能被内部客户伪造。

（5）逃避检测攻击

黑客已经进入有组织计划地进行网络攻击的阶段，黑客组织已经发展出不少逃避检测的技巧。但是，攻击检测系统的研究方向之一就是要对逃避企图加以克服。

10.3.2　网络攻击检测技术

攻击检测是防火墙的合理补充，可以帮助系统对付网络攻击，扩展了系统管理员的安全管理能力（包括安全审计、监视、进攻识别和响应），提高了信息安全基础结构的完整性。攻击检测技术从计算机网络系统中的若干关键点收集信息，并分析这些信息，看看网络中是否有违反安全策略的行为和遭到袭击的迹象。攻击检测被认为是防火墙之后的第二道安全闸门，在不影响网络性能的情况下能对网络进行监测，从而提供对内部攻击、外部攻击和误操作的实时保护。具体负责执行以下任务：

① 监视、分析用户及系统活动。

② 系统构造和弱点的审计。

③ 识别反映已知进攻的活动模式并向相关人士报警。

④ 异常行为模式的统计分析。

⑤ 评估重要系统和数据文件的完整性。

⑥ 操作系统的审计跟踪管理，并识别用户违反安全策略的行为。

一个成功的攻击检测系统，不但可使系统管理员时刻了解网络系统的任何变更，还能给网络安全策略的制订提供指南。更为重要的是管理、配置简单，从而使非专业人员非常容易地掌握并获得网络安全。此外，攻击检测的规模会根据网络威胁、系统构造和安全需求的改变而改变。攻击检测系统在发现攻击后，能及时作出响应，包括切断网络连接、记录事件和报警等。

1.　攻击检测过程

（1）信息收集

攻击检测的第一步是信息收集，内容包括系统、网络、数据及用户活动的状态和行为。而且需要在计算机网络系统中的若干不同关键点收集信息，这除了尽可能扩大检测范围的原因外，还有一个重要的原因就是从一个来源的信息有可能看不出疑点，但从几个来源的信息的不一致性却是判断攻击的最好标识。

攻击检测很大程度上依赖于收集信息的可靠性和正确性，因此，很有必要只利用精确的软件来报告这些信息。因为黑客经常替换软件以搞混和移走这些信息，例如替换被程序调用的子程序、库和其他工具。黑客对系统的修改可能使系统功能失常却没有任何表现。例如，UNIX 系统的 PS 指令可以被替换为一个不显示侵入过程的指令，或者是编辑器被替换成一个读取不同于指定文件的文件。这需要保证用来检测网络系统的软件的完整性，特别是攻击检测系统软件本身应具有相当强的坚固性，防止被篡改而收集到错误的信息。攻击检测利用的信息一般来自以下 4 个方面：

① 系统和网络日志文件：黑客经常在系统日志文件中留下他们的踪迹，因此，充分利用系统和网络日志文件信息是检测攻击的必要条件。日志中包含发生在系统和网络上的不寻常和所不期望活动的证据，这些证据可以指出有人正在入侵或已成功入侵了系统。通过查看

日志文件，能够发现成功的入侵或入侵企图，并很快地启动相应的应急程序。日志文件中记录了各种行为类型，每种类型又包含不同的信息，例如记录"用户活动"类型的日志，就包含登录、用户 ID 改变、用户对文件的访问、授权和认证信息等内容。很显然地，对用户活动来讲，不正常的或不期望的行为就是重复登录失败、登录到不期望的位置以及非授权的企图访问重要文件等等。

② 目录和文件中的不期望的改变：网络环境中的文件系统包含很多软件和数据文件，其中，包含重要信息的文件和私有数据文件经常是黑客修改或破坏的目标。目录和文件中的不期望改变（包括修改、创建和删除），很可能就是一种入侵信号。黑客经常替换、修改和破坏他们获得访问权的系统上的文件，同时为了隐藏系统中他们的表现及活动痕迹，都会尽力去替换系统程序或修改系统日志文件。

③ 程序执行中的不期望行为：网络系统上的程序执行包括操作系统、网络服务、用户启动的程序和特定目的的应用，例如数据库服务器。每个在系统上执行的程序由一到多个进程来实现。每个进程执行在具有不同权限的环境中，这种环境控制着进程可访问的系统资源、程序和数据文件等。一个进程的执行行为由它运行时执行的操作来表现，操作执行的方式不同，它利用的系统资源也就不同。操作包括计算、文件传输、设备和其他进程，以及与网络间其他进程的通信等。

一个进程出现了不期望的行为可能表明黑客正在入侵系统。黑客可能会将程序或服务的运行分解，从而导致运行失败，或者是以非用户或管理员意图的方式操作。

④ 物理形式的攻击信息：一是未授权的对网络硬件连接；二是对物理资源的未授权访问。黑客会想方设法去突破网络的周边防卫，如果他们能够在物理上访问内部网，就能安装他们自己的设备和软件。因此，黑客就可以知道网上的由用户加上去的不安全（未授权）设备，然后利用这些设备访问网络。例如，用户在家里可能安装 Modem 以访问远程办公室，与此同时黑客正在利用自动工具来识别在公共电话线上的 Modem，如果拨号访问流量经过了这些自动工具，那么这一拨号访问就成为了威胁网络安全的后门。黑客就会利用这个后门来访问内部网，从而越过了内部网络原有的防护措施，然后捕获网络流量，进而攻击其他系统，并偷取敏感的私有信息等。

（2）信号分配

收集到的 4 类有关系统、网络、数据及用户活动的状态和行为等信息，一般通过 3 种技术手段进行分析：模式匹配、统计分析和完整性分析。其中前两种方法用于实时进行入侵检测，而完整性分析则用于事后分析。

① 模式匹配。模式匹配就是将收集到的信息与已知的网络入侵和系统模式数据库进行比较，从而发现违背安全策略的行为。该过程可通过字符串匹配来寻找一个简单的条目或指令，也可以利用正规的数学表达式来表示安全状态的变化。一般来讲，一种进攻模式可以用一个过程，执行一条指令，或者一个输出，获得权限来表示。该方法的优点是只需收集相关的数据集合，显著减少系统负担，且技术已相当成熟。它与病毒防火墙采用的方法一样，检测准确率和效率都相当高。但是，该方法存在的弱点是需要不断升级以对付不断出现的黑客攻击手段，且不能检测到未知的黑客攻击手段。

② 统计分析。统计分析方法首先给系统对象（如用户、文件、目录和设备等）创建一个统计描述，统计正常使用时的一些测量属性（如访问次数、操作失败次数和延时等）。测量属性的平均值将被用来与网络、系统的行为进行比较，任何观察值在正常值范围之外时，

就认为有入侵发生。其优点是可检测到未知的入侵和更为复杂的入侵，缺点是误报、漏报率高，且不适应用户正常行为的突然改变。具体的统计分析方法如基于专家系统的、基于模型推理的和基于神经网络的分析方法，目前正处于研究热点和迅速发展之中。

③ 完整性分析。完整性分析主要关注某个文件或对象是否被更改，经常包括文件和目录的内容及属性。它能有效地发现被更改的、被特洛伊化的应用程序。完整性分析利用强有力的加密机制，能识别微小的变化。其优点是不管模式匹配方法和统计分析方法能否发现入侵，只要是成功的攻击导致了文件或其他对象的任何改变，它都能够发现。缺点是一般以批处理方式实现，不能应用于实时响应。尽管如此，完整性检测方法仍然是网络安全产品的必要手段之一。

2. 攻击检测技术

为了从大量的、有时是冗余的审计跟踪数据中提取出对安全功能有用的信息，依靠基于计算机系统审计跟踪信息设计和实现的系统安全自动分析检测工具是必需的，它可以从中筛选出涉及安全的信息。其思路与流行的数据挖掘技术极其类似。

利用基于审计的自动分析检测工具可以进行脱机工作，即分析工具非实时地对审计跟踪文件提供的信息进行处理，从而确定计算机系统是否受到过攻击，并且提供尽可能多的有关攻击者的信息。

对于信息系统安全强度而言，联机或在线的攻击检测是比较理想的，即分析工具实时地对审计跟踪文件提供的信息进行同步处理，当有可疑的攻击行为发生时，系统提供实时的警报，在攻击发生时就能提供攻击者的有关信息，能够在案发现场及时发现攻击行为，有利于及时采取对抗措施，使损失降低到最低限度，同时也为抓获攻击犯罪分子提供有力的证据。但是，联机的或在线的攻击检测系统所需要的系统资源随着系统内部活动数量的增长接近几何级数增长。

在安全系统中，一般应当考虑如下 3 类安全威胁：外部攻击、内部攻击和授权滥用。攻击者来自该计算机系统的外部时称作外部攻击；当攻击者就是那些有权使用计算机，但无权访问某些特定的数据、程序或资源的人，意图越权使用系统资源时视为内部攻击，包括假冒者和秘密使用者；授权滥用者也是计算机系统资源的合法用户，表现为有意或无意地滥用他们的授权。

通过审计试图登录的失败记录可以发现外部攻击者的攻击企图；通过观察试图连接特定文件、程序和其他资源的失败记录可以发现内部攻击者的攻击企图，如可通过为每个用户单独建立的行为模型和特定行为的比较来检测发现假冒者；但要通过审计信息来发现那些授权滥用者往往是很困难的。

基于审计信息的攻击检测对具备较高优先特权的内部人员的攻击特别难于防范，因为这些攻击者可通过使用某些系统特权或调用某些操作来逃避审计。对于那些具备系统特权的用户，需要审查所有关闭或暂停审计功能的操作，通过审查被审计的特殊用户、或者其他的审计参数来发现。对于审查更低级的功能，如审查系统服务或核心系统调用通常比较困难，通用的方法很难奏效，需要专用的工具和操作才能实现。总之，为了防范内部攻击需要在技术手段以外的方法确保管理手段的行之有效，技术上则需要监视系统范围内的某些特定指标，并与平时的历史记录进行比较，以便早期发现。

10.3.3 网络安全防范技术

1. 网络安全技术

传统的安全策略停留在局部、静态的层面上，仅仅依靠几项安全技术和手段达到整个系统的安全目的是不够的。现代的安全策略应当紧跟安全行业的发展趋势，在进行安全方案设计、规划时应遵循以下原则。

- 体系性：制定完整的安全体系，应包括安全管理体系、安全技术体系和安全保障体系。
- 系统性：安全模块和设计的引入应该体现其系统统一的运行和管理的特性，以确保安全策略配置、实施的正确性和一致性。应该避免安全设备各自独立配置和管理的工作方式。
- 层次性：安全设计应该按照相关的应用安全需求，在各个层次上采用安全机制来实现所需的安全服务，从而达到网络信息安全的目的。
- 综合性：网络信息安全的设计包括完备性、先进性和可扩缩性方面的技术方案，以及根据技术管理、业务管理和行政管理要求相应的安全管理方案，形成网络安全工程设计整体方案，供工程分阶段实施和安全系统运行作为指导。
- 动态性：网络信息系统的建设和发展是逐步进行的，而安全技术和产品也不断更新和完善，因此，安全设计应该在保护现有资源的基础上，体现最新、最成熟的安全技术和产品，以实现网络安全系统的安全目标。

具体的网络安全策略有以下几种。

（1）物理安全策略

物理安全策略目的：保护计算机系统、网络服务器、打印机等硬件实体和通信链路免受自然灾害、人为破坏和搭线攻击；验证用户的身份和使用权限，防止用户越权操作；确保计算机系统有一个良好的电磁兼容工作环境；建立完备的安全管理制度，防止非法进入计算机控制室和各种偷窃、破坏活动的发生。

抑制和防止电磁泄漏是物理安全策略的一个主要问题。目前的主要防护措施有两类。

① 对传导发射的防护：主要对电源线和信号线加装性能良好的滤波器，减小传输阻抗和导线间的交叉耦合。

② 对辐射的防护：可分为电磁屏蔽和干扰防护。前者是建立屏蔽网络，后者是在计算机工作的同时，利用干扰装置产生一种与计算机系统辐射相关的伪噪声向空间辐射，以此掩盖计算机系统的工作频率和信息特征。

（2）访问控制策略

访问控制是网络安全防范和保护的主要策略，其主要任务是保证网络资源不被非法使用和非法访问。访问控制是保证网络安全最重要的核心策略之一。下面介绍各种访问控制策略。

① 入网访问控制：它控制哪些用户能够登录到服务器并获取网络资源，同时也控制准许用户入网的时间和从哪台工作站入网。用户入网访问控制通常分为3步。

- 用户名的识别与验证。
- 用户密码的识别与验证。
- 用户账号的默认限制检查。

3步中只要有一步未过，该用户便不能进入网络。对网络用户的用户名和密码进行验证是防止非法访问的第一道防线。用户注册时首先输入用户名和密码，服务器将验证所输入的用户名是否合法。如果验证合法，才继续验证用户输入的密码，否则，用户将被拒之于网络之外。用户密码是用户入网的关键所在，必须经过加密，加密的方法很多，其中最常见的方法有：基于单向函数的密码加密、基于测试模式的密码加密、基于公钥加密方案的密码加密、基于平方剩余的密码加密、基于多项式共享的密码加密以及基于数字签名方案的密码加密等。经过上述方法加密的密码，即使是系统管理员也难以破解它。用户还可采用一次性用户密码，也可用便携式验证器（如智能卡）来验证用户的身份。用户名和密码验证有效之后，再进一步履行用户账号的默认限制检查。

② 网络的权限控制：网络权限控制是针对网络非法操作提出的一种安全保护措施。用户和用户组被赋予一定的权限，以控制用户和用户组可以访问哪些目录、子目录、文件和其他资源以及用户可以执行的操作。

③ 客户端安全防护策略：切断病毒的传播途径，尽可能地降低感染病毒的风险。

使用现成浏览器必须确保浏览器符合安全标准。大部分浏览器允许在客户端执行程序或通过 Internet 上下传档案，然而，清楚浏览器程序工作方式的人不多。在安装浏览器时，很多人不加思考地签下协议书，将大权交由虚拟的代理人。其实，有些浏览器存在很严重的安全疏漏。

除浏览器的安全标准之外，有些附加功能也必须列入考查重点。例如，可以自动执行的插件程序，它们在方便浏览者使用的同时，也带来了洞开门户的风险。最常见的例子是网上无所不在的 Java 小程序。因此，用户最好不要随便下载来路不明的动态内容。

（3）安全的信息传输

从本质上讲，Internet 本身就不是一种安全的信息传输通道。网络上的任何信息都是经重重中介网站分段传送至目的地的。网络信息的传输并无固定路径，最后的选择取决于网络的流量状况，且通过哪些中介网站也难以查证，因此，任何中介站点均可能拦截、读取，甚至破坏和篡改封包的信息。所以应该利用加密技术确保安全的信息传输。

（4）网络服务器安全策略

在 Internet 上，网络服务器的设立与状态的设定相当复杂，而一台配置错误的服务器将对网络安全造成极大的威胁。例如，当系统管理员配置网络服务器时，若只考虑高层使用者的特权与方便，而忽略整个系统的安全需要，将造成难以弥补的安全漏洞。

（5）操作系统及网络软件安全策略

大多数公司高度依赖防火墙并把其作为网络安全的一道防线。防火墙通常设置于某一台作为网间连接器的服务器上，由许多程序组成，主要是用来保护私有网络系统不受外来者的威胁。一般而言，操作系统堪称是任何应用的基础，最常见的 Windows 2000 server 或 UNIX 即使通过防火墙与安全交易协议也难以保证 100%的安全。

（6）网络安全管理

在网络安全中，除了采用上述技术措施之外，加强网络的安全管理、制定有关规章制度，对于确保网络的安全、可靠运行，将起到十分有效的作用。网络安全管理包括确定安全管理等级和安全管理范围、制订有关网络操作使用规程和人员出入机房管理制度、制定网络系统的维护制度和应急措施等。

2. 常用安全防范技术

（1）防毒软件

防毒解决方案的基本方法有 5 种：信息服务器端防毒软件、文件服务器端防毒软件、客

户端防毒软件、防毒网关以及网站上的在线防毒软件。

（2）防火墙

防火墙是计算机硬件和软件的组合，运作在网络网关服务器上，在内部网与外部网之间建立起一个安全网关，保护私有网络资源免遭其他网络使用者的擅用或侵入。

防火墙有两类：标准防火墙和双家网关。标准防火墙系统包括一台 UNIX 工作站，该工作站的两端各接一个路由器进行缓冲。其中一个路由器连接公用网；另一个连接内部网。标准防火墙使用专门的软件，并要求较高的管理水平，而且在信息传输上有一定的延迟。双家网关则是标准防火墙的扩充，又称堡垒主机或应用层网关，它是一个独立的系统，能同时完成标准防火墙的所有功能。其优点是能运行更复杂的应用，同时防止在互联网和内部系统之间建立任何直接的边界，确保数据包不能直接从外部网络到达内部网络，反之亦然。

随着防火墙技术的进步，在双家网关的基础上又演化出两种防火墙配置：一种是隐蔽主机网关，另一种是隐蔽智能网关（隐蔽子网）。隐蔽主机网关是当前常见的一种防火墙配置。这种配置一方面将路由器进行隐蔽，另一方面在互联网和内部网之间安装堡垒主机。堡垒主机装在内部网上，通过路由器的配置，使该堡垒主机成为内部网与互联网进行通信的唯一通道。目前技术最为复杂且安全级别最高的防火墙是隐蔽智能网关，它将网关隐藏在公共系统之后使其免遭直接攻击。隐蔽智能网关使内部网用户能对 Internet 服务进行透明的访问，同时阻止外部未授权访问者对专用网络的非法访问。一般来说，这种防火墙是最不容易被破坏的。

（3）密码技术

采用密码技术对信息加密，是最常用的安全保护手段。目前广泛应用的加密技术主要分为两类：

① 对称算法加密：其主要特点是加解密双方在加解密过程中要使用完全相同的密码。对称算法中最常用的是 DES 算法，它是一种常规密码体制的密码算法。

对称算法是在发送和接收数据之前，必须完成密钥的分发。因此，密钥的分发成为该加密体系中最薄弱的环节。各种基本手段均很难完成这一过程。同时，这一点也使密码更新的周期加长，给其他人破译密码提供了机会。

② 非对称算法加密与公钥体系：建立在非对称算法基础上的公开密钥密码体制是现代密码学最重要的进展。保护信息传递的机密性，仅仅是当今密码学的主要方面之一。对信息发送人的身份验证与保障数据的完整性是现代密码学的另一重点。公开密钥密码体制对这两方面的问题都给出了解答，并正在继续产生许多新的方案。

在公钥体制中，加密密钥不同于解密密钥，加密密钥是公开的，而解密密钥只有解密人知道，所以分别称为公开密钥和私有密钥。在当前的所有公钥密码体系中，RSA 系统是最著名且使用最多的一种。在应用加密时，某个用户总是将一个密钥公开，让发信的人员将信息用公共密钥加密后发给该用户，信息一旦加密，只有该用户的私有密钥才能解密。具有数字证书身份人员的公共密钥可在网上查到，亦可在对方发信息时将公共密钥传过来，以确保在 Internet 上传输信息的保密和安全。

RSA 算法目标是解决利用公开信道传输分发 DES 算法私有密钥的难题。结果不但很好地解决了这个难题，还可利用 RSA 来完成对电文的数字签名，以防止对电文的否认，同时还可以发现攻击者对电文的非法篡改，以保护数据信息的完整性。

（4）虚拟专有网络（VPN）

相对于专属于某公司的私有网络或是租用的专线，VPN 是架设于公众电信网络之上的私有信息网络，其保密方式是使用信道协议及相关的安全程序。

目前开始考虑在外联网及广域的企业内联网上使用 VPN。VPN 的使用还牵涉到加密后送出资料，及在另一端收到后解密还原资料等问题，而更高层次的安全包括加密收发两端。

Microsoft、3Com 等公司提出了点对点信道协议标准（Point-to-Point Tunneling Protocol，PPTP），如内建于 Windows NT Server 之内的 Microsoft PPTP 等，这些协议的采用提高了 VPN 的安全性。

（5）安全检测

这种方法是采取预先主动的方式，对客户端和网络的各层进行全面有效的自动安全检测，以发现并避免系统遭受攻击伤害。

此类安全解决方案还包括用以解决 Web 主页信息安全问题的信息水印服务。网站管理员可以利用信息水印时间服务和签发服务，为需要的主页加入主页水印信息，以确保信息的完整性和时间有效性。对主页及其信息水印进行全天监视，一旦发现该主页被篡改，便可立即发出报警信号，并将它封存归档备查。

10.4　计算机病毒与反病毒

本节主要介绍计算机病毒传播途径、计算机病毒的特征等内容。

10.4.1　计算机病毒传播途径

在互联网得到广泛应用之前，计算机病毒通常被囚禁在独立的计算机中，主要依靠软盘进行传播，要进行广泛传播是比较困难的。然而在互联网普及之后，这些计算机病毒便可以在全世界范围内互相传播，随时向计算机系统发起攻击。互联网激发了病毒更加广泛的活力，为世界带来了一次一次的巨大灾难。

当前病毒传播主要途径如图 10-2 所示。

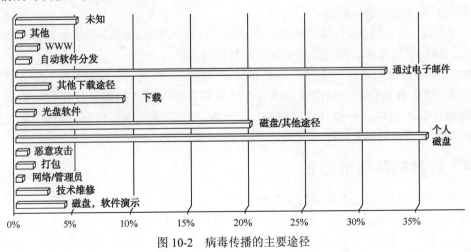

图 10-2　病毒传播的主要途径

10.4.2　计算机病毒产生的原因

计算机病毒不是来源于突发或偶然的因素，它是人为的特制程序，一种比较完美的、精巧严谨的代码，按照严格的秩序组织起来，与所在的系统网络环境相适应，并配合系统网络

环境一起使用。病毒产生的原因大致有以下几点：

①　某些对计算机技术精通的人为了炫耀自己的高超技术和智慧，凭借对软硬件的深入了解，编制这些特殊的程序。他们只是想看看病毒会带来什么样的后果，或者是否有人能够把病毒清除，其实这种做法是错误地运用自己的能力。

②　个人对社会不满或受到不公正的待遇。如果这种情况发生在一个编程高手身上，那么他就有可能编制一些危险的程序。

③　为了得到经济上的利益，有些人利用电脑病毒从事经济犯罪，或窃取竞争对手电脑系统中的机密信息，或修改电脑中的数据挪用款项，或破坏竞争对手的电脑系统。

④　计算机病毒的破坏性带给军事电脑专家新的启示：用病毒形式进行"电脑战争"，让敌方电脑染上病毒。轻者造成武器系统或指挥失灵，重者可破坏设备、误报信息甚至导致自相残杀。科学家预言，在电脑已成为军事指挥、武器控制和国家经济中枢的情况下，计算机病毒的入侵将比核打击的威力更直接、更危险。因此在军事战争领域里，又增加了一种新的作战兵器。

⑤　出于政治目的。例如"6.4"病毒就是一个以政治宣传和攻击为目的而传播的病毒，其政治影响远远大于其破坏能力，公安部已严令各省、市公安计算机监察机关追查该病毒。

⑥　计算机发展初期，法律上对于软件版权保护还不够完善。很多商业软件被非法复制，有些开发商为了保护自己利益制作了一些特殊程序，附在产品中。目的是为了追踪那些非法拷贝他们产品的用户。

⑦　因宗教、民族、专利等方面的需求而专门编写计算机病毒，其中也包括一些病毒研究机构和黑客的测试病毒，甚至有些是由宗教狂制造的。

10.4.3　计算机病毒定义

计算机病毒不是天然存在的，是某些人利用计算机软、硬件所具有的脆弱性，编制的具有特殊功能的程序。它与生物医学上的病毒同样有传染和破坏的特性，因此计算机病毒是由生物医学上的病毒概念引申而来。

从广义上定义，凡能够引起计算机故障、破坏计算机数据的程序统称为计算机病毒。依据此定义，诸如逻辑炸弹、蠕虫等均可称为计算机病毒。

1994 年 12 月 28 日，在《中华人民共和国计算机信息系统安全保护条例》中，计算机病毒被定义为："计算机病毒，是指编制或者在计算机程序中插入的破坏计算机功能或者毁坏数据，影响计算机使用，并能自我复制的一组计算机指令或者程序代码。"这个定义指出了计算机病毒的本质和最基本特征。

10.4.4　计算机病毒的命名

对计算机病毒的命名，大致有以下几种：

①　按病毒出现的地点命名，如"ZHENJIANG_JES"其样本最先来自镇江某用户。

②　按病毒中出现的人名或特征字符来命名，如"ZHANGFANG—1535""DISKKILLER""上海一号"。

③　按病毒发作时的症状命名，如"火炬""蠕虫"。

④　按病毒发作的时间命名，如"NOVEMBER9TH"在 11 月 9 日发作。

⑤　按病毒包含代码的长度命名，如"PIXEL.xxx"系列"KO.xxx"等。

10.4.5　计算机病毒的特征

1．传染性

传染性就是指计算机病毒具有把自身的拷贝放入其他程序的特性。传染性是计算机病毒最基本的属性，是判断某些可疑程序是否是病毒的最重要判据。病毒一旦侵入系统，它会搜寻其他符合其传染条件的程序或存储介质，找到后再将自身代码插入其中，以达到自我繁殖的目的。只要一台计算机传染上病毒，如不及时处理，那么病毒会在这台机子上迅速扩散，感染大量文件。计算机病毒可通过各种渠道，如软盘、计算机网络去传染其他的计算机。当在一台机器上发现了病毒时，曾在这台计算机上用过的软盘也就感染上了病毒，而与这台机器相联网的其他计算机也许也被该病毒侵染上了。

病毒的复制与传染过程只能发生在病毒程序代码被执行过后。也就是说，如果有一个带有病毒程序的文件储存在计算机硬盘上，但是永远不被执行，那这个计算机病毒也就永远不会感染计算机。从用户的角度来说，只要能保证所执行的程序都是"干净"的，计算机就绝不会染上毒。但是，许多程序是在使用者不知情的情况下悄悄执行的。例如，启动计算机时会自动执行 Autoexec.bat 中所包含的程序指令、启动 Windows 时会自动执行"启动"文件夹中的程序、打开 Word 文件时会执行文件所包含的某些宏等，这些都给病毒以可乘之机。此外，由于盗版软件和下载软件的流行，许多人都是在不清楚所执行程序的可靠性的情况下执行程序，这就使得病毒侵入的机会大大增加。当病毒代码被执行以后，它或者驻留在内存中以感染其后运行的各种程序，或者搜寻硬盘中没有被感染的文件以感染它们。而宏病毒则感染建立或打开 Office 文件一般都会用到的公用模板，通过它来感染其他的 Office 文件。

2．隐蔽性

一般正常的程序是由用户调用，再由系统分配资源，完成用户交给的任务。对用户来说可见并且透明。病毒通常附在正常程序中或磁盘较隐蔽的地方，也有个别的以隐含文件形式出现。病毒程序的执行是在用户所不知的情况下完成的。如果不经过代码分析，病毒程序与正常程序是不容易区分的。正是由于隐蔽性，计算机病毒得以在用户没有察觉的情况下扩散到上百万台计算机中。大部分的病毒的代码之所以设计得非常短小，也是为了隐藏。病毒一般只有几百或 1 千字节，而 PC 机对 DOS 文件的存取速度很快，所以病毒转瞬之间便可将这短短的几百字节附着到正常程序之中，非常不易被察觉。

3．潜伏性

潜伏性是指病毒具有依附于其他媒体而寄生的能力。一个编制巧妙的计算机病毒程序可以在几周或者几个月，甚至几年内隐蔽在合法的文件中，对其他系统进行传染，而不被发现。计算机病毒的潜伏性与传染性相辅相成，潜伏性越好，其在系统中存在的时间就会越长，病毒的传染范围也就会越大。

4．可触发性

病毒因某个事件或数值的出现，诱使病毒实施感染或进行攻击的特性称为可触发性。

病毒既要隐蔽又要维持攻击力，必须具有可触发性。

病毒的触发机制用于控制感染和破坏动作的频率。计算机病毒一般都有一个触发条件，这个条件的判断是病毒自身的功能，而条件则不是病毒提供。一个病毒程序可以按照设计者的要求在某个点上激活并对系统发起攻击。触发的条件有：

① 以时间作为触发条件：

计算机病毒程序读取系统内部时钟，当满足设计的时间时，开始发作。

② 以计数器作为触发条件：

计算机病毒程序内部设定一个计数单元，当满足设计者的特定值时就发作。

③ 以敲入特定字符作为触发条件：

当敲入某些特定字符时即发作。

④ 组合触发条件：

综合以上几个条件作为计算机病毒的触发条件。

病毒中有关触发机制的编码是其敏感部分。剖析病毒时，如果清楚病毒的触发机制，可以修改此部分代码，使病毒失效，也可以产生没有潜伏性的极为外露的病毒样本，供反病毒研究用。

5. 破坏性

病毒破坏文件或数据，扰乱系统正常工作的特性称为破坏性。任何病毒只要侵入系统，都会对系统及应用程序产生程度不同的影响。轻者会降低计算机工作效率，占用系统资源，重者可导致系统崩溃。病毒的破坏动作可使用户受到不同程度的损害，由此特性可将病毒分为良性病毒与恶性病毒。

良性病毒可能只显示些画面或出现音乐和无聊的语句，或者根本没有任何明显的动作，但会占用系统资源，这类病毒较多。

恶性病毒有明确的目的：对系统进行攻击后将造成难以想象的后果。它可以毁掉系统内的部分数据，也可以破坏全部数据并使之无法恢复，也可以对系统的某些数据进行篡改而使系统的输出结果面目全非，还可以加密磁盘、格式化磁盘。对于系统来讲，所有的计算机病毒都存在着一个共同的危害，即降低计算机系统的工作效率。

6. 不可预见性

病毒还有不可预见性。不同种类的病毒，它们的代码千差万别，但有些操作是共有的。有些人利用病毒的共性，制作声称可检测所有病毒的程序。这种程序的确可查出一些新病毒，但目前的软件种类极其丰富，而且某些正常程序也使用了类似病毒的操作，病毒的制作技术也在不断提高，所以病毒对反病毒软件永远是超前的。

7. 非授权性

病毒未经授权而执行，因而具有非授权性。一般正常的程序是由用户调用的，系统把控制权交给这个程序，并分配相应的系统资源，从而获得运行，以完成用户交给的任务，这对用户来说是可见的、透明的。而计算机病毒具有正常程序的一切特性，它隐藏在合法的正常程序或数据中，当用户调用正常程序时，病毒趁机得到系统的控制权，先于正常程序执行，所以病毒的动作、目的对用户是未知的，是未经用户允许的。

10.5 防火墙技术

10.5.1 防火墙的基本概念

防火墙是指隔离在本地网络与外界网络之间的防御系统。在互联网上，防火墙是一种非常有效的网络安全模型，通过它可以隔离风险区域（即 Internet 或有一定风险的网络）与安全区域（局域网）的连接，同时不会妨碍用户对风险区域的访问。防火墙可以监控进出网络的通信量。它只让安全、核准的信息进入，同时又抵制对企业构成威胁的数据。对网络的入侵不仅来自高超的攻击手段，也有可能来自配置上的低级错误或不合适的密码选择。因此，防火墙可以防止不希望的、未授权的通信进出被保护的网络，使得单位可以加强自己的网络安全。

防火墙可以由软件或硬件设备组合而成，通常处于企业的内部局域网与 Internet 之间。防火墙一方面限制 Internet 用户对内部网络的访问，另一方面又管理着内部用户访问外界的权限。换言之，防火墙在内部网络和外部网络（通常是 Internet）之间设计了一个封锁工具，如图 10-3 所示。在逻辑上，防火墙是一个分离器，一个限制器，同时也是一个分析器，有效地监控了内部网和 Internet 之间的任何活动，保证了内部网络的安全。

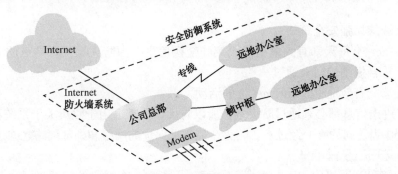

图 10-3　防火墙示意图

由于防火墙设定了网络边界和服务，所以更适合于相对独立的网络。防火墙成为控制对网络系统访问的非常流行的方法。事实上，在 Internet 上的 Web 网站中，超过三分之一的 Web 网站都是由某种形式的防火墙加以保护，这是对黑客防范最严格、安全性较强的一种方式，任何关键性的服务器，都应放在防火墙之后。

10.5.2　防火墙的功能

防火墙能增强机构内部网络的安全性：加强网络间的访问控制；防止外部用户非法使用内部网的资源；保护内部网络的设备不被破坏；防止内部网络的敏感数据被窃取。防火墙系统可决定外界可以访问哪些内部服务，以及内部人员可以访问哪些外部服务。

一般来说防火墙应该具备以下功能。

① 支持安全策略。即使在没有其他安全策略的情况下，也应该支持"除非特别许可，否则拒绝所有的服务"的设计原则。

② 易于扩充新的服务和更改所需的安全策略。

③ 具有代理服务功能（例如，FTP、TELNET 等），包含先进的鉴别技术。

④ 采用过滤技术，根据需求允许或拒绝某些服务。

⑤ 具有灵活的编程语言，界面友好，且具有很多过滤属性，包括源和目的 IP 地址、协议类型、源和目的 TCP/UDP 端口以及进入和输出的接口地址。

⑥ 具有缓冲存储的功能，提高访问速度。

⑦ 能够接纳对本地网的公共访问，对本地网的公共信息服务进行保护，并根据需要删减或扩充。

⑧ 具有对拨号访问内部网的集中处理和过滤能力。

⑨ 具有记录和审计的功能，包括允许等级通信和记录，便于检查和审计。

⑩ 防火墙设备上所使用的操作系统和开发工具都应该具备相当等级的安全性。

⑪ 防火墙应该是可检验和管理的。

10.5.3 防火墙的优缺点

1. 防火墙的优点

Internet 防火墙负责管理 Internet 和机构内部网络之间的访问。在没有防火墙时，内部网络上的每个结点都暴露给 Internet 上的其他主机，极易受到攻击。这就表明内部网络的安全性要由每一个主机的坚固程度来决定，并且安全性等同于其中最弱的系统。所以，防火墙具有如下优点：

（1）防火墙能加强安全策略

因为 Internet 上每天都有大量用户收集和交换信息，而防火墙执行站点的安全策略，只容许认可的和符合规则的请求通过。

（2）防火墙能有效地记录 Internet 上的活动

因为所有进出信息都必须通过防火墙，所以防火墙非常适用于收集关于系统和网络使用和误用的信息。作为访问的唯一经过点，防火墙能在被保护的网络和外部网络之间进行记录。

（3）防火墙限制暴露用户点

防火墙能够隔开网络中的不同网段，从而防止影响一个网段的问题通过网络传播而影响整个网络。

（4）防火墙是一个安全策略的检查站

所有进出的信息都必须通过防火墙，防火墙便成为安全问题的检查点，使可疑的访问被拒之门外。

（5）可作为中心"扼制点"

Internet 防火墙允许网络管理员定义一个中心"扼制点"来防止非法用户，如黑客、网络破坏者等进入内部网络；禁止安全脆弱性的服务进出网络，并抗击来自各种路线的攻击。Internet 防火墙能够简化安全管理，使网络安全性在防火墙系统上得到加固，而并非分布于内部网络的所有主机。

（6）产生安全报警

在防火墙上可以很方便地监视网络的安全性，并产生报警。应该注意的是：对一个内部网络已经连接到 Internet 上的机构来说，重要的不是网络是否会受到攻击，而是何时会受到攻击。网络管理员必须审计并记录所有通过防火墙的重要信息。如果网络管理员不能及时响应报警并审查常规记录，防火墙就形同虚设。

（7）NAT 的理想位置

在过去的几年里，Internet 经历了地址空间的危机，使得 IP 地址越来越少。这使得想进入 Internet 的机构可能申请不到足够的 IP 地址用于满足其内部网络上用户的需要。Internet 防火墙可以作为部署 NAT 的逻辑地址。因此可以用来缓解地址空间短缺的问题，并消除机构在变换 ISP 时带来的重新编排地址的麻烦。

（8）WWW 和 FTP 服务器的理想位置

Internet 防火墙也可以成为向客户发布信息的地点。Internet 防火墙可以作为部署 WWW

服务器和 FTP 服务器的理想地点，还可以对防火墙进行配置，允许 Internet 访问上述服务，但禁止外部对受保护的内部网络上其他系统进行访问。

2. 防火墙的缺点

防火墙内部网络可以在很大程度上免受攻击。但是过分夸大防火墙功能，认为所有的网络安全问题可以通过简单地配置防火墙来达到，这是不全面的。虽然当单位将其网络互联时，防火墙是网络安全的重要一环，但并非全部。许多危险是在防火墙能力范围之外的。

（1）不能防范内部人员的攻击

防火墙只提供周边防护，并不控制内部用户滥用授权访问，而这正是网络安全最大的威胁。信息安全调查表明，一半以上的安全事件是由于内部人员的攻击所造成的。许多安全专家认为由内部引起的安全问题占到总量的 80%。

（2）不能防范恶意的知情者和不经心的用户

防火墙可以禁止系统用户经过网络连接发送专有的信息，但用户可以将数据复制到磁盘、磁带上，放在公文包中带出去。如果入侵者已经在防火墙内部，防火墙是无能为力的。内部用户窃取数据，破坏硬件和软件，并且巧妙地修改程序而不接近防火墙。对于来自知情者的威胁只能要求加强内部管理，如主机安全和用户教育等。

（3）不能防范不通过它的连接

防火墙能够有效地防止通过它进行传输信息，然而不能防止不通过它而传输的信息。例如，如果站点允许对防火墙后面的内部系统进行拨号访问，那么防火墙绝对没有办法阻止入侵者进行拨号入侵。在一个被保护的网络上有一个没有限制的拨出存在，内部网络上的用户就可以直接通过 SLIP 或 PPP 连接进入 Internet。聪明的用户可能会向 ISP 购买直接的 SLIP 或 PPP 连接，从而试图绕过由防火墙系统提供的安全系统。这就为从后门攻击创造了机会，如图 10-4 所示。网络上的用户必须了解这种类型的连接，这对于一个具有全面的安全保护系统来说是绝对不允许的。

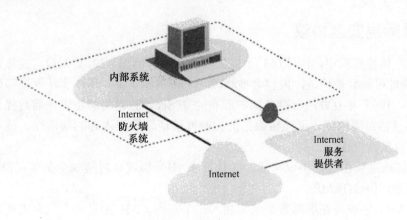

图 10-4 绕过防火墙的连接

（4）防火墙不能直接抵御恶意程序

如今恶意程序发展比以前更快，新型的宏病毒通过共享文档传播，它们可以通过电子邮件附件的形式在 Internet 上迅速蔓延。Web 本身就是一个病毒源，许多站点都可以下载病毒程序甚至源码。许多用户不经过扫描就直接读入电子邮件附件中的 Word 文档或 HTML 文件。同时，Web 也为木马提供了潜在的通途。某些防火墙可以根据已知病毒和木马的特征码

检查流入程序，这样做虽然有些帮助但并不可靠，因为防火墙对那些新的木马程序是无能为力的。此外，这些防火墙只能发现从其他网络来的恶意程序，但许多病毒是通过被感染的软盘或系统直接进入网络的。

Internet 防火墙也不能防止传送已感染病毒的软件或文件。因为病毒的类型太多，操作系统也有多种，编码与压缩二进制文件的方法也各不相同。所以不能期望 Internet 防火墙去对每一个文件进行扫描，查出潜在的病毒。对病毒特别关心的机构应在每个桌面部署防病毒软件，防止病毒从软盘或其他来源进入网络系统。

（5）防火墙无法防范数据驱动型的攻击。

数据驱动型的攻击从表面上看是无害的，数据被邮寄或拷贝到 Internet 主机上，只有被执行就时才形成攻击。例如，一个数据型攻击可能获得主机修改与安全相关的文件，使得入侵者很容易获得对系统的访问权。在堡垒主机上部署代理服务器是禁止从外部直接产生网络连接的最佳方式，并能减少数据驱动型攻击的威胁。

10.6　Internet 的层次安全技术

本节介绍 Internet 中的三个协议：IPSec、SSL/TLS、PGP，它们分别应用在 TCP/IP 的网际层、传输层和应用层，它们的位置如图 10-5 所示。

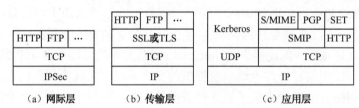

图 10-5　Internet 安全协议在 TCP/IP 中的位置

10.6.1　网际层安全协议

在 TCP/IP 体系结构中，网际层并不提供安全保障，例如，IP 数据报可能被监听、拦截或重放，IP 地址可能会被伪造，内容会被修改，不提供源认证，所以无法保证原始数据的保密性和完整性，1995 年互联网标准草案中颁布的 IPSec，正是为解决这些问题提出的。它采取的保护措施包括：源验证、无连接数据的完整性验证、数据内容的保密性、抗重放攻击以及有限的数据流机密性保证。

IPSec 协议族主要由三个协议构成：头认证（AH）协议、封装安全负载（ESP）协议以及互联网密钥管理协议(IKMP)。

头认证（AH）协议是在所有数据包头加入一个密码。AH 通过一个只有密钥持有人知道的数字签名密钥，来完成对用户的认证，该数字签名是数据包通过特别的算法得出的。AH 还能维持数据的完整性，原因是在传输过程中无论多小的变化被加载，数据包的头部的签名都能把它检测出来。由于 AH 不对数据的内容进行加密，所以它不能保证数据的机密性。

RFC2402 定义了 AH，AH 有一个头部信息，对 AH 数据包的表示是通过 IP 头的协议字段值 51 给出的。常用的 AH 标准是 MD5 和 SHA-1。MD5 使用最高到 128 位的密钥；SHA-1 使用最高到 160 位的密钥进行加密保护。

封装安全负载（ESP）协议通过对数据包的全部数据和加载内容进行全加密的方法来严格保证传输信息的机密性，从而避免其他用户通过监听来打开信息交换的内容，只有受信任的用户拥有密钥打开内容。ESP 在 IP 头之后，在要保护的数据之前，插入一个新头（ESP头），最后再加一个 ESP 尾。对 ESP 数据包的表示是通过 IP 头的协议字段，其值为 50，表示是一个 ESP 数据包，紧接在 IP 头后面的是一个 ESP 头。RFC2406 对 ESP 进行了详细的定义，在此不做详细分析。

密钥管理包括密钥确定和密钥分发两个方面，最多需要 4 个密钥：AH 和 ESP 两组发送和接收。密钥管理包括手动和自动两种方式。手动管理方式是管理员使用自己的密钥及其他系统的密钥手工设置每个系统。手动方式使用于较小的静态环境，扩展性不好。例如一个单位只在几个站点的安全网关使用 IPSec 建立一个虚拟专用网络，密钥由管理站点确定然后分发到所有的远程用户。自动管理系统可以动态地确定和分发密钥。自动管理系统的中央控制点集中管理密钥，随时建立新的密钥，对较大的分布式系统上使用的密钥进行定期更新，IPSec 的自动管理密钥协议为互联网安全组织及密钥管理协议（Internet Security Association and Key Management Protocol，ISAKMP）。

AH 和 ESP 协议可以独立使用也可以组合使用，提供对 IPv4 和 IPv6 的安全服务。每种协议都支持两种使用模式：传输模式和隧道模式。传输模式是在两台主机之间建立安全关联，图 10-6（a）为原数据包（IPv4），使用 AH、ESP 和 AH+ESP 组合后的数据封装分别见图 10-6（b）、图 10-6（c）、图 10-6（d）。

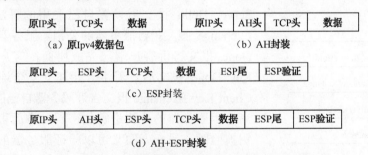

图 10-6　传输模式的 IPv4 数据包的 IPSec 封装

如果要在 VPN 上使用，隧道模式会更加有效。IP 包在添加 AH 头或 ESP 的相关信息后，整个包以及包的安全字段被认为是新的 IP 包，在这个包的外层再加上新 IP 包头，从"隧道"的起点传输到目的 IP 的网络，如图 10-7 所示。

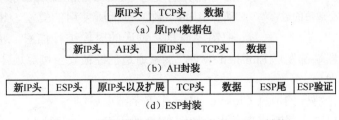

图 10-7　隧道模式的 IPv4 数据包的 IPSec 封装

隧道模式可以用在两端或者一端是安全网关的架构中，例如装有 IPSec 的路由器或防火墙。下面以一个例子简述隧道模式的 IPSec 的工作过程。在一个网络中主机 A 生成一个 IP包，该 IP 包的目的地址是另一个网络的主机 B，A 主机将该 IP 包发送到网络边缘的 IPSec

路由器或者防火墙，防火墙对 IP 包进行过滤。如果 A 发送给 B 的 IP 包要使用 IPSec，防火墙就对它进行 IPSec 处理，封装后再次对它添加 IP 包头，这时封装的 IP 首部的源地址为防火墙的 IP 地址，目的地址为主机 B 的网络边缘防火墙的地址，"隧道"中途的路由器只检查外层的 IP 包头。主机 B 网络的防火墙收到该 IP 包后，将外层的包头去除，将内层 IP 发送到主机 B。

10.6.2 传输层安全协议 SSL/TLS

传输层安全协议的目的是在传输层提供实现保密、认证和完整性安全的方法，保护传输层的安全。

SSL 是 Netscape 设计的一种安全传输协议，即在 TCP 之上建立一个加密通道，这种协议在 Web 上得到广泛应用。IETF 将 SSL3.0 进行了标准化，即 RFC2246，并将其称为 TLS（Transport Layer Security）。它为 TCP/IP 连接提供数据加密、服务器认证、消息完整性以及可选的客户机认证。

SSL 基于客户服务器的工作模式，通过 SSL 报文交换实现通信。

（1）建立安全通信

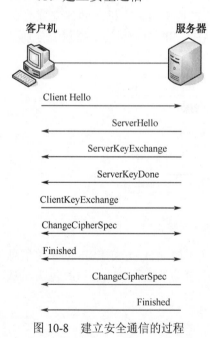

SSL 建立安全通信模型如图 10-8 所示，客户端使用 Client Hello 报文向服务器要求开始协商，服务器回应 Server Hello 报文决定最后所用的加密算法，客户端收到 Server Hello 报文后设置自己采用的算法。Server Key Exchange 报文报告服务器的公钥。服务器用 Server Key Done 报文告诉客户端已完成协商，客户端收到 Server Key Done 报文后，着手开始建立安全连接；客户端用 Client Key Exchange 报文告诉服务器自己的会话密钥。该消息用服务器的公钥进行加密，一方面可以防止会话密钥被监听，另一方面又可以验证服务器的密钥，从而避免攻击者冒充服务器，将攻击者的公钥发给客户端的可能性。客户端发出 Client Key Exchange 报文后，双方就开始使用这些参数进行会话了。服务器收到客户端的 Client Key Exchange 报文后设置所采用的密钥，客户端和服务器分别发送 Change Cipher Spec 报文明确地指定自己所采用的参数，包括所使用的算法、密钥长度、所用的密钥等信息，发送的时候进行加密，接收后进行解密，

图 10-8 建立安全通信的过程

最后客户端和服务器端都发送 Finished 报文，加密通道已经被安全可靠地建立了。

（2）结束安全通信

SSL 定义了一个特殊的消息 Closure Alert 来安全结束通信过程，其效果是可以防止截断攻击发生，如图 10-9 所示。

事实上 Web 服务中，这一消息不是总能收到的，Web 服务器和客户机还有另外一些措施来防止截断攻击。

（3）验证身份

上面阐述的建立安全通信连接，不能保证通信双方身份的

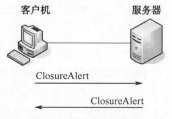

图 10-9 结束安全通信的过程

真实性，加密只保护了数据的保密性，如果一方被冒充，那么也会产生安全风险，所以 SSL 采取了一些措施来判断对方身份的真实性。为了鉴别服务器的身份，服务器发送 Certificate 报文，告诉客户机自己的证书，客户端可以到可信任的证书权威（CA）验证证书，包括证书签名、有效时间、是否被取消等。SSL 也支持认证客户端的身份。

IETF 定义的传输层协议 TLS 是在 SSL3.0 基础上建立的，改动不大，主要区别是它们所支持的加密算法不同。

10.6.3 应用层的安全协议

因为 Internet 的通信只涉及客户端和服务器端，所以实现应用层的安全协议比较简单。下面以应用层的简单邮件传输协议（SMTP）中采用的 PGP 为例进行介绍。

1. PGP 安全电子邮件概述

用于电子邮件的隐私协议（Pretty Good Privacy，PGP），为电子邮件提供认证和保密服务。发送电子邮件是一次性的行为，发送方和接收方不建立会话进程，发送方将邮件发送到邮件服务器，接收方从邮件服务器接收邮件，每个邮件之间的关系是相互独立的。所以垃圾邮件的制造者可以不经收件人的同意，大量发送垃圾邮件。PGP 是为解决邮件一次性传输行为中通信双方的安全参数问题，而不是解决垃圾邮件的问题。在 PGP 中，邮件的发送方需要将报文的认证算法和密钥的值一起发送出去。PGP 提供的安全访问如下：

① 发送明文：发送方产生一个电子邮件报文，然后发送到接收方的服务器邮箱中。

② 加密：发送方产生一个一次性使用的会话密钥，如 IDEA、3-DES 或 CAST-128 算法得出，用它对报文和摘要进行加密，然后将会话密钥和加密后的报文一起发送出去。为了保护会话密钥，发送方利用接收方的公开密钥对会话密钥加密，如 RSA 或 D-H 算法。

③ 报文认证：发送方对产生的报文产生一个报文摘要，并用自己的私密密钥对它进行签名。当接收方收到此报文后，使用发送方的公开密钥来证实报文是否来自发送方。

④ 报文压缩：将电子邮件报文和报文摘要进行压缩可以减少网络流量。报文的压缩在报文签名和加密之间，即先对报文签名，后进行压缩，目的是为了保存未压缩的报文和签名；压缩后再加密，目的是为了提高密码的安全性。

⑤ 代码转换：大部分电子邮件系统传输 ASCII 编码构成的文本邮件。如果要用电子邮件发送非 ASCII 码信息，PGP 使用 Radix 64 转换方法将二进制数据转换为 ASCII 字符发送。接收方再还原为非 ASCII 的信息。

⑥ 数据分段：PGP 具有分段和组装功能，通常邮件的最大报文长度限制在 50 000 位组，超过部分自动进行分段，接收端再将其重组。

2. PGP 安全电子邮件的发送方处理过程

利用 PGP 实现电子邮件的认证和加密过程如图 10-10 所示。假定 A 向 B 发送电子邮件明文 X，现在用 PGP 进行加密。A 至少有三个密钥：B 的公钥、自己的私钥和 A 自己生成的一次性会话密钥；B 至少有两个密钥：A 的公钥和自己的私钥。

发送方的工作过程如下：

① A 产生一个对称密钥作为本次通信的一次性会话密钥，并将它与加密算法的代号（图中的 SA）绑定，再用 B 的公开密钥对二者进行加密，再加入公开密钥算法的代号 PA1 构成图 10-10 PGP 报文右边的数据段，包括三个信息：会话密钥，对称密钥算法 SA，以及部分使用的非对称密钥算法 PA1。

② A 使用一个 Hash 算法生成电子邮件的摘要，用自己的私密密钥进行加密，实现签名认证。然后加入公开密钥算法的代号 PA2，以及 Hash 算法的代号 HA，此数据段包含：签名、加密算法和 Hash 算法的代号。

③ A 用①步产生的一次性会话密钥对电子邮件报文和②步产生的数据段进行加密，形成图 10-10 中会话密钥加密的数据段。

④ A 在上述三个步骤中产生的数据前面加入 PGP 头部，再将整个 PGP 包封装到电子邮件 SMTP 包中，发送到电子邮件服务器等待 B 接收。

A
B

PA1:用于对会话密钥加密的公钥算法1
PA2:用于对摘要加密的公钥算法2
SA: 用于对报文和摘要加密的会话密钥算法代号
HA: 用于产生报文摘要Hash算法代号

PGP报文

| PGP头部 | 用会话密钥加密 | 邮件报文 | HA+PA2+A私密加密的摘要 | 用B公钥加密 | PA1+ SA+会话密钥 |

图 10-10　PGP 实现对电子邮件的认证和加密

3. PGP 安全电子邮件的接收方处理过程

① B 从电子邮件服务器中收到 A 发的邮件后，利用自己的私有密钥从尾部对数据解密，得到本邮件的一次性会话密钥，从代号 SA 知道采用的是对称密钥加密算法。

② B 使用一次性会话密钥对 PGP 包中电子邮件报文和摘要解密，即虚线框中的部分信息解密，得到邮件报文、Hash 算法的代号 HA、对摘要进行加密的公钥算法代号以及邮件报文摘要。

③ B 利用 A 的公开密钥和 PA2 指定的算法对摘要解密。

④ B 使用 HA 指定的 Hash 算法，从收到的邮件报文中产生报文摘要。

⑤ 将④步产生的摘要和③步解密的报文摘要进行比较。如果相同，说明邮件来自 A，可以信赖；如果不同，说明不可信赖，将邮件报文丢弃。

表 10-1 为 PGP 使用的部分加密算法。

表 10-1　PGP 使用的部分加密算法和代号

算　　法	代　　号	说　　明
公开密钥算法	1	RSA（用于加密或签名）
	2	RSA（只用于加密）
	3	RSA（只用于签名）
	17	DSS（用于签名）
Hash 算法	1	MD5
	2	SHA-1
	3	RIPE-MD
对称密钥算法	0	未加密
	1	IDEA
	2	三重 DES
	9	AES

PGP 使用了加密、鉴别、电子签名和压缩等技术，很难攻破，因此目前认为是比较安全的。在 Windows 和 UNIX 等平台上得到广泛应用。但是要将 PGP 用于商业领域，则需要到指定的网站 http://www.pgpinternational.com 上获得商用许可证。

● 小　　结

随着计算机网络的广泛使用和网络之间信息传输量的急剧增长，一些机构和部门在得益于网络加快业务运作的同时，其上网的数据也遭到了不同程度的破坏，或被删除或被复制，数据的安全和自身的利益受到了严重的威胁。由此，便产生了网络安全。

这一章主要介绍了网络安全的相关内容，包括：网络安全概述，网络安全的定义，数据加密技术，网络攻击、检测与防范技术，计算机病毒与反病毒及防火墙技术，Internet 的层次安全技术等。

通过本章内容的学习，可以掌握网络安全方面的知识，进而具有构造安全网络、安全应用网络的能力。

● 拓展练习

1. 为什么要加强计算机网络的安全性？
2. 网络安全的定义是什么？
3. 一个加密系统至少由哪几个部分组成？
4. 通过硬件或软件实现网络数据加密的方法各有哪几种？
5. 应用换位密码方式对明文 iamagraduate 进行加密，密钥是 megabuck。
6. 简述网络攻击有哪几种手段？
7. 简述常用的安全防范技术。
8. 具体的网络安全策略有哪几种？
9. 简述计算机病毒的发展。
10. 简述计算机病毒产生的原因。
11. 计算机病毒的定义和命名是什么？
12. 简述计算机病毒的特征。
13. 简述防火墙的工作原理。
14. 简述防火墙的功能以及其优缺点。
15. 传送文件数据时，附上数字签名有什么好处？

第*11*章

网络管理

为了使分布广泛、构造复杂的计算机网络正常运行，必须建立一种有效的机制对网络的运行情况进行检测和控制，进而能够有效、安全、可靠、经济地提供服务。

11.1　网络管理功能

网络管理包括了硬件、软件和用户的设置、综合与协调，以监视、测试、配置、分析、评价和控制网络及网络资源，用合理的成本满足实时性、运营性能和服务质量。网络管理简称为网管。

网络管理的功能大致分为下述 5 类。

1. 配置管理

配置管理主要完成对配置数据的采集、录入、监测、处理等，必要时还需要完成对被管对象进行动态配置和更新等操作。具体地说，就是在网络建立、扩充、改造以及业务的开展过程中，对网络的拓扑结构、资源配置、使用状态等配置信息进行定义、监测和修改，配置、管理、建立和维护配置管理信息库（MIB）。配置 MIB 不仅为配置管理功能使用，还为其他的管理功能使用。

网络管理员首先要获取被管网络的配置数据。配置数据的获取方式有网络主动上报、网管系统自动采集、手工采集和手工录入。获得网络的配置数据后，就需要对这些配置数据进行实时监测，随时发现配置数据的变化，并对配置数据进行查询、统计、同步、存储等处理。除此之外，网管员通过网管系统可以完成对配置数据的增、删、改及响应状态变化的监测，及时调整网络的配置。

2. 故障管理

故障管理的作用是发现和纠正网络故障，动态维护网络的有效性。故障管理的主要任务有报警监测、故障定位、测试、业务恢复以及修复等，同时维护故障日志。为保障网络的正常运行，故障管理非常重要。当网络发生故障后要及时进行诊断，给故障定位，以便尽快修复故障，恢复业务。故障管理的策略有事后策略和预防策略。事后策略是一旦发现故障迅速修复故障的策略；预防策略是事先配备备用资源，在故障时用备用资源替代故障资源。网络管理中的故障排除操作步骤如图11-1 所示。

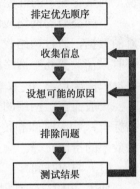

图 11-1 故障排除的步骤

（1）排定优先顺序

网络上出现问题时，首先要做的是根据问题的重要性与修复时间长短来排定优先顺序。重要的问题先解决，较不重要的问题则可稍后解决。有时候网络问题之间也有关联性，这时就要从其中最主要的问题着手。举例来说，网络上的某个连接设备出现故障了，这时用户便纷纷报各种网络异常状况，换掉故障的连接设备后，所有的网络问题就全解决了。此外，有些网络配置设置修改后，要将网络设备重新启动，为了不影响用户的正常操作，要等到所有的用户都下班之后，才能进行这项修改。

（2）收集信息

开始着手解决问题之前，先收集该问题的相关信息。可供参考的信息越多，越有助于接下来的故障排除操作。举例来说，如果有用户抱怨他无法收发电子邮件，那就要询问事情的发生时间，是完全无法收发还是收发状况时好时坏，是否有别人也遭遇同样的状况，最近修改过哪些计算机配置设置等。

（3）设想可能的原因

收集了足够的信息之后，接下来就要根据这些参考信息，开始设想所有可能的原因。举例来说，会计部的张先生今天早上发现他无法收发电子邮件了，隔壁的李小姐也遭遇到同样的困扰，这几天都没有修改过任何配置设置。此时可以假设是邮件服务器故障或该部门的网络连接设备故障等。当然，在此期间还可以询问张先生，除了无法收发电子邮件外，是否也无法浏览网站了。如果张先生还可以浏览网站，那就表示网络连接正常。

（4）排除问题

设想出问题发生的可能原因后，接下来便要对症下药，根据原因来排除问题。举例来说，如果怀疑网络传输线坏掉了，那就换一条传输线试试。

（5）测试结果

实际动手排除问题后，接着便要测试结果，检查故障排除操作是否已经解决了问题。如果问题依然存在，那就要设想另一种导致问题发生的可能原因，然后再回头根据新设想的原因进行故障排除操作。举例来说，如果换过一条好的传输线后，依旧无法收发邮件，那就再检查网卡是否安装好了。如果已经试过所有设想的可能原因后，却还是没有排除故障。那可能就要重新回到收集数据步骤，检查是否有其他遗漏之处。

3. 性能管理

性能管理的目的是维护网络服务质量和网络运营效率，提供性能监测功能、性能分析功能以及性能管理控制功能。当发现性能严重下降的时候启动故障管理系统。网络的运行效率直接影响到用户的生产力。网络传输堵塞，所有通过网络进行的操作就不灵了。所以严格说，网络管理中的性能管理也应该是故障管理的一部分。

不同类型的网络应用方式所造成的网络负担各不相同，比较起在网络上传送一张光盘容量的数据，通过网络收发几封电子邮件对网络的负担显然就轻多了。网络运行性能不佳时，有时只需改变几个网络配置设置就能解决，有时则只能以换用传输效率更高的传输技术来解决，依情况定。

一般而言，网络的主要性能指标可以分为面向服务质量和面向网络效率的两类，其主要指标有：响应时间和传输正确率（面向服务质量的指标）、传输流量与线路使用率（面向网络效率的指标）等。

（1）响应时间

使用 PING 工具程序来检测特定网络结点的响应时间。如果该结点的响应时间跟平常比起来较长，则需进一步检查。除了 PING 响应时间外，电子邮件收发的响应时间、浏览网页的响应时间等也是网管人员监控的项目之一。

（2）传输正确率

通过网络传送一个文件到各处后再传送回来，将返回文件与源文件进行比较，如果两者完全相同则表示网络传输正常。除此之外，网管人员也应通过网络管理程序定期监视网络上错误信息包的数量，借此评估网络的传输正确率。

（3）传输流量与线路使用率

网络系统是由一条又一条的传输连线所组成的，如果其中某些传输连线或网络连线设备上的数据传输流量与线路使用率增高，那就表示这里的网络连线需要重新调整，以增加传输带宽，进而提升网络运行效益。只有尽可能预留传输带宽，方能在以后网络传输量增高时从容应付。否则等到以后网络传输带宽不足以应付时再谋求补救，那可就事倍而功半了。

4. 计费管理

使用网络传输技术，是为了通过网络提高生产力。合理使用网络资源可以提升生产力，但过度使用网络资源则会造成不必要浪费。以最少的投资得到最大的收益，是计费管理的目标。

计费管理的主要任务是正确地计算和收取用户使用网络服务的费用，进行网络资源利用率的统计和网络成本效益核算。计费管理主要提供数据流量的测量、资费管理、账单和收费管理。

（1）资产管理

记录网络传输线路、连接设备、服务器等资源的构建与维护成本，并记录各种网络资源的使用状况，以了解各种网络资源的成本效益。

（2）成本控制

对于网络上的消耗性资源（例如，打印纸张、碳粉、墨水箱、备份磁带等）必须控制其使用量，以避免不必要的资源浪费。

（3）使用计费

记录网络资源的使用状况，分析各部门资源的使用率，以计算出各部门实际所消耗的资源成本。

5. 安全管理

安全管理的功能是提供信息的保密、认证和完整性保护机制，使网络中的服务、数据以及网络系统免受侵害。目前采用的网络安全措施有通信伙伴认证、访问控制、数据保密和数据完整性保护等。一般的安全管理系统都包含风险分析功能、安全服务功能、告警、日志和报告功能、网络管理系统保护功能等。

11.2　网络管理的模型

网络管理的模型如图 11-2 所示。

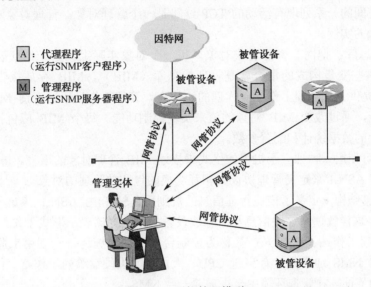

图 11-2　网络管理模型

网络管理主要由管理站、被管设备以及网络管理协议构成。管理站是整个网络管理的系统核心，主要负责执行管理应用程序以及监视和控制网络设备，并将监测结果显示给网管员。管理站的关键构件是管理程序，管理程序在运行时产生管理进程。通常管理程序有较好的图形工作界面，网络管理员直接操作。被管设备是主机、网桥、路由器、交换机、服务器、网关等网络设备，其上必须安装并运行代理程序。管理站就是借助被管设备上的代理程序完成设备管理的。一个管理者可以和多个代理进行信息交换，一个代理也可以接收来自多个管理者的管理操作。在每个被管设备上建立一个管理信息库，包含被管设备的信息，由代理进程负责 MIB 的维护，管理站通过应用层管理协议对这些信息库进行管理。图 11-3 是管理进程/代理进程模型。

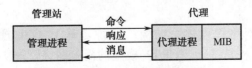

图 11-3　管理进程/代理进程模型

网络管理的第三部分是网络管理协议。该协议运行在管理站和被管设备之间，允许管理站查询被管设备的状态，并经过其代理程序间接地在这些设备上工作。管理站通过网络管理

协议获得被管设备的异常状态。网络管理协议本身不能管理网络，它为网络管理员提供了一种工具，网管员用它来管理网络。

11.3　网络管理中的概念

① 被管设备：又被称为网络元素，是指计算机、路由器、转换器等硬件设备。

② 代理：驻留在网络元素中的软件模块，它们收集并存储管理信息，如网络元素收到的错误包的数量等。

③ 管理对象：管理对象是能被管理的所有实体（网络、设备、线路、软件）。例如，在特定的主机之间的一系列现有活动的 TCP 线路是一个管理对象。管理对象不同于变量，变量只是管理对象的实例。

④ 管理信息库：把网络资源看成对象，每一个对象实际上就是一个代表被管理的一个特征的变量，这些变量构成的集合就是管理信息库（MIB）。MIB 存放报告对象的管理参数；MIB 函数提供了从管理工作站到代理的访问点。管理工作站通过查询 MIB 中对象的值来实现监测功能，通过改变 MIB 对象的值来实现控制功能。每个 MIB 应包括系统与设备的状态信息、运行的数据统计和配置参数。

⑤ 语法：可使用一种独立于机器的格式来描述 MIB 管理对象的语言。Internet 管理系统利用 ISO 的 OSI ASN.1 来定义管理协议间相互交换的包和被管理的对象。

⑥ 管理信息结构：定义了描述管理信息的规则后，SMI 由 ASN.1 来定义报告对象及在 MIB 中的表示，这样就使得这些信息与所存放设备的数据存储表示形式无关。

⑦ 网络管理工作站（NMS）：又称为控制台。这些设施运行管理用来监视和控制网络元素。在物理上 NMS 通常是具有高速 CPU、大内存、大硬盘等的工作站。作为网络管理工作站管理网络的界面，在管理环境中至少需要一台 NMS。

⑧ 部件：部件是一个逻辑的实体，它能初始化或接收通信。每个实体包括一个单一的唯一的实体标识和一个逻辑的网络定位、一个单一证明的协议、一个单一的保密的协议。SNMPV2 的信息是在两个实体间来通信。一个 SNMPV2 的实体可以定义多个部件，每个部件具有不同的参数。

⑨ 管理协议：管理协议是在代理和 NMS 之间转化管理信息，提供在网络管理站和被管设备间交互信息的方法。SNMP 就是 Internet 环境中一个标准的管理协议。

⑩ 网络管理系统：真正的网络管理功能的实现。它驻留在网络管理工作站中，通过对被管对象中的 MIB 信息变量的操作实现各种网络管理功能。

11.4　SNMP 协议

目前有两种主要的网络管理体系结构：一种是基于 OSI 模型的公共管理信息协议（CMIP）体系结构，另一种是基于 TCP/IP 模型的简单网络管理协议（SNMP）体系结构。CMIP 体系结构是一种通用的模型，它能够对应各种开放系统之间的管理通信和操作，开放系统之间可以是平等的关系也可以是主从关系，所以既能够进行分布式管理，也能够进行集中式管理。其优点是通用、完备。SNMP 体系结构开始是一个集中式管理模型，从 SNMP V2 开始采用分布式模型，其顶层管理站可以有多个被管理服务器，其优点是简单、实用。

在实际生活中，CMIP 在电信网络管理标准中得到应用，而 SNMP 多用于计算机网络管理，尤其是在 Internet 管理中。在这里主要介绍 SNMP 的网络管理技术。

11.4.1 SNMP 体系结构特点

SNMP 的体系结构是非对称的、三级体系结构。

1. 非对称的结构

SNMP 的体系结构一般是非对称的。管理站和代理一般被分别配置，管理站可以向代理下达操作命令、访问代理所在系统的管理信息，但是代理不能访问管理站所在系统的管理信息。管理站和代理都是应用层的实体，都是通过 UDP 协议对其提供支持。图 11-4 为 SNMP 的体系结构。

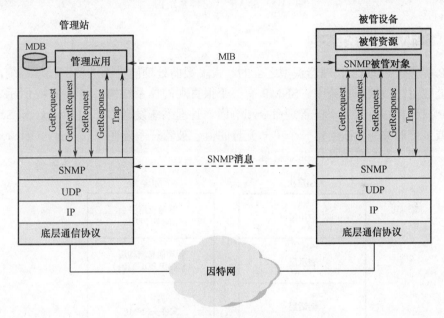

图 11-4　SNMP 体系结构

管理站和代理之间共享的管理信息由代理系统中的 MIB 给出。在管理站中要配置一个管理数据库（MDB），用来存放从各个代理获得的管理信息的值。管理信息的交换是通过 GetRequest、GetNextRequest、SetRequest、GetResponse 和 TRAP 等 5 条 SNMP 消息进行，其中前面 3 条消息是管理站发给代理的，用于请求读取或修改管理信息，后 2 条为代理发给管理站的。GetResponse 为响应请求读取和修改的应答；TRAP 为代理主动向管理站报告发生的事件。也就是说当代理设备发生异常时，代理即向管理者发送 TRAP 报文。

2. 三级体系结构

如果被管设备使用的不是 SNMP 协议，而是其他的网络管理协议，管理站就无法对该被管设备进行管理，于是 SNMP 提出了代管（Proxy）的概念。代管一方面配备了 SNMP 代理，与 SNMP 管理站通信，另一方面要配备一个或多个托管设备支持的协议，与托管设备通信。代管充当了管理站和被管设备的翻译器。通过代管可以将 SNMP 网络管理站的控制范围扩展到其他网络设备或管理系统中，如图 11-5 所示。

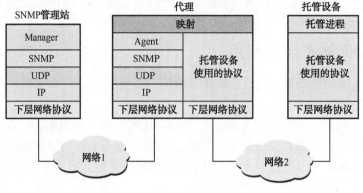

图 11-5 SNMP 代管体系结构

11.4.2 SNMP 体系结构

SNMP 是基于管理器/代理器模型之上的。大多数的处理能力都驻留于管理系统，只有相当少的功能驻留在被管理系统中。SNMP 有一个很直观的体系结构，如图 11-6 所示。为了简化，SNMP 只包括很有限的一些管理命令和响应。管理系统发送 Get、GetNext 和 Set 消息来检索单个或多个对象变量或给定一个单一变量的值。被管理系统在完成 Get、GetNext 或 Set 的指示后，返回一个响应消息，告知管理系统。

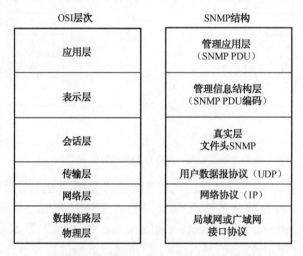

图 11-6 SNMP 结构与 OSI 模型比较

在 SNMP 中，信道是一个没有联系的通信子网，也就是说，在传输数据之前没有预先设定的信道，所以 SNMP 不能保证数据传递的可靠性。图 11-7 为 SNMP 体系结构图，从图中可以看出 SNMP 采用的主要协议是用户数据报协议（UDP）和网际协议（IP）。SNMP 也要求数据链路层协议，例如，以太网或令牌环开辟从管理系统到被管理系统的通信渠道。

SNMP 的简单管理和非联系通信也产生很大的作用。管理器和代管理器在操作中都无需依赖对方。这样，即使远程代理器失效，管理器仍能继续工作。如果代理器恢复工作，它能给代理器发送一个 TRAP，通知它运行状态的变化。

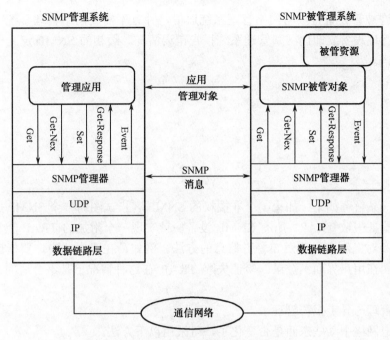

图 11-7　SNMP 网络管理协议体系

11.4.3　TRAP 导致的轮询

SNMP 的操作简单，可分为两种基本的管理功能。

● 通过 Get 的操作，来检测各被管对象的情况。

● 通过 Get 的操作，来控制各被管对象。

（1）轮询与 TRAP

SNMP 可通过轮询操作来实现功能，即 SNMP 管理程序定时向被管设备周期性地发送轮询信息。轮询时间间隔可以通过 SNMP 的管理信息库建立。轮询的优点如下：

① 可使系统相对简单。

② 能限制通过网络所产生的管理信息的通信量。但轮询管理协议也大大限制了管理元素对条件反应的灵活性和即时性，并限制了所能管理的设备数目。

但 SNMP 不是完全的轮询协议，它允许某些不经询问就发送的信息，称为 TRAP，但 TRAP 信息的参数受限制。TRAP 同中断是有区别的。使用中断时，被管对象发送中断信息给网控中心，网控中心再对其做出反应，但中断使用了网络中计算机的 CPU 的周期。

使用轮询系统开销很大。如轮询频繁并未得到有用的报告，则通信线路和计算机的 CPU 周期就被浪费掉了。但轮询协议实现起来较为简单。

SNMP 使用了修正的中断方法。被管对象的代理负责执行门限检查（通常称为过滤），并且只报告那些达到某些门限值的事件。即使这样，发送 TRAP 仍然还是属于一种中断。这种方法的优点如下：

① 仅在严重事件发生时才发送 TRAP。

② TRAP 信息很简单且短小。

使用轮询以维持对网络资源的实时监控，同时也采用 TRAP 机制报告特殊事件，使得 SNMP 成为一种有效的网络管理协议。

TRAP 允许被管设备直接与网络管理系统通信，并且不需要网络管理系统的预先信息请求，它还允许管理设备立即向网络管理系统报告错误情况。最初的 SNMP 定义了 6 条必须遵循的 TRAP 原语。

● 热启动；

● 冷启动；

● 链接开；

● 链接关；

● 邻机丢失；

● 验证失败。

对于最后一条解释如下：如果一个非授权的 SNMP 客户试图向一个 SNMP 服务器发送命令，那么产生验证失败 TRAP。所有 SNMP 设备应该实现一个附加的 TRAP 类型，即企业自陷；它是制造商对已制定设备发布警告信息的方法。例如，在路由器中，要指出一个未授权的使用是否企图在用户界面上登录。验证失败 TRAP 在这种情况下是不合适的，因此要发出企业自陷信息。

（2）轮询管理与异步报警管理

如果想知道网络中某些东西是否变化了，可采用以下方法。

① 网络管理系统进场询问被管理设备是否网络一切正常，这种方法叫做轮询管理。

② 如果某个设备有故障，被管理设备立即告诉网络管理系统，这种方法叫做异步报警管理。

轮询管理比较容易执行，就是以规定的时间间隔，网络管理系统查询被管设备是否运行。这种策略不需要被管理设备有任何判断能力。网络管理系统根据从被管设备那里接收的信息判断是否某个设备出错。

异步报警式管理更复杂一些。SNMP 系统能用前面提到的 TRAP 原语生成异步报警。SNMP 中自陷设计的方法允许制造商为特殊设备设定报警进程。但是被管设备必须判定某设备是否出错。下面给出两个例子来说明这个问题。

例 1：在令牌环网集线器中，每个站传送它的 MAC 地址作为加入环进程的一部分。集线器存储一个允许的 MAC 地址表。作为一种安全技术，如果某站地址不在表中但要加入这个环，集线器能够拒绝这个站。在发生这种情况时集线器能够向网络管理系统送一个 SNMP 自陷。

例 2：在网桥中，网络管理器把学习表配制成含有最大数量的登记项，假定 1 000 个地址。如果表满了，就再不能加帧地址了，数据流就会拥塞网桥上的所有端口。理想情况下，网络管理员要知道此表是否已经填满 80%，并希望能把这个临界值设定在网桥中，表示其向网络管理系统传送一个 SNMP 自陷。

在例 1 中，有一个是/否的简单断定，并能很容易设计和配置一个自陷系统。另外，自陷生成过程能作为安全非法码插入相同的自码路径。

例 2 较复杂。首先，检测是否已经超过这个临界值，仅有的实现方法是让网桥 CPU 以某个规则轮询。当然轮询得越勤，就越快地检测出问题，但占用的 CPU 资源也就越多，所以需要设定合理时间轮询一次。第二，临界值应该设定为多少合适？在非常复杂的设备如多协议路由器，临界值是 SNMP 自陷过程主要的工具。路由器在供货时就有一些合适的默认临界值，但网络管理员能够将其进行复位。

由于网络的规模不断增加，从利益的角度选择管理策略，轮询式管理完全不使用了。越来越多具有 SNMP 功能的设备开始装备自陷功能，某些设备开始采用临界值。

如果被管理设备认为某件设备出错时就产生一个自陷，但这个自陷对网络管理系统来说，应该仅是一个简单的帮助信息。SNMP 在其空闲时间轮询被管设备到其他所需要的设备状态的信息。

11.4.4 委托

网络管理协议（如 SNMP V1）有时无法控制某些网络元素。例如，该网络元素使用的是另一种网络管理协议（如 SNMP V2）。这时可以使用委托代理，委托代理能够提供如协议转换和过滤操作的汇集功能。然后通过委托代理来对被管对象进行管理。图 11-8 表示委托管理的配置情况。

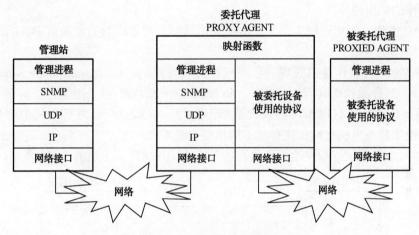

图 11-8　委托管理的配置

为了实现 SNMP V1 信息和 SNMP V2 信息的互译，从 SNMP V2 到 SNMP V1 翻译时，管理器直接向 SNMP V1 代理发送 GetRequest、GetNextRequest、SetRequest 协议数据的单元（PDU），GetBulkRequest 协议数据单元被翻译成若干个 GetNextRequest 协议数据单元。当从 SNMP V1 到 SNMP V2 时，GetResponse 协议数据单元不断改变地发送给管理器，SNMP V1TRAP 协议数据单元映像到 SNMP V2TRAP 协议数据的单元，带着两个新的变量绑定 SysUpTime.0 和 SnmpTRAPODI.0，这两个变量预先定义在变量绑定字段中。SNMP V1/SNMP V2 委托代理操作如图 11-9 所示。

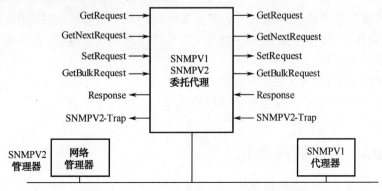

图 11-9　SNMP V1/SNMP V2 委托代理操作

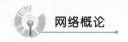

11.4.5 SNMP 协议操作

SNMP 协议由 3 部分组成：简单网络管理协议（SNMP），管理信息结构（SMI）和管理信息库（MIB）。SNMP 主要涉及通信报文的操作处理，规定管理进程如何与进程通信，定义了它们之间交换报文的格式和含义及每种报文该如何处理等。

SNMP 定义了以下 5 种报文，并分别对应以下 5 种操作来实现管理进程和代理进程之间的交互信息。

① GetRequest 操作：被管理进程用来从代理进程处提取一个或多个参数值。

② GetNextRequest 操作：从代理进程处提取一个或多个参数的下一个参数值。

③ SetRequest 操作：设置（或改变）代理进程的一个或多个参数值。

④ GetResponse 操作：返回的一个或多个参数值。这个操作是由代理进程发出的。它是前面 3 中操作的响应操作。

⑤ TRAP 操作：代理进程主动发出的报文，通知管理进程有某些异常事件的发生。

对 5 种操作说明如下：

① 前面的 3 种操作是由管理进程向代理进程发出的。GetRequest、GetNextRequest 和 SetRequest 这 3 种操作都具有原子特性，即如果一个 SNMP 报文中包括了对多个变量的操作，代理要么是执行所有操作，要么就是都不执行，例如，一旦对其中某个变量的操作失败，其他的操作都不再执行，已执行过了的也要恢复。

② 后面两个是代理进程发给管理进程的。图 11-10 描述了上述的 5 种操作。

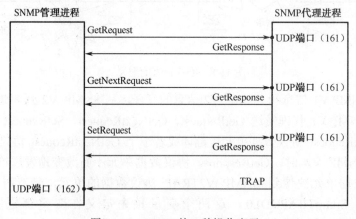

图 11-10　SNMP 的 5 种操作表示

③ 前 4 种操作是请求-应答方式（也就是管理进程发出请求，代理进程应答响应）。如果在 SNMP 中使用 UDP 协议，就有可能发生在管理进程和代理进程之间的数据报丢失。因此要设有超时和重传机制。

④ 管理进程发出的前面 3 种操作采用 UDP 的 161 端口。代理进程发出的 TRAP 操作采用 UDP 的 162 端口。由于收发采用了不同的端口号，所以一个系统可以同时作为管理进程和代理进程。

11.4.6 SNMP 协议数据单元

UDP 是网络结点之间传送的信息单元。例如，一个 IEEE 802.5 帧格式定义令牌环结点之间传输的形式，而 ANSI T1.617 格式则定义帧中继结点之间的传输形式。

由局域网或广域网协议定义的本地网络报头和报尾解除了对帧的限制，如图 11-11 所示。

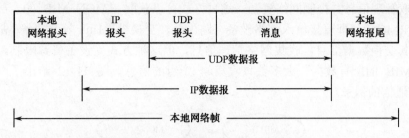

图 11-11　一个传输帧中的 SNMP 消息

被传输的数据叫做网际协议数据报。网际协议数据报是经由互联网络从源主机发送到预定目的地的一个信息单位。数据报中有一个目的地 IP 地址；接着是用户数据报协议（UDP）报头，它是识别处理数据报并以检验和来进行出错控制的高层协议进程。SNMP 消息是帧中核心的部分，它携带着需要在管理进程和代理进程之间传递的实际数据。

当 IP 太长以致不能装入一个帧内时，可以将它分为几个帧。例如，一个包含 2 500 字节的数据报需要两个以太网帧，每帧可容纳最多 1 500 字节的数据，并且每个帧的总体结构将保持不变。

11.5　远程监控（RMON）

SNMP 协议是基于 TCP/IP 并在 Internet 中应用最广泛的网管协议，但是 SNMP 明显的不足主要有以下 4 点。

- 由于 SNMP 使用轮询采集数据，所以在大型网络中轮询导致网络交通拥挤甚至阻塞，不适合管理大型网络。
- 不适合回收大信息量的数据，例如一个完整的路由表。
- 仅提供一般的验证，不能提供可靠的安全保证。
- 不支持管理员到管理员的分布式管理，它将收集数据的负担加在网管站上，使其成为瓶颈。

为了提高传送管理信息的可用性，减少管理站的负担，满足网络管理员监控网段性能的需求，RMON 解决了 SNMP 上述的局限性。

11.5.1　远程监控简介

远程网络监控首先实现了对异构环境进行一致的远程管理，它为通过端口远程监视网段提供了解决方案。RMON 是对 SNMP 标准的扩展，它定义了标准功能以及在基于 SNMP 管理站和远程监控者之间的接口，主要实现对一个网段乃至整个网络的通信流量的监视功能。目前 RMON 已成为成功的网络管理标准之一。它可以对数据网进行防范管理，使 SNMP 更有效、更积极主动地监测远程设备，使网络管理员可以更快地跟踪网络、网段或设备出现的故障，然后采用防范措施，防止网络资源的失效。RMON MIB 的实现可以记录网络事件。另外，RMON MIB 也用于记录网络性能数据和故障历史，可以在任何时候访问故障历史数据以进行有效的故障诊断。使用这种方法减少了管理者同代理间的通信流量，使简单而有力地管

理大型互联网络成为可能。

    RMON 监视器可用两种方法收集数据：一种是通过专用的 RMON 探测仪。网管站直接从探测仪获取管理信息并控制网络资源，这种方式可以获取 RMON MIB 的全部信息。另一种方法是将 RMON 代理直接植入网络设备（路由器、交换机、Hub 等）。网管站用 SNMP 的基本命令与其交换数据信息，收集网络管理信息，但这种方式受设备资源限制，一般不能获取 RMON MIB 的所有数据，大多数只收集 4 个组的信息。图 11-12 给出了网络管理站与 RMON 代理通信的例子。

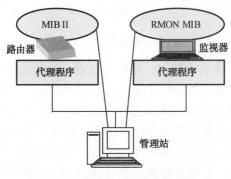

图 11-12   网管站与代理的通信

    RMON MIB 对网段数据的采集和控制通过控制表和数据表完成。RMON MIB 按功能分成 9 个组，每个组有自己的控制表和数据表（有些组二者合一，如统计组）。其中，控制表可以读写，数据表只能读；控制表用于描述数据表所存放数据的格式。配置的时候，由管理站设置数据收集的要求，存入控制表。开始工作后，RMON 监视器根据控制表的配置，把收集到的数据存放到数据表。

11.5.2   RMON2 应用

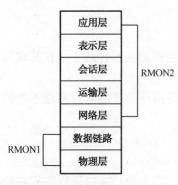

图 11-13   RMON 和 RMON2 所
支持的协议层

    尽管 RMON 有很多优点，但也有其局限性。RMON 的 MAC 层探测器不能确定由服务器进入本地网段的数据包的源点和终点，或者是不能确定经过被监视网段的通信数据包的源点和终点。

    1994 年，RMON2 工作组开始致力于提高现存的物理层和数据链路层之间的 RMON 规范，以实现在网络和应用层提供历史和数据统计服务。图 11-13 说明了 OSI 参考模型层与 RMON 相关的规范。在网络层，RMON2 通过监视点对点通信来记录网络使用的模式。另外，RMON2 还显示单个应用所占用的带宽，以及出现疑难故障的关键因素。

    RMON2 提供的性能参数如下：

- RMON2 为网络层和应用层提供通信流统计数据。这些信息对明确企业网通信模式发展情况，保证用户与资源都达到最优的合理配置以及降低成本等方面发挥着关键作用。
- 利用 RMON2，网络管理员可以为系统任意一个计数器历史存档。这允许在整个 Intranet 范围内收集系统通信对之间有关通信流的信息。

● RMON2 增强了 RMON 的数据过滤和数据捕获性能，支持高层协议更灵活和更有效的过滤器。

● RMON2 支持地址转换，将 MAC 层与网络层的地址绑定在一起。这种性能尤其适用于结点寻找、结点辨识和管理、创建拓扑结构图的应用程序。

● RMON2 互操作性也得到了提高。通过定义一个标准，它允许供应商的管理程序远程配置另外一个供应商的 RMON 探测器。

11.5.3 使用 RMON/RMON2 监控局域网通信流量

要想使用 RMON/RMON2 进行交互式管理，网络设计者必须确定出对网络的运行起关键作用的那些网段。一般情况下，这些网段包括园区骨干网、重要工作组、交换机到交换机链路、提供应用服务器和服务器组接入的网段。如果决定在这些关键网段中安装完全 RMON/RMON2 设备，那么应当安装在最关键的部分。

在这些关键的网段配置好 RMON/RMON2 之后，就要制订一个方案，以便能够有效地在整个环境中安装探测器。指定的方案必须保证 RMON/RMON2 所接收的统计数据和通信信息来自网络中合适的位置。这些位置包括网卡、网络设备和单机探测器等。如果探测器配置有效，管理员就能够监控每个共享资源的广域网、交换机端口和 VLAN。

11.5.4 使用 RMON/RMON2 监控广域网环境

网络管理员的兴趣主要集中在对广域网连接的监控上。除了简单的通信故障排除外，管理员希望在广域网昂贵的带宽中让客户实现投资最优化。如果广域网网络超负荷运转，就会导致错误量增加，网络性能下降，拥挤的数据出现丢失或者传输缓慢，从而降低了带宽的利用率。

1. RMON 广域网探测器

RMON 广域网探测器监控标准没有数据链路层，其广域网监控标准是建立在专用所有权技术之上，不能与其他供应商提供的探测器一起使用，但它只需检验载波信号。并且这样的探测器能提供用户界面，反映数据链路层和带宽利用率的情况，并能记录、保存有关基于 IP 地址的点对点通信的信息。

2. RMON2 广域网探测器

虽然 RMON2 广域网监测工具也是专用的，但 RMON2 的确是广域网链路监测通信流量的优秀工具。管理员通过它能够运用应用程序而不是通过链路层技术规范来调整网络和吞吐量。图 11-14 中，RMON2 探测器安装在承担广域网范围通信流量的共享局域网网段上。这里，探测器可以看到所有进出的信息，并且能为整个 Intranet 提供高层协议分析。

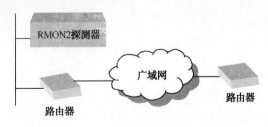

图 11- 14 RMON2 广域网探测器

小　结

通过本章内容的学习，可以掌握网络管理功能、网络管理的模型、网络管理中的概念和 SNMP 协议等。网络管理使分布广泛、构造复杂的计算机网络正常运行，通过建立一种有效的机制对网络的运行情况进行检测和控制，能够有效、安全、可靠、经济地提供服务。

拓展练习

1. 位于互联网与局域网之间，用来保护局域网，避免来自互联网的入侵，这是（　　）。
   A. 防火墙　　　　　　　　B. 防毒　　　　　　　C. 避雷针设备。
2. 网络管理优劣的关键在于（　　）。
   A. 网络系统　　　　　　　B. 操作系统　　　　　C. 人
3. MIB 位于（　　）。
   A. 网络管理站　　　　　　B. 被管理的网络设备　　C. 网络线中
4. SNMP 代理程序位于（　　）。
   A. 网络管理站　　　　　　B. 被管的网络设备　　　C. 网络线中
5. SNMP 管理程序位于（　　）。
   A. 网络管理站　　　　　　B. 被管理的网络设备　　C. 网络线中
6. 网络管理的方向可分为哪五大类？
7. 故障排除操作的五大步骤是什么？
8. 网络资源访问的安全模式有哪两种？
9. 可远程控制网络设备的通讯协议有哪些？
10. 传送文件数据时附上数字签名有哪些好处？

第12章

网络规划与设计

<<<<<<

本章主要内容

- 使用交叉双绞线连接两台计算机
- 使用集线器或交换机连接多个结点
- 使用集线器连接多个局域网
- 使用交换机连接多个局域网
- 利用路由器分割网络
- LAN 与 WAN 的连接
- 主机代管
- 大型局域网的规划
- 网络生命周期

如果一个网络系统在构建之前经过很好的规划，就可以花最少的成本，获得最高的效益。不但网络构建成本可以大幅度节省，而且以后也能顺利扩充网络性能，并且不会阵痛连连。经过周密规划的网络，除了提高了运行效率之外，还提高了管理与维护的效率。

本章将从最小的局域网规划开始介绍，直到扩增网络规模，完成一次网络规划。在局域网构建中，我们采用了 100BASE-TX 以太网传输技术；构建网络传输主干与广域网连接时，使用了实用的网络传输技术与网络连接设备。

12.1 使用交叉双绞线连接两台计算机

小型或个人工作室越来越盛行。由于规模小、资源有限，基于节省成本考虑，很多事都必须自己动手做，其中当然包括简单的网络架设与维护。假设拥有一间个人工作室，并且使用两台计算机工作，因为要让两台计算机能共享文件、打印机和连上互联网，所以就想将两台计算机用网络连接起来。如果两台计算机都安装有 10BASE-T 或 100BASE-TX 的网卡，

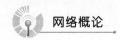

就可以通过一条交叉双绞线将两台计算机连接起来，如图 12-1 所示。

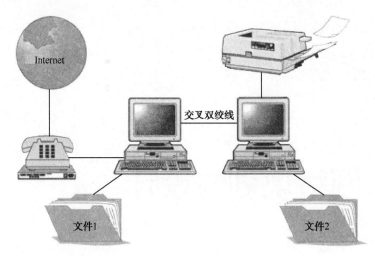

图 12-1　只有 2 台计算机的网络

使用交叉双绞线连接计算机的考虑：

① 节省了购买集线器的费用。

② 如果两台计算机的网卡都支持全双工传输模式，则通过交叉双绞线所形成的就是全双工传输连接。

③ 用来连接两台计算机的交叉双绞线长度不能超过 100 m。

④ 只能用来连接两台计算机，无法再进行扩充。当所要连接的计算机数量超过两台时，交叉双绞线连接法就不可用了。

12.2　使用集线器或交换机连接多个结点

假设有 6 个人的团队，仅占用一间办公室，内部并没有任何隔间，所有人都在同一个房间内，且每人桌上都有一台工作计算机（共 6 台）。为了方便共用文件及备份数据，另外还加了一台共用的服务器，如图 12-2 所示。

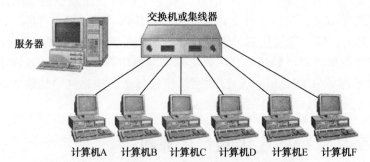

图 12-2　通过集线器或交换机连接的多台计算机

集线器是星型布线网络不可缺少的网络连接设备，使用集线器连接计算机考虑的问题如下所述。

1. 带宽

如果网络上的数据传输量不大，网络使用率不高（例如，只是共享一些文件与打印机，偶尔连上互联网而已），那么通过集线器将 6 台计算机与服务器直接连接起来即可。反之，如果网络上的数据传输量大或是网络使用率高（例如，计算机之间常常会传送大型文件），可改用交换机将 6 台计算机与服务器连接起来。

2. 传输距离

10BASE-T 的局域网，最多可以串接 4 台集线器，两台计算机间的传输线路最长可达 500 m（途中经过 4 台集线器时）；但 100BASE-TX 的局域网，最多只能串接 2 台集线器，两台计算机间的传输线路最长只到 205 m（途中经过 2 台集线器，集线器之间的连线再加上两台计算机连接集线器的连线，总长不能超过 205 m）。如果以交换机来连接计算机，则无此限制，只需注意每段连线不超过 100 m 即可。如果交换机与集线器混杂相接，则集线器串接部分的传输长度仍然受 205 m 的限制，交换机串接部分则不受限制，如图 12-3 所示。

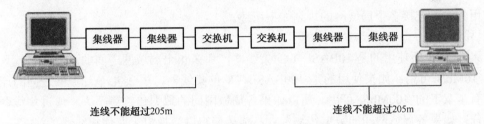

图 12-3　集线器或交换机传输距离

3. 预留传输端口

如果目前只需要连接 5 台计算机，但一个月后还要新增 2 台计算机，那就建议选择一台具备 8 个传输端口的集线器（或交换机）。如果选择一台 5 个传输端口的集线器（或交换机），那么一个月后还是要重新买一台 8 个传输端口的集线器（或交换机），才能将 7 台计算机都串联起来。但是，如果一个月后还要架设另外一个 4 台计算机的局域网，那么先前具备 5 个传输端口的集线器（或交换机）就可以挪过来用，所以，该预留多少传输端口，要根据未来的需求而定。此外要提醒一点，集线器（或交换机）之间互接时双方都会用掉一个传输端口（但堆叠式集线器例外）。换句话说，如果一台 8 传输端口集线器与另一台 5 传输端口集线器互接，则两台集线器就只剩下 8+5-2=11 个传输端口可用，如图 12-4 所示。

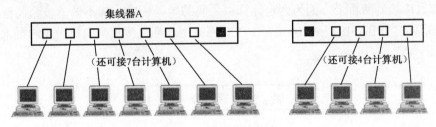

图 12-4　集线器的互连

12.3　使用集线器连接多个局域网

集线器除了可以用于直接连接计算机外，也可以用来串联更大的局域网，延长局域网的

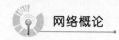

传输距离与涵盖范围，如图 12-5 所示。

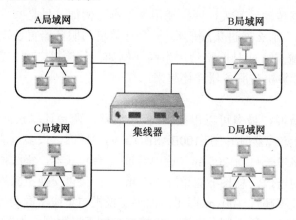

图 12-5　用集线器连接多个局域网

使用集线器连接多个局域网的规划如下所述。

1. 带宽

如果图 12-5 所使用的是 10BASE-T 的集线器，那么 4 个局域网之间的连通带宽就只有半双工的 10Mb/s 可用；如果使用的是 100BASE-TX 的集线器，那么 4 个局域网之间的连通带宽也只有半双工的 100Mb/s 可用。所以如果各局域网间的数据传输量不大，通过集线器相连还可胜任；如果各局域网间的数据传输量大，那么就得以交换机来取代集线器了。

2. 传输距离

以图 12-5 所示的内容为例，假设 4 个局域网都是用 100BASE-TX 集线器直接连接计算机，并且这 4 个局域网又通过集线器连接起来，那么所形成的大型局域网中，任两台计算机之间的线路总长不得超过 205 m。如果这个局域网都是以交换机直接连接计算机，该局域网再通过交换机传输端口直接连上中央的集线器，则无 205 m 限制，但需注意每段连线不得超过 100 m。

12.4　使用交换机连接多个局域网

在 10BASE-T 或 100BASE-TX 网络中，如果计算机通过交换机连接起来，那么就等于所有计算机都直接接到网桥上（因为两台计算机之间的数据传输，都不会外传到其他不相干的计算机），所以在 10BASE-T 或 100BASE-TX 网络上，都直接把交换机当作网桥来使用，如图 12-6 所示。

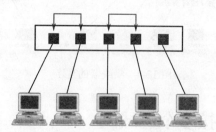

图 12-6　交换机也就是多端口网桥

通过交换机将各个局域网连接起来，除了可以形成更大的局域网，延长局域网的传输距离与涵盖范围之外，还可以进一步隔离各局域网络之间的数据传输，使各局域网内的数据传输不会干扰到其他局域网，如图 12-7 所示。

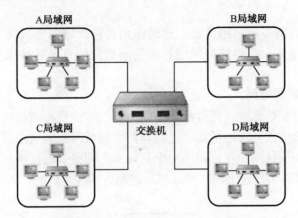

图 12-7   使用交换机连接多个局域网

利用交换机连接多个局域网的规划考虑如下。

1. 带宽

以图 12-7 所述内容为例，假设中心是一台 100BASE-TX 的交换机，如果大多数的数据传输都在局域网内进行，4 个局域网之间的数据传输量不大，换句话说，也就是各局域网对外的数据传输流量不超过 100 Mb/s 时，那么整个网络的运行状况还可以维持在流畅的阶段。如果各局域网对外的数据传输流量超过 100 Mb/s（例如，A 局域网内有 3 台计算机同时传送数据给 B 局域网内的 3 台计算机），那么被传输数据就会被堵塞在交换机内，成为传输的瓶颈。

2. 兼容性

100BASE-TX 交换机可以同时支持 10BASE-T 与 100BASE-TX 两种传输规格，允许其上的传输端口各自采用 10Mb/s 或 100Mb/s 的传输速率。旧网络标准与新网络标准的相互连接，大大扩增了兼容性。

3. 传输距离

注意：每段连线不超过 100 m。

12.5   利用路由器分割网络

与网桥（或 L2 交换机）相比，路由器（或 L3 交换机）多了能查看信息包内通信协议报头的能力，因此可以担任 OSI 第三层的路由工作，可以根据 IP（或 IPX 或其他可路由通信协议）网络地址将局域网分割成数个子网。在下列三种情况下用到路由器。

1. 过滤广播信息包，提高网络传输效益

虽说网桥（或 L2 交换机）可以根据 MAC 地址过滤数据信息包，但它对于目的地址为所有结点的广播信息包却没有办法。局域网的规模大到某个程度后，数百台的计算机之间不断传来传去的广播信息包，也就成了整个局域网的巨大负担。这时就有必要通过路由器（或 L3 交换机）将整个局域网分割成多个较小的子网，使子网内的广播信息包只在该子网内传递，而不会扩散干扰到其他子网去。为了要使路由器（或 L3 交换机）发挥正常的功能，要先做

好适当的配置设置。子网之间如果要通过 TCP/IP 通信协议互联,事先要规划好 IP 地址的分割方式。

2. 连接广域网

局域网要连上广域网要用到路由器。通过路由器将广域网连线传来的数据信息包转换成局域网可以接收的格式,并将局域网要传出去的数据信息包转换成广域网连线所能接收的格式。

3. 串联不同种类的局域网

由于路由器具备查看信息包内通信报头的能力,能够转换不同结构的信息包,所以也就成了不同种类网络传输技术互通的桥梁。尤其当两个局域网的间隔距离过长时,例如,一个局域网在北京,另一个局域网却在广州,两个局域网之间就要通过广域连线串联。这时候两个局域网就要分别通过路由器连上同一广域网,进而达到互通目的,如图 12-8 所示。

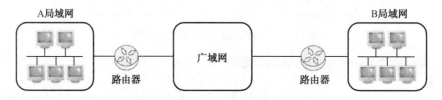

图 12-8 通过广域网连接两个局域网

12.6 LAN 与 WAN 的连接

想要连接到局域网外的世界,就得依靠广域网连线或其他可以突破布线限制的传输技术,例如无线传输技术。至于该选择哪种广域网连接,这得根据需求而定。为此本节将以各种可能的需求,规划各种适用的方案。

12.6.1 连上互联网访问互联网资源

连上互联网的目的是获取互联网资源,如浏览网页、收发电子邮件、阅读新闻组文章。采用何种连接方式连上互联网则要根据网络使用量来决定。如果只是偶尔才上网收一下电子邮件,那么采用调制解调器拨号连接似乎是个最省钱的选择。如果上网的时数很长,那么调制解调器拨号连接所耗掉的电话费过高,这时便可采用计时制 ADSL 连接或双向线缆调制解调器连线,并获得更高的连线带宽。如果一周七天,一天 24 小时,随时都要访问互联网上的资源,且需要很高的连线带宽时,便可以考虑采用价位稍高的专线。专线除了传输速率更快以外,连线的稳定度也更高。如果有数台计算机想同时通过广域网连线连上互联网,但是 IP 地址的数量却不够,则可以通过操作系统提供的"Internet 连接资源共享"功能解决,让多台计算机共用一个 IP 地址连上互联网。本功能是通过"网络地址转译"(Network Address Translation,NAT)机制完成的。

12.6.2 连上互联网提供网络服务

如果要架设对外提供服务的网络服务器,那么配发动态 IP 地址的拨号连接、线缆调制解调器连接与计时制 ADSL 连接就不适用了,只剩下固接式 ADSL 连线与专线连线可以选择。除了在局域网上架设网络服务器外,许多网络公司也提供了主机代管服务,由网络公司负责包办网络服务器的安置与维护工作。

12.6.3　串联局域网

如果只是想通过广域网传输技术串联两个或多个距离较远的局域网，那就不一定要连上互联网。许多 ISP 都提供这种纯专线的连接服务，可以通过这种专线服务连接分隔两地的局域网。不但北京与天津两地的局域网可以连接起来，有些 ISP 公司甚至还提供了可以连到海外的对接连接服务。许多大专院校校园或大工厂的厂区也需要通过广域网传输技术串联分布在各处的局域网。根据带宽需求与构建成本，来选择是要布设双绞线还是光纤传输线路。有时候两个局域网之间无法直接串联起来，是因为两边有着实际上的布线困难，例如相隔一条河流或一条大马路，这时就可以考虑以无线网络传输技术来串联这两个局域网。

12.7　主机代管

许多公司或个人自行架设网站，并且希望网站所能使用的传输带宽很高，但却不希望花太多钱在专线与相关网络连接设备上。为了迎合客户这种需求，许多 ISP（互联网服务提供者）公司还提供了主机代管服务，即客户将它的服务器主机放置在 ISP 的交换机房内，由网络公司负责服务器的安置与维护工作。主机代管的特点如下。

1. 降低网站构建成本

有了主机代管服务，用户就可以省下自己设置与维护网络服务器主机所需的人力与资源费用及专线的租用成本。

2. 享用超高的连接带宽

ISP 的机房与机房之间会通过高带宽的广域网连线连接起来；不同的 ISP 之间也会以高带宽的广域网连线连接起来。将网络服务器安置在 ISP 的机房，可享用 ISP 机房内又快又稳定的连接带宽。

3. 空调系统

服务器主机与网络设备在适当的温度与湿度环境下运行，除了使用寿命可以大幅度延长外，随机出错故障的概率也会降低。ISP 的机房内完善的空调系统，正是主机代管的优势之一。

4. 不断电系统的保护

ISP 机房内不断电系统与备用发电机系统的支持，可以确保网络设备与服务器主机不会因意外断电而造成数据流失或故障。

5. 机房内有专人监看服务器的运行

ISP 机房内随时都有专业人员监看网络设备与服务器主机的运行状态，能在最短的时间内解决突发性问题。

12.8　大型局域网的规划

在构建一个大型的局域网之前，必须要经过完善的规划，免得最后构建完成的网络系统不符合实际的需求。规划网络时要考虑到网络的涵盖范围、结点与网络连接设备之间的距

离、网络结点数、传输流量等。

网络的规划不仅要满足目前的需求，还必须考虑到网络维护、管理与以后的可扩充性。在前面的例子中，因为网络规模都很小，所以可以不必考虑太多。一旦网络上的结点数量增多、传输范围扩大、传输距离拉长、数据传输量变大，就需要从多方面考虑一体化规划。如果网络管理与可扩充性没有一起规划，那么在以后网络管理与扩充时将会遭遇到麻烦，这样不但浪费宝贵的时间与金钱，而且有可能还要全部重新施工与布线。

12.8.1　工作组

将数台或数十台计算机通过集线器或交换机连接起来所形成的局域网，称为网络工作组规模的局域网，如图 12-9 所示。

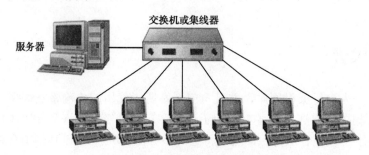

图 12-9　工作组规模的局域网

根据工作组所连接的结点数，可以将工作组细分成两类：

① 小型工作组：工作组所连接的计算机少于 20 台。

② 大型工作组：工作组所连接的计算机超过 20 台。

12.8.2　传输主干

在大型的网络系统中，负责连接所有网络工作组的核心线路称为网络传输主干。常见的传输主干构建方式有两种，分别是分布式传输主干与集中式传输主干。

1.　分布式传输主干

分布式传输主干是一种由各个网络工作组互连所形成的传输主干，如图 12-10 所示。

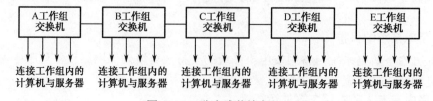

图 12-10　分布式传输主干

2.　集中式传输主干

通过一台专门的传输主干交换机来连接所有的网络工作组便形成了集中式传输主干，如图 12-11 所示。

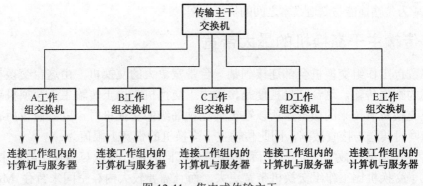

图 12-11　集中式传输主干

12.8.3　工作组与传输主干的规划

对于三五十人的中小企业来说，常占有较大的地方，空间上也有较大的变动，但多半还是以同一层楼居多，最大的特点就是隔间多，且职务分工较细。面对这样的状况，必须深入了解全公司企业的需求。首先小型网络的基本功能一定要有，不管是文件共用还是资源共享都得一应俱全；其次现代企业的互联网需求迫切，团队运行又依赖于信息系统；服务器要备份，即多准备一台。很显然，必须考虑的因素较多。就网络的实际运行情况来说，大型局域网也是由许多的网络工作组所组成的。同部门的成员在同一个工作组内使用网络，工作组之间则通过传输主干连接起来，如图 12-12 所示。

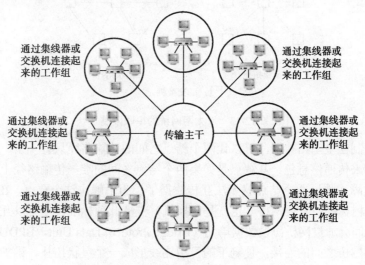

图 12-12　利用工作组与传输主干规划网络

12.8.4　工作组交换机的最大带宽

100BASE-TX 交换机的最大传输带宽为 100 Mb/s×传输端口数/2。这个估算值，是厂商设计工作组交换机时所参考的带宽上限值。以一个 8 端口的工作组交换机来说，如果同一时间其中 4 台计算机分别传送数据给另外 4 台计算机，交换机内部的数据总传输流量便高达 100×8/2=400 Mb/s。但是，对许多网络使用率不高的小型工作组来说，很少会同时有一半的计算机传输数据给另一半计算机的极端忙碌情况。专门为这种小型网络工作组设计的交换机，内部的最大带宽就远低于这

个上限值，成为传输性能与制造成本之间的折中方案。

12.8.5　传输主干交换机的最大带宽

如果将数台工作组交换机全都连接到某一台带宽更大的交换机，由这台交换机负责所有工作组之间的数据传输，这台交换机便是传输主干交换机。由于传输主干交换机要负责转递所有工作组交换机所传来的数据，所以在设计这种高级的交换机时，就要假设所有的传输端口都有可能同时传送与接收数据，因此传输主干交换机的带宽上限值为：

100Mb/s×传输端口数/2×2（假设所有传输端口都同时进行传送与接收，故再乘以 2。）

传输主干交换机比工作组交换机带宽更大，而且需要较大内存空间来暂存 MAC 地址。此外，为了网络管理的方便，在高级交换机内建 SNMP 模组，供网络管理人员随时查看整个网络的传输情形。

12.8.6　构建高带宽的网络传输主干

对于 100BASE-TX 网络来说，L2 交换机扮演着网桥的角色。因为任意两台交换机之间只能有一条固定的传输路径，所以交换机之间只能以星状或树状拓扑串联起来，而无法以网状拓扑串联起来，如图 12-13 所示。

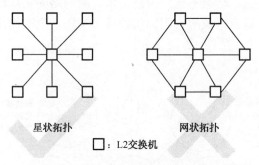

星状拓扑　　　　　　　　　网状拓扑

□：L2交换机

图 12-13　以太网网桥的串联限制

将以太网限制在星型拓扑下，可以让两个结点之间的传输路径只有一条，传输时就不必根据选径路由机制来传递信息包。其缺点是如果两个结点之间的唯一传输路径上有某条传输线段或集线器出现故障，那这两个结点就无法互传数据了。为了解决这个缺点，IEEE 协会制定出了 802.1D 扩展树标准：只要网桥（也就是交换机）支持此项标准，便可以互接形成环状或网状拓扑。网桥之间会通过网桥协议数据单元（Bridge Protocol Data Unit，BPDU）信息包互相沟通，停用某几条网桥之间的连接，使剩下的可用连线形成一个星状拓扑，维护以太网的正常运行。以图 12-14 为例，4 台交换机经过互相协调后，可能会停用 C 与 D 之间的连接。

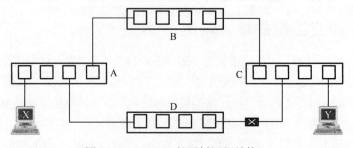

图 12-14　802.1D 扩展树运行结构

如果 B 与 C 之间的连线出现故障，这时所有的网桥会通过 BPDU 信息包重新协调，启动 C 与 D 之间的连接，重新产生一个可用的星状拓扑网络，如图 12-15 所示。

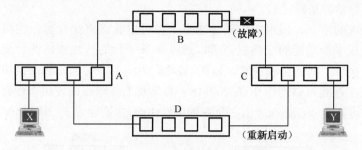

图 12-15　802.1D 扩展树运行结构

尽管支持 802.1D 标准的交换机在实际布线时可以采用环状或网状拓扑，但交换机之间经过协调后还是会去用掉其中几条连线，重新形成星状拓扑来维持以太网的正常运行。如果采用分布式传输主干，随着加入传输主干的交换机数量增多，传输主干所能涵盖的传输范围也更广，所能连接的网络结点也更多，但整个传输主干的总带宽却没有因而扩增。随着带宽需求的增高，所有的数据传输流量将被拥塞在某几台交换机上，较大地降低整个传输主干的运行性能，如图 12-16 所示。

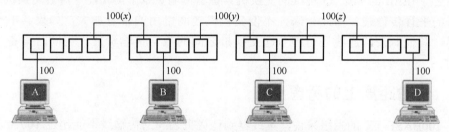

图 12-16　分布式传输主干所能承载的数据量较低

以图 12-16 的分布式传输主干来看，A 与 D 互传数据，就会占用掉整个传输主干（线段 $x+y+z$）的带宽，这时如果 B 与 C 互传数据，则所有的数据都会阻塞在 y 线段上，因而降低了网络传输效益。

如图 12-17 所示的集中式传输主干，A 与 D 互传数据时，仅占用线段 $x+w$ 的带宽，这时如果 B 与 C 互传数据，则使用线段 $y+z$ 的带宽，并不会使传输拥塞，由此看来集中式传输主干所能承载的数据传输量显然高。

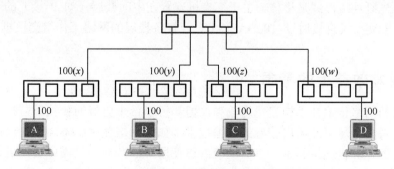

图 12-17　集中式传输主干所能承载的数据量较高

此外，分布式传输主干上较远的两个结点之间如果要传递数据，数据信息包也要经过数

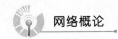

台交换机的传递才能到达目的地，无形中会让传输延迟的情况加重。

相对地，集中式传输主干上无论哪两个结点之间要通过传输主干传递数据，数据信息包所经过的交换机数量都是固定的。

随着带宽需求的增高，采用集中式传输主干将可以获得更高带宽，也可改善传输延迟状况。具备传输负载平衡功能的交换机，可以通过多条平行的传输线将两台交换机串接起来，显著提高两台交换机之间的传输带宽。以图 12-18 为例，在传输负载平衡机制的帮忙下，两条 100Mb/s 全双工连线可以当作 1 条 200Mb/s 的全双工传输连线使用，使得两台交换机之间的总数据传输量可高达 400Mb/s（由左至右的 200Mb/s+由右至左的 200Mb/s）。

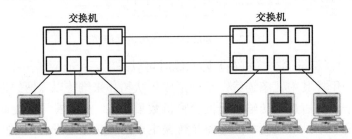

图 12-18　传输负载平衡机制

只要支持 IEEE 的 802.1Q 标准的交换机具备了传输负载平衡功能，两台交换机之间便可以有多条的平行传输线。如此一来，不但交换机之间可用的带宽加大，如果其中一条连线出现故障，其他剩余的连线还可担负起交换机之间的数据传输责任，也同时具备了备份的容错特性。

12.8.7　传输距离上的考虑

对于 100BASE-TX 的网络来说，集线器到计算机之间的传输线不能超过 100 m。假设有一个新落成的大楼，每层楼都有 120×120 m 见方的空间，那么集线器的最好摆设位置自然就是每层楼的中央处。如果不巧每层楼的中央处刚好是梁柱，或因其他因素而无法摆设网络连接设备，那么就得在每层楼的两边各设置一个布线柜来安置网络连接设备，以确保网络传输范围可以遍及办公室各处，如图 12-19 所示。

如果各楼层以集中式传输主干连接，也要考虑到传输距离的问题。假设办公室在 19楼，与地下室之间的垂直距离虽然没有超过 100 m，但两个楼层的布线柜之间的实际布线距离却已经超过 100 m，也就无法以 100BASE-TX 连线串接这两个布线柜，这时就得换用100BASE-FX 光纤连线，或是将传输主干交换机安置在中间楼层（如 9 楼）的布线柜里，这样可使传输主干交换机直接通过 100BASE-TX 连接各楼层的网络工作组交换机，如图 12-20所示。

12.8.8　成本效益上的考虑

虽然较快的网络传输技术构建费用较高，但却可以带来更好的传输效益，因此我们建议在合理的成本考虑下尽可能采用较好的传输技术。如果网络使用率不高，可以通过集线器将网络工作组内的计算机连接起来。以后随着网络使用率的升高，只需以交换机换掉原有的集线器，整个网络工作组的可用带宽便可大幅提高。当然，如果两者的价差有限，就无需多此一举。

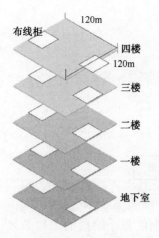

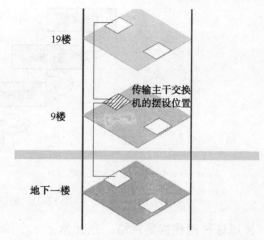

图 12-19　布线柜的设置地点需考虑传输距离　图 12-20　传输主干交换机的设置地点需考虑传输距离

12.8.9　服务器专区

服务器专区指的就是一台直接连接到传输主干的网络服务器。如果将所有网络服务器跟传输主干交换机放在一起，就可以在此集中掌握、查看、管理与维护网络资源。举例来说，当架设一台电子邮件服务器供全公司员工使用，便可以将这台邮件服务器直接连上传输主干交换机，以确保全公司各处都能通过顺畅的网络连接访问这台邮件服务器。

12.9　网络生命周期

开发一个新的网络系统或修改一个已有的网络系统的过程称为网络的生命周期。网络的生命周期体现的是一个新的网络或新特征的构思计划、分析设计、实时运行和维护的过程，这个过程在修改之后又要重新开始。这种生命周期与软件工程中的软件的生命周期非常类似。

虽然目前没有哪个生命周期可以完美地描述所有的项目开发，但是网络流程周期和网络循环周期这两种基本的生命周期模型得到了网络工程师的认可和应用。下面针对这两种网络生命周期进行介绍。

12.9.1　网络流程周期

网络流程周期由下述 5 个阶段组成：
- 需求规范。
- 通信规范。
- 逻辑网络设计。
- 物理网络设计。
- 实施阶段。

由上述 5 个阶段组成的生命周期又叫做一个流程，因为每一项工作是从一个阶段"流到"下一个阶段，具体的网络流程周期如图 12-21 所示。

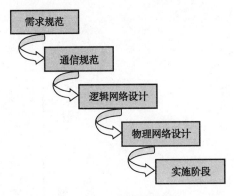

图 12-21　网络流程周期

按照这种流程构建网络，在开始下一个阶段之前，前面的每个阶段的工作必须已经完成。一般情况下，不允许返回前面的阶段。如果出现前一阶段的工作没有完成就开始进入下一个阶段，则将造成工期拖延，随之带来严重的超支。

网络流程周期的主要优势在于所有的计划在较早的阶段完成。该系统的所有负责人对系统的具体情况以及工作进度都非常清楚，更容易协调工作。

网络流程周期的缺点是比较死板，不灵活。因为往往在项目完成之前，用户的需求经常会发生变化，这使得已开发的部分需要经常修改，从而影响工作的进程。网络流程周期适用于开发小型项目。

12.9.2　网络循环周期

网络循环周期是从网络流程周期演变而来。它克服了网络流程周期的不灵活性。变化管理是网络循环周期的指导性原则。与网络流程周期不同的是，网络循环周期能够快速适应新的需求；通过几次重复所有阶段来实现；每次循环将产生一个新的版本。网络循环周期由 4个阶段组成，如图 12-22 所示。

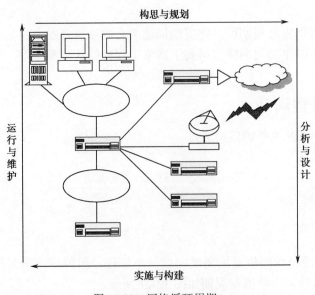

图 12-22　网络循环周期

网络循环周期有以下 4 个阶段。

- 构思与规划阶段。
- 分析与设计阶段。
- 实施与构建阶段。
- 运行与维护阶段。

在网络设计中，每一个循环只实现部分最终性能，用户就有机会在项目完成之前反馈他们的意见和建议并在新的一轮循环中加以考虑，新的性能被加入，用户提出的问题随之得以解决。

虽然网络循环周期在处理需求变化方面比网络流程周期优越，但也有其自身的缺点，这就是无法预知用户以后要求什么，这样就很难估计出最终的经费和完工日期。更严重的是，按照网络循环周期模型开发网络，很容易陷入没有止境的更新循环中。

12.9.3　网络开发过程

网络开发过程描述了开发一个网络时必须完成的基本任务。网络流程周期和网络循环周期为描述网络项目开发提供了模型依据。同一个网络项目可能不止仅使用一个周期，例如，可以使用网络流程周期描述一个新网络的设计和实施过程，可以使用网络循环周期更好地描述网络升级和维护过程。

设计过程需要一份关于硬件、软件、连接和服务的详细说明书，以确保满足每个项目各自的独特需求。在网络计划者已经分析和确定以下事项后才开始进行设计。

- 现有的网络体系结构。
- 新的需求。
- 设计目标和约束。

将大型问题分解为多个小型可解的简单问题，这是解决复杂问题的常用方法。把一个大项目分成若干个容易理解、容易处理的部分，分阶段地开发。每个阶段都包括将项目推动到下一个阶段必须做的工作。通常，网络开发过程由以下一系列阶段组成。

- 需求分析。
- 现有的网络体系分析，即通信规范分析。
- 确定网络逻辑结构，即逻辑网络设计。
- 确定网络物理结构，即物理网络设计。
- 安装和维护。

网络流程周期和网络循环周期都可以用图 12-23 的过程来描述。换句话说，图 12-21 所描述的过程只是定义了网络生命周期的各个阶段。

用户对一个项目的评价如何，是根据一个项目的"输出"效果来评价的。一个项目的输出是一个网络。但是为了达到构建实用网络的最终目标，开发小组必须整理出一些相关的材料，例如，需求分析文档、设计文档、评估和报告等。另外，每个阶段都有自己的输出，这些输出将作为下一个阶段的输入。这就像建筑物的地基一样，这些输出构成了强大的体系以支持整个设计。因此，所有记录设计规划、技术选择、用户信息以及上级审批的文件都应该保存好，以便以后查询和参考。

下面介绍网络开发过程的各个阶段，应说明的是，并不是所有的项目都需要所有这些阶段及其输出，小型项目可以跳过一些阶段，或将它们结合起来。只要理解了开发网络项目的

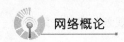

各个阶段，在实际开发过程中就可以灵活运用了。

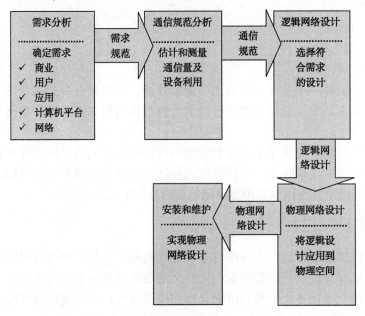

图 12-23　网络开发过程

1. 需求分析

需求分析是开发过程中最关键的阶段，也是经常被忽略的阶段。这是因为需求提供了网络设计应该达到的目标，但是很多时候甚至用户自己也不清楚具体需求是什么，或者需求渐渐增加而且经常发生变化，这就给从多方面搜集和整理信息的工作带来了很大的困难。

收集需求信息不仅要和不同的用户、经理和其他网络管理员交流，而且需要把交流所得信息归纳解释。这个过程意味着要解决不同用户群体之间的需求矛盾。用户和网络管理员之间往往存在着很大的分歧，网络管理员不清楚用户的需求，用户不理解网络管理员的做法。

收集需求信息是一项费时的工作，也是一个不能立即提供一个确定结果的过程。但是，需求分析有助于设计者更好地理解网络应该具有什么功能和性能，并最终设计出符合用户需求的网络。它为网络设计提供了下述依据。

- 能够更好地评价现有的网络体系。
- 能够更客观地做出决策。
- 提供完美的交互功能。
- 提供网络的移植功能。
- 合理使用用户资源。

不同的用户有不同的网络需求，收集需求考虑如下：

- 业务需求。
- 用户需求。
- 应用需求。
- 计算机平台需求。
- 网络需求。

在需求分析阶段应该尽量明确用户的需求。详细的需求描述使得最终的网络更有可能满足用户的要求。同时，需求收集过程必须同时考虑现在和将来的需要，如不适当考虑将来的发展，以后网络的扩展就很困难。

最后，需要注意的是需求分析的输出是产生一份需求说明书。网络设计者必须规范地把需求记录在一份需求说明书中，清楚而细致地总结单位和个人的需要和愿望。在写完需求说明书后，管理者与网络设计者应该正式达成共识，并在文件上签字。这时需求说明书才成为开发小组和管理者之间的协议，也就是说，管理者认可文件中对他们所要系统的描述，网络开发者也同意提供这个系统。

需求说明正式通过后，开发过程就可以进入下一个阶段了。但新的因素经常出现，必然引起需求经常有变化，因此主要相关人员应该对网络需求再协商。需求分析过程会使每个人明白任何需求的改变都是有代价的。

2. 现有的网络体系分析

当需要将某一网络改进或升级时，必须分析该网络的体系结构和性能。分析阶段是对需求阶段的补充。需求分析是告诉网络设计者将要做的工作；而网络体系分析则是使网络设计者掌握网络现在所处的状态和情况。

在这一阶段，应给出一份正式的通信规范说明文档，以备下一个阶段（逻辑网络设计）输入使用。网络分析阶段应该提供的通信规范说明文档内容如下：

- 现有网络的逻辑拓扑图。
- 反映网络容量、网段及网络所需的通信容量和模式。
- 详细的统计数据、基本的测量值和所有其他直接反映现有网络性能的测量值。
- Internet 接口和广域网提供的服务质量报告。
- 限制因素列表清单，例如，使用线缆和设备等。

3. 确定网络逻辑结构

在确定网络的逻辑结构阶段，需要描述满足用户需求的网络行为及性能，详细说明数据是如何在网络上阐述的。此阶段不涉及网络元素的具体物理位置。

网络设计者利用需求分析和现有网络体系分析的结果来设计逻辑网络结构。如果现有的软、硬件不能满足新网络的需求，现有系统就必须升级。如果现有系统能够继续运行使用，就可以将它们集成到新设计中来。如果不集成旧系统，网络设计小组也可以找一个新系统，对它进行测试，确定是否符合用户的需求。

此阶段最后应该得到一份逻辑网络设计文档，输出的内容包括以下几点。

- 逻辑网络设计图。
- IP 地址方案。
- 安全方案。
- 具体的软件、硬件、广域网连接设备和基本的服务。
- 招聘和培训网络员工的具体说明。
- 对软件、硬件、服务、员工和培训费用的初步估计。

4. 确定网络物理结构

确定网络物理结构阶段的任务是如何实现给定的逻辑网络结构。在这一阶段，网络设计者需要确定具体的软件、硬件、连接设备、布线和服务。

如何选择和安装设备，由网络物理结构这一阶段的输出作依据，所以网络物理结构设计文档必须尽可能详细、清晰，输出的内容如下：

● 网络物理结构图和布线方案。
● 设备和部件的详细列表清单。
● 软件、硬件和安装费用的估算。
● 安装日程表，详细说明服务的时间以及期限。
● 安装后的测试计划。
● 用户的培训计划。

5. 安装和维护

（1）安装

如果前面各个阶段的工作很细致，严格遵守了各个阶段的规范，那么安装工作一般是很顺利的。

安装阶段的主要输出是网络本身。一个好的安装阶段应该产生如下输出：

● 更新的逻辑网络图和物理网络图。
● 对线缆、连接器和设备做了清晰的标识。
● 为以后的维护和纠错带来方便的记录和文档，包括测试结果和新的数据流量记录。

在安装开始之前，所有的软、硬件必须准备完毕，并对其进行过严格的测试。新的职员、顾问服务、培训和服务协议等资源必须在安装阶段开始前获得。

（2）维护

网络安装完成后，接受用户的反馈意见和监控是网络管理员的任务。网络投入运行后，需要做大量的故障监测和故障恢复以及网络升级和性能优化等维护工作。网络维护又称为网络产品的售后服务。

小 结

本章从最小的局域网规划开始介绍，直至扩增网络规模，完成一次网络规划。在局域网构建中，我们采用了 100BASE-TX 以太网络传输技术；构建网络传输主干与广域网连接时，使用了实用的网络传输技术与网络连接设备。主要内容包括使用交叉双绞线连接两台计算机；使用集线器或交换机连接多个结点；使用集线器连接多个局域网；使用交换机连接多个局域网；利用路由器分割网络；LAN 与 WAN 的连接；主机代管；大型局域网的规划和网络生命周期等。通过上述内容的学习，可以知道在网络系统构建之前必须经过很好的规划，这样就可以花最少的成本，获得最高的效益。经过周密规划的网络，除了能提高运行效率之外，还能提高管理与维护的效率。

拓展练习

1. 使用交叉双绞线连接计算机需考虑哪些问题？
2. 使用集线器连接计算机需考虑哪些问题？
3. 说明使用集线器连接多个局域网的规划。
4. 说明常见的传输主干构建方式。
5. 什么是分布式传输主干与集中式传输主干？

第13章

物联网

本章主要内容

- 物联网概述
- 物联网技术架构
- 物联网标识技术
- 物联网通信技术
- 物联网其他技术

13.1 物联网概述

13.1.1 物联网的产生与发展

1995 年，比尔·盖茨在《未来之路》一书中就已经提及类似于物品互联的想法，只是当时受限于无线网络、硬件及传感设备的发展，并未引起重视。

1998 年，美国麻省理工学院（MIT）创造性地提出了当时被称为 EPC（Electronic Product Code）系统的"物联网"构想。1999 年，美国 Auto-ID 首先提出"物联网"的概念，其主要建立在物品编码、射频识别（Radio Frequency Identification，RFID）技术和互联网的基础上。

2003 年，"EPC 决策研讨会"在芝加哥召开。作为物联网方面第一个国际会议，该研讨会得到了全球 90 多个公司的大力支持。从此，物联网相关工作开始走出实验室。

2005 年，国际电信联盟（ITU）发布了题为《ITU 互联网报告 2005：物联网》的报告，物联网概念开始正式出现在官方文件中。

2008 年 3 月，在苏黎世举行了全球首个国际物联网会议"物联网 2008"，探讨了"物联网"的新理念和新技术，以及如何推进"物联网"发展。

在美国，IBM 提出了"智慧地球"的构想，其中物联网是不可缺少的一部分。2009 年 1

月，美国将其提升到国家战略。

2009 年 6 月，欧盟在比利时首都布鲁塞尔向欧洲议会、欧洲理事会、欧洲经济与社会委员会和地区委员会提交了以《物联网——欧洲行动计划》为题的公告，其目的是希望欧洲通过构建新型物联网管理框架来引领世界物联网发展。欧盟委员会提出物联网的三方面特性：

第一，不能简单地将物联网看做互联网的延伸。物联网建立在特有基础设施上，将是一系列新的独立系统，当然，部分基础设施仍要依存于现有的互联网。

第二，物联网将伴随新的业务共同发展。

第三，物联网包括了多种不同的通信模式，如物与人通信、物与物通信，其中特别强调了包括机对机通信。

在我国，2009 年 8 月 7 日，温家宝总理在无锡微纳传感网工程技术研发中心视察并发表重要讲话，要求"在传感网发展中，要早一点谋划未来，早一点攻破核心技术"，并提出了"感知中国"的理念。这标志着政府对物联网产业的关注和支持力度已提升到国家战略层面。此后，我国官方对物联网的多次提议和众多规划表示我国物联网的发展已正式提上议事日程。

13.1.2　物联网定义与组成

1. 物联网定义

物联网的英文名称为"the Internet of Things（IOT）"，物联网就是"物物相连的互联网"。物联网是通过各种信息传感设备及系统（传感网、射频识别系统、红外感应器、激光扫描器等）、条码与二维码、全球定位系统，按约定的通信协议，将物与物、人与物、人与人连接起来，通过各种接入网、互联网进行信息交换，以实现智能化识别、定位、跟踪、监控和管理的一种信息网络。从网络结构上看，物联网就是通过网络将众多信息传感设备与应用系统连接起来并在广域网范围内对物品身份进行识别的分布式系统。

2. 物联网组成及属性

（1）物联网的组成

从技术层面上看，物联网是指物体通过智能感知装置，经过传输网络，到达指定数据处理中心，实现人与人、物与物、人与物之间信息交互与处理的智能化网络。

物联网的发展跟互联网是分不开的，主要有两个层面的意思：

第一，物联网的核心和基础仍然是互联网，它是在互联网基础上的延伸和扩展。

第二，物联网是比互联网更为庞大的网络，其网络连接延伸到了任何的物品和物品之间，这些物品可以通过各种信息传感设备与互联网络连接在一起进行更为复杂的信息交换和通信。

物联网中的"物"的涵义要满足以下条件才能够被纳入"物联网"的范围。

① 要有相应信息的接收器。

② 要有数据传输通路。

③ 要有一定的存储功能。

④ 要有 CPU。

⑤ 要有操作系统。

⑥ 要有专门的应用程序。

⑦ 要有数据发送器。

⑧ 遵循物联网的通信协议。

⑨ 在世界网络中有可被识别的唯一编号。

（2）物联网的基本属性

物联网具有以下 4 个重要属性。

① 全面感知：利用 RFID、传感器、二维码等智能感知设施，可随时随地感知、获取物体的信息。

② 可靠传输：通过各种信息网络与计算机网络的融合，将物体的信息实时准确地传送到目的地。

③ 智能处理：利用云计算、数据挖掘以及模糊识别等人工智能技术，对海量的数据和信息进行分析和处理，对物体实施智能化的控制。

④ 自动控制：利用模糊识别等智能控制技术对物体实施智能化控制和利用。最终形成物理、数字、虚拟世界和社会共生互动的智能社会。

如图 13-1 为物联网概念模型。

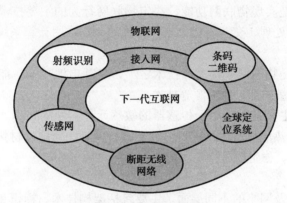

图 13-1　物联网概念模型

13.1.3　物联网的技术体系

物联网是典型的交叉学科，它所涉及的核心技术包括 IPv6 技术、云计算技术、传感技术、RFID 智能识别技术、无线通信技术等。因此，从技术角度讲，物联网主要涉及的专业有：计算机科学与工程、电子与电气工程、电子信息与通讯、自动控制、遥感与遥测、精密仪器、电子商务等等。

欧盟于 2009 年 9 月发布的《欧盟物联网战略研究路线图》白皮书中列出 13 类关键技术，包括：标识技术、物联网体系结构技术、通信与网络技术、数据和信号处理技术、软件和算法、发现与搜索引擎技术、电源和能量储存技术等。

（1）感知、网络通信和应用关键技术

① 传感和识别技术，是物联网感知物理世界获取信息和实现物体控制的首要环节。传感器将物理世界中的物理量、化学量、生物量转化成可供处理的数字信号。

② 网络通信技术，主要实现物联网数据信息和控制信息的双向传递、路由和控制。重点包括低速近距离无线通信技术、低功耗路由、自组织通信、无线接入、M2M 通信增强、IP 承载技术、网络传送技术、异构网络融合接入技术以及认知无线电技术。

③ 海量信息智能处理，综合运用高性能计算、人工智能、数据库和模糊计算等技术，

对收集的感知数据进行通用处理，重点涉及数据存储、并行计算、数据挖掘、平台服务、信息呈现等。

④ 面向服务的体系架构（Service-oriented Architecture，SOA），是一种松耦合的软件组件技术。它将应用程序的不同功能模块化，并通过标准化的接口和调用方式联系起来，实现快速可重用的系统开发和部署。SOA 可提高物联网架构的扩展性，提升应用开发效率，充分整合和复用信息资源。

（2）支撑技术

物联网支撑技术包括微机电系统（Micro ElectroMechanical Systems，MEMS）、嵌入式系统、软件和算法、电源和储能、新材料技术等。

① 微机电系统：可实现对传感器、执行器、处理器、通信模块、电源系统等的高度集成；是支撑传感器结点微型化、智能化的重要技术。

② 嵌入式系统：可满足物联网对设备功能、可靠性、成本、体积、功耗等的综合要求；可以按照不同应用定制裁剪的嵌入式计算机技术；是实现物体智能的重要基础。

③ 软件和算法：是实现物联网功能、决定物联网行为的主要技术，重点包括各种物联网计算系统的感知信息处理、交互与优化软件与算法、物联网计算系统体系结构与软件平台研发等。

④ 电源和储能：是物联网关键支撑技术之一，包括电池技术、能量储存、能量捕获、恶劣情况下的发电、能量循环、新能源等技术。

⑤ 新材料技术：主要是指应用于传感器的敏感元件实现的技术。传感器敏感材料包括湿敏材料、气敏材料、热敏材料、压敏材料、光敏材料等。新敏感材料的应用可以使传感器的灵敏度、尺寸、精度、稳定性等特性获得改善。

（3）共性技术

物联网共性技术涉及网络的不同层面，主要包括架构技术、标识和解析、安全和隐私、网络管理技术等。

① 物联网架构技术目前处于概念发展阶段。物联网需具有统一的架构，清晰的分层，支持不同系统的互操作性，适应不同类型的物理网络，适应物联网的业务特性。

② 标识和解析技术，是物理实体、通信实体和应用实体被赋予的或其本身固有的一个或一组属性，并能实现正确解析的技术。

物联网标识和解析技术涉及不同的标识体系、不同体系的互操作、全球解析或区域解析、标识管理等。

③ 安全和隐私技术，包括安全体系架构、网络安全技术、"智能物体"的广泛部署对社会生活带来的安全威胁、隐私保护技术、安全管理机制和保证措施等。

④ 网络管理技术，重点包括管理需求、管理模型、管理功能、管理协议等。为实现对物联网广泛部署的"智能物体"的管理，需要进行网络功能和适用性分析，开发适合的管理协议。

13.2　物联网架构技术

13.2.1　物联网应用

物联网应用领域主要有智能交通、环境保护、政府工作、公共安全、平安家居、智能消防、工业监测、机械制造等。物联网是近年来的热点，人人都在提物联网，但物联网到底是什么？究竟能做什么？本节将对几种与普通用户关系紧密的物联网应用进行介绍。

应用场景一：

当你早上拿车钥匙出门上班，在电脑旁待命的感应器检测到之后就会通过互联网络自动发起一系列事件，比如通过短信或者喇叭自动播报今天的天气，在电脑上显示快捷通畅的开车路径并估算路上所花时间，同时通过短信或者即时聊天工具告知你的同事你将马上到达等。

应用场景二：

想象一下，联网冰箱可以监视冰箱里的食物：在我们去超市的时候，家里的冰箱会告诉我们缺少些什么，也会告诉我们食物什么时候过期。它还可以跟踪常用的美食网站，为你收集食谱并在你的购物单里添加配料。这种冰箱知道你喜欢吃什么东西，依据的是你给每顿饭做出的评分。它可以照顾你的身体，因为它知道什么食物对你有好处。

应用场景三：

用户开通了家庭安防业务，可以通过 PC 或手机等终端远程查看家里的各种环境参数、安全状态和视频监控图像。当网络接入速度较快时，用户可以看到一个以三维立体图像显示的家庭实景图，并且采用警示灯等方式显示危险；用户还可以通过鼠标拖动从不同的视角查看具体情况；在网络接入速度较慢时，用户可以通过一个文本和简单的图示观察家庭安全状态和危险信号。

综上所述，从体系架构角度可以将物联网支持的业务应用分为 3 类：

① 具备物理世界认知能力的应用。

② 在网络融合基础上的广泛应用。

③ 基于应用目标的综合信息服务应用。

13.2.2　物联网需求分析

"物联网"概念的问世，打破了之前的传统思维。在物联网时代，钢筋混凝土、电缆将与芯片、宽带整合为统一的基础设施。物联网的本质就是物理世界和数字世界的融合。

物联网是为了打破地域限制，实现物物之间按需进行的信息获取、传递、存储、融合、使用等服务的网络。因此，物联网应该具备如下 3 个能力：全面感知、可靠传递、智能处理。

① 全面感知：利用 RFID、传感器、二维码等随时随地获取物体的信息，包括用户位置、周边环境、个体喜好、身体状况、情绪、环境温度、湿度，以及用户业务感受、网络状态等。

② 可靠传递：通过各种网络融合、业务融合、终端融合、运营管理融合，将物体的信息实时准确地传递出去。

③ 智能处理：利用云计算、模糊识别等各种智能计算技术，对海量数据和信息进行分析和处理，对物体进行实时智能化控制。

13.2.3　物联网体系架构

目前在业界物联网体系架构也大致被公认为有两种。

① 三个层次：底层是用来感知数据的感知层；第二层是数据传输的网络层；最上面则是内容应用层。

② 四个层次：感知层，接入层，网络层，应用层。

1. 感知层

（1）感知层功能

物联网在传统网络的基础上，从原有网络用户终端向"下"延伸和扩展，扩大通信的对象范围，即通信不仅仅局限于人与人之间的通信，还扩展到人与现实世界的各种物体之间的通信。物联网感知层解决的就是人类世界和物理世界的数据获取问题。感知层处于三层架构的最底层，是物联网发展和应用的基础，具有物联网全面感知的核心能力。作为物联网的最基本一层，感知层具有十分重要的作用。感知层一般包括数据采集和数据短距离传输两部分。短距离传输技术，尤指像蓝牙、ZigBee 这类传输距离小于 100 m、速率低于 1 Mb/s 的中低速无线短距离传输技术。

（2）感知层关键技术

感知层所需要的关键技术包括检测技术、中低速无线或有线短距离传输技术等。

① 传感器：计算机类似于人的大脑，而仅有大脑而没有感知外界信息的"五官"显然是不够的，计算机也还需要它们的"五官"——传感器。传感器功能如图 13-2 所示。

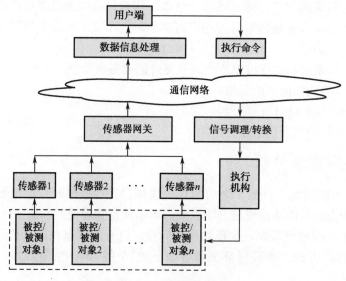

图 13-2　传感器功能

传感器功能：传输、处理、存储、显示、记录、控制。

传感器分为智能传感器与一般传感器。

传感器分类依据：物理量、工作原理输出信号的性质。

传感器是摄取信息的关键器件，它是物联网中不可缺少的信息采集手段，也是采用微电子技术改造传统产业的重要方法。

② RFID 技术：RFID 是射频识别（Radio Frequency Identification）的英文缩写，是 20 世纪 90 年代开始兴起的一种自动识别技术，它利用射频信号通过空间电磁耦合实现无接触信息传递并通过所传递的信息实现物体识别。

RFID 是一种能够让物品"开口说话"的技术，也是物联网感知层的一个关键技术。

在对物联网的构想中，RFID 标签中存储着规范而具有互用性的信息，通过有线或无线的方式把它们自动采集到中央信息系统，实现物品（商品）的识别，进而通过开放式的计算机网络实现信息交换和共享，实现对物品的"透明"管理。

RFID 系统的组成：

● 电子标签（Tag）。

● 读写器（Reader）。

● 天线（Antenna）。

RFID 技术的工作原理：电子标签进入读写器产生的磁场后，读写器发出射频信号，凭借感应电流所获得的能量发送出存储在芯片中的产品信息（无源标签或被动标签），或者电子标签主动发送某一频率的信号（有源标签或主动标签），读写器读取信息并解码后，送至中央信息系统进行有关数据处理。

③ 二维码技术：二维码也叫二维条码或二维条形码，是用某种特定的几何形体按一定规律在平面上分布（黑白相间）的图形来记录信息的应用技术。

技术原理：二维码在代码编制上巧妙地利用构成计算机内部逻辑基础的"0"和"1"比特流的概念，使用若干与二进制相对应的几何形体来表示数值信息，并通过图像输入设备或光电扫描设备自动识读以实现信息的自动处理。

二维码的优势：

● 数据容量更大。

● 二维码能在横向和纵向两个方位同时表达信息。

● 超越了字母、数字的限制。

● 具有抗损毁能力。

● 二维码还可以引入保密措施，其保密性较一维码要强很多。

二维码的特点：

● 高密度编码，信息容量大：可容纳多达 1 850 个大写字母或 2 710 个数字或 1 108 个字节或 500 多个汉字，比普通条码信息容量约高几十倍。

● 编码范围广：二维码可以把图片、声音、文字、签字、指纹等可以数字化的信息进行编码，并用条码表示。

● 容错能力强，具有纠错功能：二维码因穿孔、污损等引起局部损坏时，甚至损坏面积达 50% 时，仍可以正确被识读。

● 译码可靠性高：比普通条码译码错误率百万分之二要低得多，误码率不超过千万分之一。

● 可引入加密措施：保密性、防伪性好。

● 成本低，易制作，持久耐用。

● 条码符号形状、尺寸大小比例可变。

● 二维码可以使用激光或 CCD 摄像设备识读，十分方便。

④ ZigBee 技术。

ZigBee 是一种短距离、低功耗的无线传输技术，是一种介于无线标记技术和蓝牙之间的技术。它是 IEEE 802.15.4 协议的代名词。

ZigBee 采用分组交换和跳频技术，并且可使用 3 个频段，分别是 2.4GHz 的公共通用频段、欧洲的 868MHz 频段和美国的 915MHz 频段。

ZigBee 应用：短距离范围，数据流量较小的业务。

ZigBee 技术特点：

- 数据传输速率低。
- 成本低。
- 有效范围小。
- 可靠性高。
- 安全性高。
- 低功耗。
- 网络容量大。
- 工作频段灵活。
- 时延短。

⑤ 蓝牙。

蓝牙（Bluetooth）是一种无线数据与话音通信的开放性全球规范，和 ZigBee 一样，是一种短距离的无线传输技术。

蓝牙采用高速跳频（Frequency Hopping）和时分多址（Time Division Multiple Access，TDMA）等先进技术，支持点对点及点对多通信。

蓝牙的技术特点：

- 同时可传输话音和数据。
- 可以建立临时性的对等连接（Ad hoc Connection）。
- 开放的接口标准。

蓝牙的应用：

- 话音/数据接入。
- 外围设备互连。
- 个人局域网（PAN）。

2. 网络层

（1）网络层功能

网络层主要承担着数据传输的功能。在物联网中，要求网络层能够把感知层感知到的数据无障碍、高可靠性、高安全性地进行传送。它解决的是感知层所获得的数据在一定范围内，尤其是远距离传输问题。

（2）网络层的关键技术

① Internet：物联网也被认为是 Internet 的进一步延伸。Internet 将作为物联网主要的传输网络之一，它将使物联网无所不在、无处不在地深入社会每个角落。

② 移动通信网：移动通信网由无线接入网、核心网和骨干网三部分组成。无线接入网主要为移动终端提供接入网络服务，核心网和骨干网主要为各种业务提供交换和传输服务。移动通信网为人与人之间通信、人与网络之间的通信、物与物之间的通信提供服务。在移动通信网中，当前比较热门的接入技术有 3G、Wi-Fi 和 WiMAX。

③ 无线传感器网络：无线传感器网络（WSN）的基本功能是将一系列空间分散的传感器单元通过自组织的无线网络进行连接，从而将各自采集的数据通过无线网络进行传输汇总，以实现对空间分散范围内的物理或环境状况的协作监控，并根据这些信息进行相应的分析和处理。

无线传感器网络的特点：

- 结点数目更为庞大（上千甚至上万），结点分布更为密集。
- 由于环境影响和存在能量耗尽问题，结点更容易出现故障。

● 环境干扰和结点故障易造成网络拓扑结构的变化。

● 通常情况下，大多数传感器结点是固定不动的。

● 传感器结点具有的能量、处理能力、存储能力和通信能力等都十分有限。

3．应用层

（1）应用层功能

感知和传输来的信息进行分析和处理，做出正确的控制和决策，实现智能化的管理、应用和服务。这一层解决的是信息处理和人机界面的问题。

（2）应用层关键技术

① M2M 是现阶段物联网普遍的应用形式，是实现物联网的第一步。M2M 将多种不同类型的通信技术有机地结合在一起，将数据从一台终端传送到另一台终端，也就是机器与机器的对话。M2M 技术的目标就是使所有机器设备都具备联网和通信能力，其核心理念就是网络一切（Network Everything）。

② 云计算（Cloud Computing）是分布式计算（Distributed Computing）、并行计算（Parallel Computing）和网格计算（Grid Computing）的发展，或者说是这些计算机科学概念的商业实现。用户可以在多种场合，利用各类终端，通过互联网接入云计算平台来共享资源。

③ 人工智能（Artificial Intelligence）是探索研究各种机器模拟人的某些思维过程和智能行为（如学习、推理、思考、规划等），以及使人类的智能得以物化与延伸的一门学科。在物联网中，人工智能技术主要负责分析物品所承载的信息内容，从而实现计算机自动处理。

④ 数据挖掘（Data Mining）是从大量的、不完全的、有噪声的、模糊的及随机的实际应用数据中，挖掘出隐含的、未知的、对决策有潜在价值的数据的过程。在物联网中，数据挖掘只是一个代表性概念，它是一些能够实现物联网"智能化""智慧化"的分析技术和应用的统称。

⑤ 中间件是为了实现每个小的应用环境或系统的标准化以及它们之间的通信，在后台应用软件和读写器之间设置的一个通用的平台和接口。物联网中间件的主要作用在于将实体对象转换为信息环境下的虚拟对象，因此数据处理是中间件最重要的功能。

13.3　物联网标识技术

13.3.1　标识与自动识别技术

数据采集方式的发展过程主要经历了数据人工采集和数据自动采集两个阶段，而数据自动采集在不同的历史阶段及针对不同的应用领域可以使用不同的技术手段。

目前数据自动采集主要使用了条形码技术、IC 卡技术、射频识别技术、光符号识别技术、语音识别技术、生物计量识别技术、遥感遥测、机器人智能感知等技术。数据采集方式的发展过程如图 13-3 所示。

条形码是一种信息图形化表示方法，可以把信息制作成条形码，然后用相应的扫描设备把其中的信息输入到计算机中。条形码分为一维条形码和二维条形码。

（1）一维条形码

条形码或者条码是将宽度不等的多个黑条和空白，按一定的编码规则排列，用以表达一组信息的图形标识符。

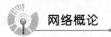

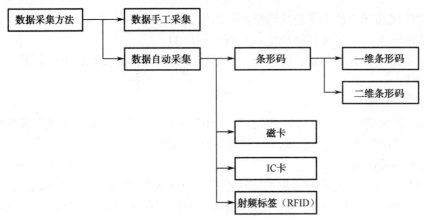

图 13-3　数据采集方式的发展过程

　　常见的一维条形码是由黑条（简称条）和白条（简称空）排成平行线图案，如图 13-4 所示。

一维条形码　　　　　　　　　　　　条形码扫描器

图 13-4　一维条形码

　　条形码可以标出物品的生产国、制造厂家、商品名称、生产日期以及图书分类号、邮件起止地点、类别、日期等信息。

　　（2）二维条形码

　　通常一维条形码所能表示的字符集不过 10 个数字、26 个英文字母及一些特殊字符，条码字符集最大所能表示的字符个数为 128 个 ASCII 字符，信息量非常有限，因此二维条形码诞生了。图 13-5 为二维条形码。

图 13-5　二维条形码

　　二维条形码是在二维空间水平和竖直方向存储信息的条形码。它的优点是信息容量大，译码可靠性高，纠错能力强，制作成本低，保密与防伪性能好。

　　以常用的二维条形码 PDF417 码为例，可以表示字母、数字、ASCII 字符与二进制数；该编码可以表示 1 850 个字符/数字，1 108 个字节的二进制数，2 710 个压缩的数字；PDF417 码还具有纠错能力。

例如，2009 年 12 月 10 日，铁道部对火车票进行了升级改版。新版火车票明显的变化是车票下方的一维条形码变成二维防伪条形码，火车票的防伪能力增强，如图 13-6 所示。

图 13-6　条形码在车票上应用

13.3.2　不同的标识体系

1. 磁卡

磁卡（magnetic card）：一种卡片状的磁性记录介质，利用磁性载体记录字符与数字信息，用来识别身份或其他用途。

按照使用基材的不同，磁卡可分为 PET 卡、PVC 卡和纸卡三种；视磁层构造的不同，又可分为磁条卡和全涂磁卡两种。

通常，磁卡的一面印刷有说明提示性信息，如插卡方向；另一面则有磁层或磁条，具有 2～3 个磁道以记录有关信息数据。

磁条是一层薄薄的由排列定向的铁性氧化粒子组成的材料（也称之为颜料）。用树脂黏合剂严密地黏合在一起，并黏合在诸如纸或塑料这样的非磁基片媒介上。

磁条从本质意义上讲和计算机用的磁带或磁盘是一样的。它可以用来记载字母、字符及数字信息。通过黏合或热合与塑料或纸牢固地整合在一起形成磁卡。磁条中所包含的信息一般比条形码大。磁条内可分为三个独立的磁道，称为 TK1，TK2，TK3。TK1 最多可写 79 个字母或字符；TK2 最多可写 40 个字符；TK3 最多可写 107 个字符。

2. IC 智能卡技术

IC 卡（Integrated Circuit Card，集成电路卡），也叫做智能卡，它是通过在集成电路芯片上写的数据来进行识别的。IC 卡与 IC 卡读写器，以及后台计算机管理系统组成了 IC 卡应用系统。IC 卡是将一个微电子芯片嵌入符合 ISO 7816 标准的卡基中，做成卡片形式。IC 卡读写器是 IC 卡与应用系统间的桥梁，在 ISO 国际标准中称之为接口设备（Interface Device，IFD）。IFD 内 CPU 通过一个接口电路与 IC 卡相连并进行通信。IC 卡接口电路是 IC 卡读写器中至关重要的部分，根据实际应用系统的不同，可选择并行通信、半双工串行通信和 I2C 通信等不同的 IC 卡读写芯片。非接触式 IC 卡又称射频卡，采用射频技术与 IC 卡的读卡器进行通讯，成功地解决了无源（卡中无电源）和免接触这一难题，是电子器件领域的一大突破，主要用于公交、轮渡、地铁的自动收费系统，也应用于门禁管理、身份证明和电子钱包。

IC 卡工作的基本原理是：

① 射频读写器向 IC 卡发一组固定频率的电磁波，卡片内有一个 IC 串联谐振电路，其频率与读写器发射的频率相同，这样在电磁波激励下，LC 谐振电路产生共振，从而使电容内有了电荷。

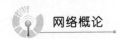

② 在这个电荷的另一端，接有一个单向导通的电子泵，将电容内的电荷送到另一个电容内存储，当所积累的电荷达到 2V 时，此电容可作为电源为其他电路提供工作电压，将卡内数据发射出去或接收读写器的数据。

3．射频识别技术

RFID 的全称为 Radio Frequency Identification，即射频识别，俗称电子标签。RFID 射频识别是一种非接触式的自动识别技术，主要用来为各种物品建立唯一的身份标识，是物联网的重要支持技术。

（1）系统组成

RFID 的系统组成如图 13-7 所示。包括：电子标签，读写器（阅读器），以及作为服务器的计算机。其中，电子标签中包含 RFID 芯片和天线。

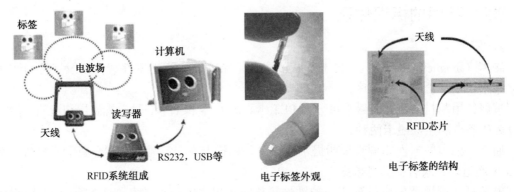

图 13-7　RFID 的系统组成

（2）RFID 系统原理

RFID 的基本原理是利用射频信号和空间耦合（电感或电磁耦合）或雷达反射的传输特性，实现对被识别物体的自动识别。

RFID 是一种简单的无线系统，从前端器件级方面来说，只有两个基本器件，用于控制、检测和跟踪物体。

系统由一个询问器（阅读器）和很多应答器（标签）组成。图 13-8 为射频识别技术基本原理示意图。

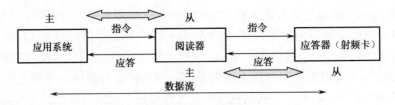

图 13-8　射频识别技术的基本原理

（3）各类 RFID 电子标签

根据 RFID 电子标签在各种不同场合使用时的需要，电子标签可以封装成不同的形态。图 13-9 是被封装成不同类型的 RFID 电子标签的外观图像。

（4）RFID 与其他方式的比较

与条形码、磁卡、IC 卡相比较，RFID 卡在信息量、读写性能、读取方式、智能化、抗干扰能力、使用寿命方面都具备不可替代的优势，但制造成本比条形码和 IC 卡稍高。表 13-1

为 RFID 与其他方式的对比。

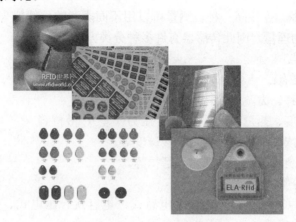

图 13-9　RFID 电子标签形状

表 13-1　RFID 与其他方式对比

类别	信息载体	信息量	读/写性	读取方式	保密性	智能化	抗干扰能力	寿命	成本
条码/二维码	纸、塑料薄膜、金属表面	小	只读	CCD 或激光束扫描	差	无	差	较短	最低
磁卡	磁条	中	读/写	接触	好	有	好	长	高
IC 卡	EEPROM	大	读/写	接触	好	有	好	长	高
RFID 卡	EEPROM	大	读/写	无线通信	最好	有	很好	最长	较高

13.3.3　传感器技术

传感器网络是一种由传感器结点组成的网络。其中每个传感器结点都有传感器、微处理器，以及通信单元，结点之间通过通信联络组成网络，共同协作来监测各种物理量和事件。

传感器网络使用各种不同的通信技术，其中又以无线传感器网络（Wireless Sensor Network，WSN）发展最为迅速，受到了普遍的重视。图 13-10 为无线传感器网络及结点图。

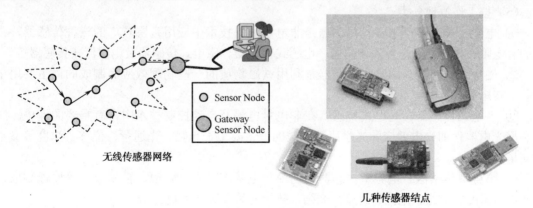

图 13-10　无线传感器网络及结点

传感器是各种信息处理系统获取信息的一个重要途径。在物联网中传感器的作用尤为突出，是物联网中获得信息的主要设备。

1. 传感器分类

传感器的种类繁多，往往同一种被测量可以用不同类型的传感器来测量，而同一原理的传感器又可测量多种物理量，因此传感器有许多种分类方法。

（1）按被测量分类

被测量的类型主要有：

① 机械量，如位移、力、速度、加速度等。

② 热工量，如温度、热量、流量（速）、压力（差）、液位等。

③ 物性参量，如浓度、黏度、比重、酸碱度等。

④ 状态参量，如裂纹、缺陷、泄露、磨损等。

（2）按测量原理分类

按传感器的工作原理可分为电阻式、电感式、电容式、压电式、光电式、磁电式、光纤、激光、超声波等传感器。

现有传感器的测量原理都是基于物理、化学和生物等各种效应和定律，这种分类方法便于从原理上认识输入与输出之间的变换关系，有利于专业人员从原理、设计及应用上作归纳性的分析与研究。

（3）按信号变换特征分类

① 结构型：主要是通过传感器结构参量的变化实现信号变换。例如，电容式传感器依靠极板间距离的变化引起电容量的改变。

② 物理型：利用敏感元件材料本身物理属性的变化来实现信号的变换。例如水银温度计是利用水银热胀冷缩现象测量温度；压电式传感器是利用石英晶体的压电效应实现测量等。

（4）按能量关系分类

① 能量转换型：传感器直接由被测对象输入能量使其工作，如热电偶、光电池等，这种类型传感器又称为有源传感器。

② 能量控制型：传感器从外部获得能量使其工作，由被测量的变化控制外部供给能量的变化。例如电阻式、电感式等传感器，这种类型的传感器必须由外部提供激励源（电源等），因此又称为无源传感器。

（5）按工作原理分类

① 电学式传感器。电学式传感器是非电量测量技术中应用范围较广的一种传感器，常用的有电阻式传感器、电容式传感器、电感式传感器、磁电式传感器及电涡流式传感器等。

② 磁学式传感器。磁学式传感器是利用铁磁物质的一些物理效应而制成的，主要用于位移、转矩等参数的测量。

③ 光电式传感器。光电式传感器在非电量电测及自动控制技术中占有重要的地位。它是利用光电器件的光电效应和光学原理制成的，主要用于光强、光通量、位移、浓度等参数的测量。

④ 电势型传感器。电势型传感器是利用热电效应、光电效应、霍尔效应等原理制成，主要用于温度、磁通、电流、速度、光强、热辐射等参数的测量。

⑤ 电荷传感器。电荷传感器是利用压电效应原理制成的，主要用于力及加速度的测量。

⑥ 半导体传感器。半导体传感器是利用半导体的压阻效应、内光电效应、磁电效应、半导体与气体接触产生物质变化等原理制成，主要用于温度、湿度、压力、加速度、磁场和有害气体的测量。

⑦ 谐振式传感器。谐振式传感器是利用改变电或机械的固有参数来改变谐振频率的原理制成，主要用来测量压力。

⑧ 电化学式传感器。电化学式传感器是以离子导电为基础制成。根据其电特性的形成不同，电化学传感器可分为电位式传感器、电导式传感器、电量式传感器、极谱式传感器和电解式传感器等。

另外，根据传感器对信号的检测转换过程，传感器可划分为直接转换型传感器和间接转换型传感器两大类，如图 13-11 所示。

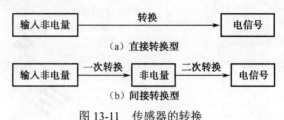

图 13-11　传感器的转换

2. 常见传感器

作为物联网中的信息采集设备，传感器利用各种机制把被观测量转换为一定形式的电信号，然后由相应的信号处理装置来处理，并产生相应的动作。

常见的传感器包括温度、压力、湿度、光电、霍尔磁性传感器等等。

（1）温度传感器

常见的温度传感器包括热敏电阻、半导体温度传感器，以及温差电偶，如图 13-12 所示。

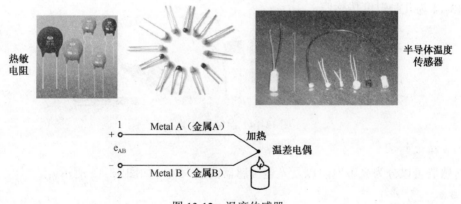

图 13-12　温度传感器

热敏电阻利用的是各种材料电阻率的温度敏感性。热敏电阻可以用于设备的过热保护，以及温控报警等等。

半导体温度传感器利用半导体器件的温度敏感性来测量温度，具有成本低廉，线性度好等优点。

温差电偶则是利用温差电现象，把被测端的温度转化为电压和电流的变化。温差电偶能够在比较大的范围内测量温度，例如-200℃～2 000℃。

（2）压力传感器

常见的压力传感器在受到外部压力时会产生一定的内部结构的变形或位移，进而转化为电特性的改变，产生相应的电信号。图 13-13 为压力传感器结构图。

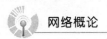

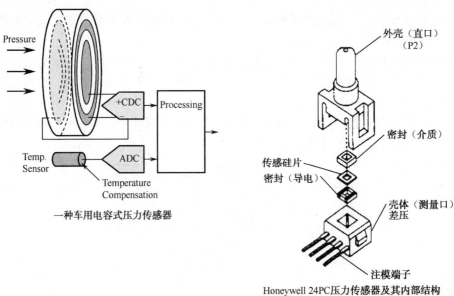

图 13-13　压力传感器及其内部结构

（3）湿度传感器

湿度传感器主要包括电阻式和电容式两个类别。

电阻式湿度传感器也成为湿敏电阻，利用氯化锂、碳、陶瓷等材料的电阻率的湿度敏感性来探测湿度。

电容式湿度传感器也称为湿敏电容，利用材料的介电系数的湿度敏感性来探测湿度。

图 13-14 为几种温度传感器。

图 13-14　温度传感器

（4）光传感器

光传感器可以分为光敏电阻以及光电传感器两个大类，如图 13-15 所示。

图 13-15　光传感器

光敏电阻主要利用各种材料的电阻率的光敏感性来进行光探测。

光电传感器主要包括光敏二极管和光敏三极管，这两种器件都是利用了半导体器件对光照的敏感性。

（5）霍尔（磁性）传感器

霍尔传感器是利用霍尔效应制成的一种磁性传感器，如图13-16所示。

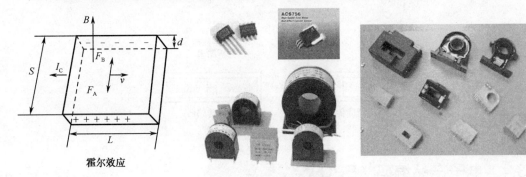

图13-16　霍尔传感器

霍尔效应：把一个金属或者半导体材料薄片置于磁场中，当有电流流过时，由于形成电流的电子在磁场中运动而受到磁场的作用力，会使得材料中产生与电流方向垂直的电压差。

可以通过测量霍尔传感器所产生的电压的大小来计算磁场的强度。

（6）微机电（MEMS）传感器

微机电系统（Micro-Electro-Mechanical Systems，MEMS），是一种由微电子、微机械部件构成的微型器件，多采用半导体工艺加工，如图13-17所示。

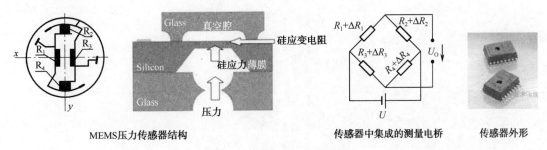

图13-17　微机电压力传感器

目前已经出现的微机电器件包括压力传感器、加速度计、微陀螺仪、墨水喷嘴和硬盘驱动头等。

微机电系统的出现体现了当前的器件微型化发展趋势。

（7）智能传感器

智能传感器（Smart Sensor）是一种具有一定信息处理能力的传感器，目前多采用把传统的传感器与微处理器结合的方式来制造。

在传统的传感器构成的应用系统中，传感器所采集的信号要传输到系统中的主机中进行分析处理；而由智能传感器构成的应用系统中，其包含的微处理器能够对采集的信号进行分析处理，然后把处理结果发送给系统中的主机，如图13-18所示。

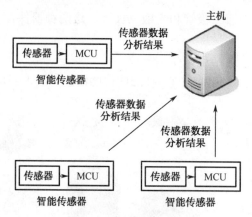

图 13-18　智能传感器构成的应用系统

13.3.4　电子产品编码（EPC）

EPC 由分别代表版本号、制造商、物品种类以及序列号的编码组成。EPC 是唯一存储在 RFID 标签中的信息。RFID 标签能够维持低廉的成本并具有灵活性，正是因为在数据库中无数的动态数据能够与 EPC 相连接。

EPC 系统使用实体标记语言（Physical Markup Language，PML）作为编程语言。

图 13-19 为 EPC 网络示意图。

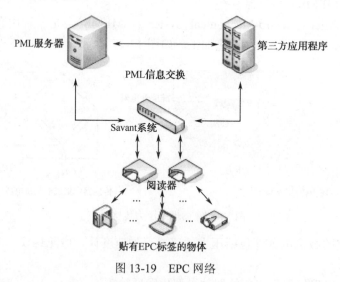

图 13-19　EPC 网络

国际上目前还没有统一的 RFID 编码规则。

目前，日本支持的 UID（Universal Identification，泛在识别）标准和欧美支持的 EPC（Electronic Product Code，电子产品码）标准是影响力最大的两大标准。

我国的 RFID 标准还未形成。

1999 年美国麻省理工学院（MIT）成立了自动识别技术中心，提出 EPC 概念。其后四个世界著名研究性大学——英国剑桥大学、澳大利亚阿德雷德大学、日本 Keio 大学、上海复旦大学相继加入研发 EPC，并得到了 100 多个国际大公司的支持，其研究成果已在一些公司中试用，如宝洁公司、Tesco 公共股份有限公司等。

关于编码方案，目前已有 EPC-96 I 型，EPC-64 I 型、II 型、III 型等。

自 2001 年以来，国际上许多大公司不仅已经开始实施 EPC 方案，而且已向市场推出商用硬件和软件，以便各公司尽早部署配置 AUTO-ID 中心制定的开放式 RFID 系统。

到 2005 年，EPC 标签的成本已降到 1 美分，而在 2005 至 2010 年间，全球已开始大规模采用 EPC。

1. EPC 编码结构

EPC 的目标是为每一物理实体提供唯一标识。它是由一个头字段和另外三段数据（依次为 EPC 管理者、对象分类、序列号）组成的一组数字，如表 13-2 所示。

表 13-2　EPC 编码结构

分 类		头字段 （Header）	EPC 管理者 EPC Manager	对象分类 Object Class	序列号 Serial NO
EPC-64	type i	2	21	17	24
	type ii	2	15	13	34
	type iii	2	26	13	23
EPC-96	type i	8	28	24	36
EPC-256	type i	8	32	56	192
	type ii	8	64	56	128
	type iii	8	128	56	64

① 头字段标识 EPC 的版本号，它使得以后的 EPC 可有不同的长度或类型。

② EPC 管理者是描述与此 EPC 相关的生产厂商的信息，例如"可口可乐公司"。

③ 对象分类记录产品精确类型的信息，例如，"美国生产的 330 mL 罐装减肥可乐（可口可乐的一种新产品）"。

④ 序列号是唯一标识货品，它会精确地指明所说的究竟是哪一罐 330 mL 罐装减肥可乐。

EPC 编码体系如图 13-20 所示。

图 13-20　EPC 编码体系

2. EPC 编码分类

目前，EPC 的位数有 64 位、96 位或者更多位。为了保证所有物品都有一个 EPC 并使其载体——标签成本尽可能降低，建议采用 96 位，这样它可以为 2.68 亿个公司提供唯一标识，每个生产厂商可以有 1 600 万个对象分类并且每个对象分类可有 680 亿个序列号，这对未来世界所有产品已经十二分的够用了。

图 13-21、图 13-22 为两种编码结构。

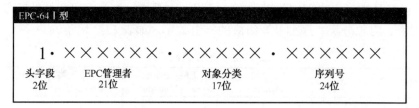

图 13-21　EPC-64 I 型编码

图 13-22　EPC-96 I 型编码

3. 序列化全球贸易标识代码

GTIN 是为全球贸易项目提供唯一标识的一种代码。对贸易项目进行编码和符号表示，能够实现商品零售、进货、存货管理、自动补货、销售分析及其他业务运作的自动化。

全球贸易项目是指一项产品或服务，它可以在供应链的任意一点进行标价、定购或开具发票以便所有贸易伙伴进行交易。

对于产品，贸易项目就是在流通中可以交易的一个单元，如一瓶可乐、一箱可乐、一瓶洗发水和一瓶护发素的组合包装。它可以是零售的，也可以是非零售的。

GTIN 有四种编码结构：EAN/UCC-13、EAN/UCC-8、UCC-12 以及 EAN/UCC-14。前三种结构也可表示成 14 位数字的代码结构。

选择何种编码结构取决于贸易项目的特征和用户的应用范围。

13.3.5　案例：医疗健康护理传感器网络

1. 可穿戴医疗传感器结点

医疗应用一般需要非常小的、轻量级的和可穿戴的传感器结点。为此专门为医疗健康护理开发了专用的可穿戴医疗传感器结点，如图 13-23 所示。

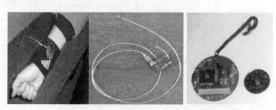

图 13-23　穿戴医疗传感器结点

2. 医疗健康护理基站软件系统

① 基站软件系统接收无线传感器网络采集的医疗健康护理数据。

② 提供向无线传感器网络发布查询和管理命令的功能。

③ 提供历史健康护理传感数据的查询与变化趋势分析。

④ 当数据超出正常范围时，生成报警信息，向主管医生报警。

⑤ 维护和管理 PDA 终端、医疗健康护理传感器结点、护理对象及用户等信息。

图 13-24 为医疗健康护理数据的实时动态图形变化显示。

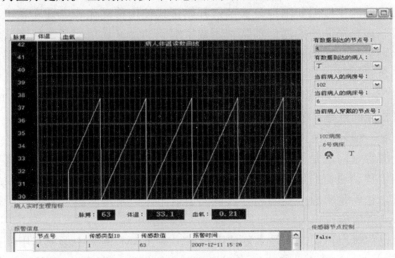

图 13-24　医疗健康护理数据的实时动态图形化显示

13.4　物联网通信技术

13.4.1　无线通信与网络概述

通信是现代信息社会中包括能源、交通、通信在内的三大基础结构之一，是现代信息社会运行机体的神经系统。在通信领域，发展最快、应用最广的是无线通信及通信网络技术，其中宽带卫星通信、蜂窝式无线网络、移动 IP、WLAN（WiFi）、ZigBee、UWB、蓝牙、WiMAX 等都是 21 世纪热门的无线通信技术应用。无线通信技术给人们带来的影响是无可争议的，它作为物联网的核心技术之一，必将更加深入到人们生活和工作的各个方面。

1. 无线通信技术

无线通信是利用电磁波信号在自由空间中传播的特性进行信息交换的一种通信方式。

采用通信技术来传输信息在现代社会是十分流行和重要的，它已经成为人们生活和工作的必需，成为社会发展的重要工具。特别是数字通信，推动了数字化社会的形成，使人们进入信息化社会。现代无线通信基本上是分区通信或蜂窝通信，它的实现基于数字化、移动性和个人通信、分区制和频率复用、点对多点通信等基本技术。在物联网中，可以根据不同的需要来选择使用不同的无线通信技术。

（1）数字化技术

通信数字化现已居于绝对的优势地位。数字化技术指的是运用 0 和 1 两位数字编码，通过电子计算机、光缆、通信卫星等设备，来表达、传输和处理所有信息的技术。数字化技术

是信息技术的核心。信息的载体有多种，如字符、声音、语言和图像等。这些信息载体存在着共同的问题：一是信息量小；二是难以交换、交流。显然，数字化带来的问题是信号的模数变换、信源编码、数字调制、信道编码、低电压低功率集成电路等研究与开发。因此，数字化技术一般包括数字编码、数字压缩、数字传输、数字调制与解调等技术。

（2）移动性和个人化

现代无线通信的重要成果之一是通信的移动性。19 世纪末期，赫兹发明了无线电后，马可尼演示了海上航行船舶间的通信，这可以说是开创了无线移动通信先河。进入 20 世纪 20 年代，有些国家的海军舰船和陆地公安部门开始正式使用移动无线电调度系统。在第二次世界大战中，有些国家军队中的通信部队利用数字编码的话音通信实现了保密通信，这包括了话音编码和脉码调制（PCM）技术。事实上，1946 年开始建立了第一批商用移动电话系统，但需由话务员负责接通。其后不久，蜂窝网方式发明问世，一个适当大的地区设置多个半径约 1km 的蜂窝小区，互相紧密邻近排列，其中心基站可使用较低的射频发射功率，每隔几个蜂窝就可使用相同的频率，节约了无线电频谱资源的利用。

（3）分区制、越区切换和频率复用技术

通信系统的容量问题是移动通信所要解决的基本问题，即大量用户与有限频带之间的矛盾。由于分配给移动通信的带宽有限，提供的信道满足不了用户的需要，必须用空间的分区制来加以补偿，也就是将通信空间划分成许多通信小区，常用六边形表示，所以形象地称为蜂窝。这种移动通信称作蜂窝移动通信，是移动通信的主流。

频率复用也称频率再用，就是重复使用频率，在 GSM 网络中频率复用就是使同一频率覆盖不同的区域（一个基站或该基站的一部分（扇形天线）所覆盖的区域），这些使用同一频率的区域彼此需要相隔一定的距离（称为同频复用距离），以满足将同频干扰抑制到允许的指标之内。

（4）点对点通信及点对多点通信技术

点对点通信实现网内任意两个用户之间的信息交换。电台收到带有点对点通信标识信息的数据后，比较系统号和地址码，系统号和地址码都与本地相符时，将数据传送到用户终端，否则将数据丢弃，不传送到用户终端。点对点通信时，只有 1 个用户可收到信息。

点对点连接是两个系统或进程之间的专用通信链路，可想象成是直接连接两个系统的一条线路。两个系统独占此线路进行通信。点对点通信的对立面是广播，在广播通信中一个系统可以向多个系统传输。

2. 无线通信网络

现代通信技术的一个重要标志是网络化。有线与无线通信系统的结合构成了现代通信网。目前，在各类通信网络中最具增长潜力的是无线通信网。图 13-25 为无线通信网的组织结构示意图。

（1）无线通信网络模型

① 移动自组织网络：

移动自组织网络是对等网络，它通常包含成千上万个可以完全移动的通信结点，每个结点可视为一种个人信息设备（如配备有无线收发机的个人数字助理），能覆盖几百米的范围。MANET 的目的是形成并维持一个有联系的多跳网络，这种网络能在结点之间传输多媒体业务。

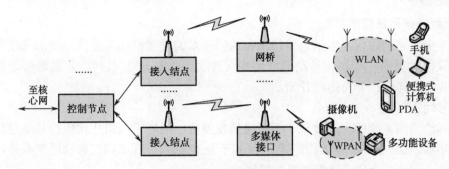

图 13-25　无线通信网的组织结构示意图

② 蜂窝网络：

蜂窝网络是由静止结点和移动结点组成的较大网络。位于通信子网中的静止结点（基站）和构成固定基础设施结构的有线中枢网络相连。移动结点的数量大大超过静止结点，每个基站中有成百上千个移动结点，这些移动结点通常分布得很分散。每个基站都覆盖一个很大的区域，且区域之间很少重叠。只有当移动结点移动并发生越区切换时，才会出现区域间的重叠覆盖情况（每个移动结点可能移动到远离基站的位置）。这种蜂窝网络的主要目标就是提供高服务质量和高带宽效率。

③ 短距离无线通信网：

短距离无线通信（Short Range Wireless，SRW）是指可以在室内、办公室或封闭的公共场所提供近距离通信的技术。一般 SRW 可以在 100m 以内实现传输速度为 10～100Mb/s 的低功率近距离通信。SRW 可分为两种：一种是传输范围在 10m 内，低成本、低功耗短距离无线连接（Connectivity）的无线个人局域网（WPAN）；另一种是以更快传输速度和更大覆盖范围为目标的无线局域网（WLAN）。总而言之，通过 SRW 技术、手机、Headset、PDA、Notebook、数码相机、摄像机、健身器材管理设备等在没有电缆连接的情况下可以实现无线通信或操作，而且用户可以通过 SRW 直接接入建筑物内的局域网（LAN）及语音及数字信息网络。

（2）无线通信网的分类

对无线通信网可以有多种不同的分类方式。为简单明晰起见，通常将无线通信网按照通信距离划分为无线个域网、无线局域网、无线城域网和无线广域网，如图 13-26 所示。蜂窝移动通信属于无线广域网（WWAN），IEEE 802 标准系列涵盖了 WPAN、WLAN、WMAN 和 WWAN 几个方面。

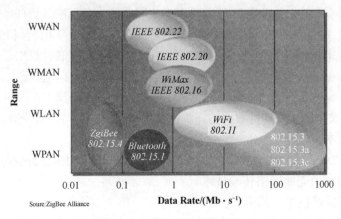

图 13-26　无线传输频段比较

网络概论

3. 无线通信网络技术发展

在数字无线通信时代，电子电路技术和通信技术的发展推动着通信系统的飞速发展。目前，较受关注的是第三代蜂窝移动通信系统（3G）、IEEE 802 系列；发展趋势是移动宽带化、综合化、多样化、个人化和 IP 化。

（1）移动宽带化

蜂窝移动通信系统的发展体现了无线通信发展史，经历了从第一代模拟移动通信系统到第二代数字移动通信系统，再到第三代以及基于全 IP 的后三代或四代移动通信系统。

（2）核心网络综合化，接入网络多样化

未来信息网络的结构模式将向核心网/接入网转变，网络的多样化、宽带化，以及带宽的移动化，将使在同一核心网络上综合传送多种业务信息成为可能。网络的综合化将进一步推动传统电信网、广播电视网与计算机互联网的三网融合。网络覆盖的无缝化，将使用户在任何时间、任何地点都能实现网络接入；而且数据速率越来越高，频谱带宽越来越宽，频段越来越高。

（3）个人化和 IP 化

信息个人化是 21 世纪初信息领域进一步发展的主要方向之一，而移动 IP 正是实现未来信息个人化的重要技术手段。在手机等智能终端上实现各种 IP 应用以及移动 IP 技术正逐步成为人们关注的焦点之一。终端智能化越来越高，移动智能网技术与 IP 技术的组合将进一步推动全球个人通信的迅速发展。

13.4.2　无线个域网

无线个域网（WPAN）是基于计算机通信的专用网，它可以在 10m 距离范围内实现计算机、周边设备、手机、信息家电产品等设备的无线通信与操作。WPAN 技术是随着便携式计算机、PDA 等个人便携式电子设备的发展和有关需求应运而生的。为了制定在个人领域（Personal Operating Space，POS）以低功耗并以简单的结构实现无线接入的标准，1998 年成立了 WPAN SG（Study Group），并于 1999 年成立了 IEEE 802.15 WG，致力于 WPAN 网络的物理层（PHY）和介质访问控制层（MAC）的标准化工作，目标是为在个人操作空间内相互通信的无线通信设备提供通信标准。用于无线个域网的通信技术很多，如 ZigBee、蓝牙、UWB、红外（IrDA）、HomeRF、射频识别等。目前，为满足低功耗、低成本的传感网要求而专门开发的低速率 WPAN 标准 IEEE 802.15.4 成为物联网的重要通信网络技术之一。

IEEE 802.15.4 是 IEEE 标准委员会 TG4 任务组发布的一项标准。该任务组于 2000 年 12 月成立；ZigBee 联盟（ZigBee Alliance）于 2001 年 8 月成立；2002 年由英国 Invensys 公司、美国 Motorola 公司、日本 Mitsubishi 公司和荷兰 Philips 公司等厂商联合推出了低成本、低功耗的 ZigBee 技术。ZigBee 是一种新兴的近距离、低速率、低功耗的双向无线通信技术，也是 ZigBee 联盟所主导的传感网技术标准，主要用于距离短、功耗低且传输速率不高的各种电子设备之间进行数据传输以及典型的有周期性数据、间歇性数据和低反应时间数据传输。

1. ZigBee 技术

ZigBee 采用 DSSS 技术调制发射，用于多个无线传感器组成的网状网络，是一种短距离、低速率、低功耗的无线网络传输技术。

（1）ZigBee（紫蜂技术）简介

ZigBee 这个名字来源于蜂群的通信方式：蜜蜂之间通过跳"Z"形的舞蹈来交互消息，

以便共享食物源的方向、位置和距离等信息。借此意义 Zigbee 成为了新一代无线通信技术的命名。Zigbee 是一种高可靠的无线数传网络，类似于 CDMA 和 GSM 网络。ZigBee 数传模块类似于移动网络基站。通讯距离从标准的 75m 到几百米、几千米，并且支持无限扩展。ZigBee 是一个由可多到 65 000 个无线数传模块组成的无线网络平台，在整个网络范围内，每一个网络模块之间可以相互通信，每个网络结点间的距离可以从标准的 75m 无限扩展。

（2）ZigBee 协议体系结构

建立在 IEEE 802.15.4 标准之上的 ZigBee 协议体系结构如图 13-27 所示，由高层应用标准、应用汇聚层、网络层、IEEE 802.15.4 协议组成。网络层负责拓扑结构的建立和维护网络连接，它独立处理传入数据请求、关联、解除关联业务，包含寻址、路由和安全等。网络层包括逻辑链路控制子层，逻辑链路控制子层是基于 IEEE 802.2 标准的。在 ZigBee 协议中应用层包括应用汇聚层、ZigBee 设备配置和用户应用程序。应用层提供高级协议管理功能，用户应用程序由各制造商自己来规定，它使用应用层协议来管理协议栈。

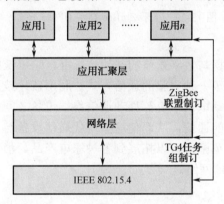

图 13-27　ZigBee 协议体系结构

（3）ZigBee 网络系统

ZigBee 网络的拓扑结构主要有三种：星型网、网状（mesh）网和混合网，如图 13-28 所示。星型网是由一个 PAN 协调点和一个或多个终端结点组成的。PAN 协调点必须是 FFD，它负责发起建立和管理整个网络，其他的结点（终端强结点）一般为 RFD，分布在 PAN 协调点的覆盖范围内，直接与 PAN 协调点进行通信。星型网通常用于结点数量较少的场合。

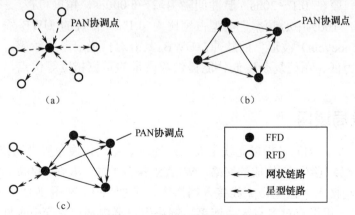

图 13-28　ZigBee 网络的拓扑结构

（a）星型网；（b）网状网；（c）混合网

当 ZigBee PAN 协调点希望建立一个新网络时，首先扫描信道，寻找网络中的一个空闲信道来建立新的网络。如果找到了合适的信道，ZigBee 协调点会为新网络选择一个 PAN 标识符（PAN 标识符必须在信道中是唯一的）。一旦选定了 PAN 标识符，就说明已经建立了网络。图 13-29 为基于 ZigBee 技术的网络系统。

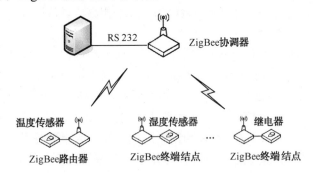

图 13-29　基于 ZigBee 技术的网络系统

2．蓝牙技术

蓝牙技术是一种无线数据与数字通信的开放式标准。它以低成本、近距离无线通信为基础，为固定与移动设备提供了一种完整的通信方式。利用蓝牙技术，能够有效地简化个人数字助理、便携式计算机和移动电话手机等移动通信终端设备之间的通信，也能够成功地简化以上这些设备与互联网之间的通信，从而使这些现代通信设备与互联网之间的数据传输变得更加迅速高效。其实际应用范围还可以拓展到各种家电产品、消费电子产品和汽车等信息家电，组成一个巨大的无线通信网络。

3．超宽带技术

超宽带（Ultra Wide Band，UWB）技术定位于短距离无线通信这一广阔的应用领域。特别是物联网应用的兴起，它可以作为物联网的基础通信技术之一，实现不同设备之间的互联互通。

UWB 是一种无载波扩谱通信技术，又被称为脉冲无线电（Impulse Radio），具体定义为相对带宽（信号带宽与中心频率的比）大于 25%的信号或者是带宽超过 1.5GHz 的信号。实际上 UWB 信号是一种持续时间极短、带宽很宽的短时脉冲。它的主要形式是超短基带脉冲，宽度一般在 0.1～20ns，脉冲间隔为 2～5 000ns，精度可控，频谱为 50MHz～10GHz，频带大于 100%中心频率，典型占空比为 0.1%。传统的 UWB 系统使用一种被称为"单周期（Monocycle）波形"的脉冲。UWB 具有对信道衰落不敏感、发射信号功率谱密度低、截获能力低、系统复杂度低、能提供数厘米的定位精度等优点，非常适于无线传感网。

13.4.3　无线局域网

无线局域网（WLAN）是指以无线电波、红外线等无线传输介质来代替目前有线局域网中的传输介质（比如电缆）而构成的网络。WLAN 覆盖半径一般在 100m 左右，可实现十几兆至几十兆的无线接入。在宽带无线接入网络中，常把 WLAN 称为"WMAN（无线城域网）的毛细血管"，用于点对多点无线连接，解决用户群内部信息交流和网际接入，如企业专用网等。

13.5　物联网其他技术

13.5.1　中间件技术

中间件（Middleware）是一类连接软件组件和应用的计算机软件，它包括一组服务，以便于运行在一台或多台机器上的多个软件通过网络进行交互。该技术所提供的互操作性，推动了一致分布式体系架构的演进。该架构通常支持分布式应用程序并简化其复杂度，它包括 Web 服务器、事务监控器和消息队列软件。

在物联网中采用中间件技术，以实现多个系统和多种技术之间的资源共享，最终组成一个服务系统。RFID 中间件扮演 RFID 标签和应用程序之间的中介角色，从应用程序端使用中间件所提供的一组通用应用程序接口（API），即能连到 RFID 读写器，读取 RFID 标签数据。

中间件的体系框架如图 13-30 所示。

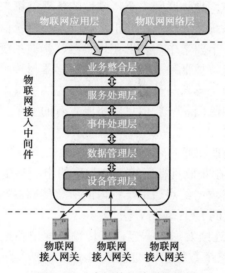

图 13-30　中间件的体系框架

13.5.2　嵌入式系统和软件

操作系统是传感器结点软件系统的核心。为适应传感器网络的特殊环境，它使用了大量结点嵌入式操作系统。

嵌入式系统是指用于执行独立功能的专用计算机系统。它由包括微处理器、定时器、微控制器、存储器、传感器等一系列微电子芯片与器件的、嵌入在存储器中的微型操作系统和控制应用软件组成，共同实现诸如实时控制、监视、管理、移动计算、数据处理等各种自动化处理任务。

嵌入式软件就是嵌入在硬件中的操作系统和开发工具软件，它在产业中的关联体现为：芯片设计制造→嵌入式系统软件→嵌入式电子设备开发、制造。

13.5.3　物联网数据存储技术

物联网中的对象积极参与业务流程的需求、高强度计算需求和数据的持续在线可获取的

特性，导致了网络化存储和大型数据中心的诞生。

在多传感器系统中，由于信息表现形式的多样性、数据量的巨大性、数据关系的复杂性，以及要求数据处理的实时性、准确性和可靠性，都已大大超出了人脑的信息综合处理能力，在这种情况下，多传感器数据融合技术应运而生。多传感器数据融合（Multi-Sensor Data Fusion，MSDF），简称数据融合，也被称为多传感器信息融合（Multi-Sensor Information Fusion，MSIF）。

13.5.4　物联网安全技术

物联网相较于传统网络，其感知结点大都部署在无人监控的环境，具有能力脆弱、资源受限等特点，并且物联网是在现有传输网络基础上扩展了感知网络和智能处理平台，而传统网络安全措施又不足以提供可靠的安全保障，从而导致物联网的安全问题具有特殊性。

物联网主要由传感器、传输系统（泛在网）以及处理系统 3 个要素构成，因此，物联网的安全形态也体现在这 3 个要素上。第一是物理安全，主要是传感器的安全，包括对传感器的干扰、屏蔽、信号截获等，是物联网安全特殊性的体现；第二是运行安全，存在于各个要素中，涉及传感器、传输系统及处理系统的正常运行，与传统信息系统安全基本相同；第三是数据安全，也是存在于各个要素中，要求在传感器、传输系统、处理系统中的信息不会出现被窃取、被篡改、被伪造、被抵赖等性质。其中传感器与传感网所面临的安全问题比传统的信息安全更为复杂，因为传感器与传感网可能会因为能量受限的问题而不能运行过于复杂的保护体系。因此，物联网除面临一般信息网络所具有的安全问题外，还面临物联网特有的威胁和攻击。

以下为物联网在数据处理和通信环境中易受到的攻击类型。

① 阻塞干扰：攻击者在获取目标网络通信频率的中心频率后，通过在这个频点附近发射无线电波进行干扰，使得攻击结点通信半径内的所有传感器网络结点不能正常工作，甚至使网络瘫痪。这是一种典型的 DOS 攻击方法。

② 碰撞攻击：攻击者连续发送数据包，在传输过程中和正常结点发送的数据包发生冲突，导致正常结点发送的整个数据包因为检验和不匹配被丢弃。这是一种有效的 DOS 攻击方法。

③ 耗尽攻击：利用协议漏洞，通过持续通信的方式使结点能量耗尽，如利用链路层的错包重传机制使结点不断重复发送上一包数据，最终耗尽结点资源。

④ 非公平攻击：攻击者不断地发送高优先级的数据包从而占据信道，导致其他结点在通信过程中处于劣势。

⑤ 选择转发攻击：物联网是多跳传输，每一个传感器既是终结点又是路由中继点。这要求传感器在收到报文时要无条件转发（该结点为报文的目的时除外）。攻击者利用这一特点拒绝转发特定的消息并将其丢弃，使这些数据包无法传播，但采用这种攻击方式，只丢弃一部分应转发的报文，从而迷惑邻居传感器，达到攻击目的。

⑥ 陷洞攻击：攻击者通过一个危害点吸引某一特定区域的通信流量，形成以危害结点为中心的"陷洞"，处于陷洞附近的攻击者就能相对容易地对数据进行篡改。

⑦ 女巫攻击：物联网中每一个传感器都应有唯一的一个标识与其他传感器进行区分，由于系统的开放性，攻击者可以扮演或替代合法的结点，伪装成具有多个身份标识的结点，干扰分布式文件系统、路由算法、数据获取、无线资源公平性使用、结点选举流程等，从而

达到攻击网络目的。

⑧ 洪泛攻击：攻击者通过发送大量攻击报文，导致整个网络性能下降，影响正常通信。

⑨ 信息篡改：攻击者将窃听到信息进行修改（如删除、替代全部或部分信息）之后再将信息传送给原本的接收者，以达到攻击目的。

对物联网的网络安全防护可以采用多种传统的安全措施，如防火墙技术、病毒防治技术等。同时针对物联网的特殊安全需求，目前可以采取以下几种安全机制来保障物联网的安全。

① 加密机制和密钥管理，是安全的基础，是实现感知信息隐私保护的手段之一。它可以满足物联网对保密性的安全需求，但由于传感器结点能量、计算能力、存储空间的限制，要尽量采用轻量级的加密算法。

② 感知层鉴别机制，用于证实交换过程的合法性、有效性和交换信息的真实性，主要包括网络内部结点之间的鉴别、感知层结点对用户的鉴别和感知层消息的鉴别。

③ 安全路由机制，可保证网络在受到威胁和攻击时，仍能进行正确的路由发现、构建和维护，解决网络融合中的抗攻击问题，主要包括数据保密和鉴别机制、数据完整性和新鲜性检验机制、设备和身份鉴别机制以及路由消息广播鉴别机制等。

④ 访问控制机制。可确定合法用户对物联网系统资源所享有的权限，以防止非法用户的入侵和合法用户使用非权限内资源。它是维护系统安全运行、保护系统信息的重要技术手段，包括自主访问机制和强制访问机制。

⑤ 安全数据融合机制，可保障信息保密性、信息传输安全和信息聚合的准确性，通过加密、安全路由、融合算法的设计、结点间的交互证明、结点采集信息的抽样、采集信息的签名等机制实现。

⑥ 容侵容错机制：容侵就是指在网络中存在恶意入侵的情况下，网络仍然能够正常地运行；容错是指在故障存在的情况下系统不失效、仍然能够正常工作。容侵容错机制主要用来解决行为异常结点、外部入侵结点带来的安全问题。

● 小　　结

物联网将传感器和智能处理相结合，利用云计算、模式识别等各种智能技术，扩充其应用领域。从传感器获得的海量信息中分析、加工和处理出有意义的数据，以适应不同用户的不同需求，发现新的应用领域和应用模式。它综合了传感器、通信等方面的技术，物联网技术的发展将给我们的生活方式带来革命性的变化。

物联网技术广泛应用于国防军事、国家安全、环境科学、交通管理、灾害预测、医疗卫生、制造业、城市信息化建设等领域。物联网拥有业界最完整的专业物联产品系列，覆盖从传感器、控制器到云计算的各种应用。智能家居、交通物流、环境保护、公共安全、智能消防、工业监测、个人健康等各种领域均有物联网应用。

● 拓展练习

1. 什么是物联网？物联网的组成是什么？
2. 简述物联网的体系结构。
3. 什么是 RFID？简述 RFID 技术组成。
4. 简述 RFID 的基本工作原理及 RFID 技术的工作频率。

5. 简述传感器的功能和分类。

6. 简述电子产品编码（EPC）的作用和结构。

7. 简述 ZigBee 协议体系结构。

8. 简述中间件的作用。

9. 物联网安全机制有哪些？

第14章

云计算

14.1 概述

云计算是继 20 世纪 80 年代大型计算机到客户端/服务器的转变之后的又一种巨变。把计算能力作为一种像水和电一样的公用资源提供给用户的理念是云计算的基本思想，是 IT 交付模式的转变。云计算是基于互联网来提供虚拟化的资源的动态扩展。云计算可通过网络以按需、易扩展的方式获得所需资源和所需服务。这种服务与软件、互联网相关，它表明计算能力也可作为一种商品通过互联网进行流通与使用。

1. 云计算的演化过程

云计算主要经历了电厂模式、效用计算、网格计算的发展后，进入了云计算阶段。

（1）电厂模式阶段

电厂模式就好比是利用电厂的规模效应来降低电力的价格，此方式让用户使用起来更方便，且无需维护和购买任何计算设备。

（2）效用计算阶段

1960 年左右，计算设备的价格非常昂贵，远非普通企业、学校和机构所能承受，自然而然产生了计算资源共享的想法。1961 年，人工智能之父麦肯锡提出了"效用计算"这个概念，其核心借鉴了电厂模式，具体目标是整合分散在各地的服务器、存储系统以及应用程序来共享给多个用户，让用户能够像把灯泡插入灯座一样来使用计算机资源，并且根据其所使用的量来付费。在效用计算中，计算资源的分配根据用户的需求进行，能够降低客户的总体拥有成本以及外包 IT 运营的费用。

（3）网格计算阶段

网格计算研究如何把一个需要非常巨大的计算能力才能解决的问题分成许多小的部分，然后把这些小部分分配给许多低性能的计算机来处理，最后再把这些计算结果综合起来解决大问题。但是，由于网格计算在商业模式、技术和安全性方面的不足，使得其并没有在工程界和商业界取得预期的成功。

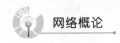

（4）云计算阶段

云计算的核心与效用计算和网格计算非常类似，也是希望 IT 技术能像使用电力那样方便，无需知道所用计算资源在哪，对用户完全透明，并且成本低廉。但与效用计算和网格计算不同的是，在需求方面已经有了一定的规模，同时在技术方面也已经基本成熟。

2．云计算的概念

云计算是一种通过 Internet，以服务的方式提供动态、可伸缩的虚拟化资源的计算模式。云计算是一种按使用量付费的模式，这种模式提供可用的、便捷的和按所需的网络访问，进入可配置的计算资源共享池。计算资源主要包括网络、服务器、存储、应用软件、服务等。在计算资源共享池中，只需投入少量的管理工作或与服务供应商进行少量的交互，就能够快速获取资源。

3．云计算特征

云计算是分布式计算、并行计算、效用计算、网络存储、虚拟化、负载均衡等传统计算与网络技术融合与发展的产物。云计算具有以下几个主要特征。

（1）动态资源配置

云计算可为用户提供无限的 IT 资源扩展能力，即根据消费者的需求动态划分或释放不同的物理和虚拟资源，当增加一个需求时，可通过增加可用的资源进行匹配，实现资源的快速弹性提供；如果用户不再使用这部分资源时，可释放这些资源。

（2）需求自助服务

云计算可为用户提供自助化的资源服务。云系统为客户提供一定的应用服务目录，用户可采用自助方式选择满足自身需求的服务项目和内容。用户无需与提供商交互就可自动得到自助的计算资源能力。

（3）便捷访问网络

用户可借助不同的终端设备，通过标准的应用实现网络访问，进而实现对网络的访问达到无处不在。

（4）可计量服务

在云服务过程中，针对用户的不同服务类型，通过计量的方法来自动控制和优化资源配置。也就是说，资源的使用可被监测和控制，是一种即付即用的服务模式。

（5）虚拟的资源

借助于虚拟化技术，将分布在不同地区的计算资源进行整合，实现基础设施资源的共享。

4．云计算的特点

① 数据在云端：不怕丢失，不必备份，可以任意恢复。

② 软件在云端：不必下载自动升级。

③ 无所不在的计算：在任何时间、任意地点，任何设备登录后就可以进行计算服务。

④ 无限强大的功能：具有无限空间和无限速度。

5．云计算的主要服务模式

云计算包括下述几个层次的服务。

（1）基础设施服务

IaaS（Infrastructure-as-a- Service）是基础设施服务的英文缩写。消费者通过 Internet 可以获得计算机基础设施的服务。用户在基础设施上部署和运行各种软件，包括操作系统和应用程序。基础设施通过网络向用户提供计算机（物理机和虚拟机）、存储空间、网络连接、负载均衡和防火墙等基本计算资源。

（2）软件服务

SaaS（Software-as-a- Service）是软件服务的英文缩写。它是一种通过 Internet 提供软件的模式，用户无需购买软件，而是向提供商租用基于 Web 的软件来管理企业经营活动。相对于传统的软件，SaaS 解决方案有明显的优势，包括较低的前期成本，便于维护，快速展开使用等。云提供商在云端安装和运行应用软件，云用户通过云客户端（通常是 Web 浏览器）使用软件。云用户不能管理应用软件运行的基础设施和平台，只能做有限的应用程序设置。

（3）平台服务

PaaS（Platform-as-a- Service）是平台服务的英文缩写。PaaS 是指将软件研发的平台作为一种服务，以 SaaS 的模式提交给用户。平台包括操作系统、编程语言的运行环境、数据库和 Web 服务器，用户在此平台上部署和运行自己的应用。用户不能管理和控制底层的基础设施，只能控制自己部署的应用。因此，PaaS 也是 SaaS 模式的一种应用。但是，PaaS 的出现可以加快 SaaS 的发展，尤其是加快 SaaS 应用的开发速度。

14.2　云计算的核心技术

云计算运用了编程模型、数据存储技术、数据管理技术、虚拟化技术、云计算平台管理等核心技术。

1．编程模型

MapReduce 是一种针对超大规模数据集的编程模型，其主要思想借鉴了函数式编程语言中的一些思想。MapReduce 模式的思想是将要执行的问题分解成 Map（映射）和 Reduce（化简）的方式，用户编写 Map 和 Reduce 两个程序，以及一个在计算机集群上执行多个程序实例的框架。Map 程序从输入文件中读取数据集合，执行所需的过滤和转换，并以键值的形式输出数据集合。按照用户定义的规则对 Map 程序的输出结果进行合并。

MapReduce 程序的执行过程如下：

① 用户程序中的 MapReduce 类库首先将输入文件分割成大小为 16～64MB 的文件片段，用户也可以通过设置参数对大小进行控制。随后，集群中的多个服务器开始执行多个用户程序的副本。

② 在这些副本中，有一个程序为 Master，其他程序为 Worker。由 Master 分配任务，总共需要分配 M 个 Map 任务和 R 个 Reduce 任务。Master 选择空闲的 Worker 并为其分配一个 Map 任务或 Reduce 任务。

③ 被分配到 Map 任务的 Master 读取对应文件片段，从输入数据中解析出键值对，并将其传递给用户定义的 Map 函数。由 Map 函数产生的键值对被存储在内存中。

④ 缓存的键值对被周期性写入本地磁盘，并被分成 R 个区域。这些缓存数据在本地磁盘上的地址被传递回 Master，由 Master 再将这些地址送到负责 Reduce 任务的 Master。

⑤ 当负责 Reduce 任务的 Master 得到关于上述地址的通知时，它使用远程过程调用从本地磁盘读取缓冲数据。随后 Worker 将所有读取的数据按键排序，使得具有相同键的对排在一起。

⑥ 对于每一个唯一的键，负责 Reduce 任务的 Worker 将对应的数据集传递给用户定义的 Reduce 函数。这个 Reduce 函数的输出被作为 Reduce 分区的结果添加到最终的输出文件中。

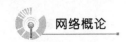

⑦ 当所有的 Map 任务和 Reduce 任务都完成时，Master 唤醒用户程序。此时，用户程序的 MapReduce 调用向用户的代码返回结果。

2. 海量数据分布存储与管理技术

云计算系统由大量服务器组成，因此云计算系统采用分布式存储的方式存储数据，用冗余存储的方式保证数据的可靠性。云计算系统中广泛使用的数据存储系统是 Google 的 GFS 和 Hadoop 团队开发的 HDFS 分布文件系统。

GFS（Google File System）是 Google 文件系统，是一个可扩展的分布式文件系统，用于大型的、分布式的、对大量数据进行访问的应用。GFS 不同于传统的文件系统，是针对大规模数据处理和 Google 应用特性而设计。它运行于廉价的普通硬件上，并可以提供容错功能，给大量的用户提供总体性能较高的服务。

一个 GFS 集群由一个主服务器和大量的块服务器构成，并被许多客户访问。主服务器存储文件系统的元数据，包括名字空间、访问控制信息、从文件到块的映射以及块的当前位置。它也控制系统范围的活动，如块租约管理、垃圾收集、块服务器间的块迁移。主服务器定期与每一个块服务器通信，给块服务器传递指令并收集它的状态。GFS 中的文件被切分为 64MB 的块并以冗余存储，每份数据在系统中有 3 个以上备份。客户与主服务器的交换只限于对元数据的操作，所有数据方面的通信都直接和块服务器联系，这极大提高了系统的效率，防止主服务器负载过重。

云计算需要对分布的、海量的数据进行处理与分析，因此，数据管理技术必须能够高效地管理大量的数据。云计算系统中的数据管理技术主要是 Google 的 BigTable 数据库和 Hadoop 团队开发的 HBase。BigTable 是一个大型的分布式数据库，与传统的关系数据库不同，它把所有数据都作为对象来处理，形成一个巨大的表格，用来分布存储大规模数据。Google 的很多项目使用 BigTable 来存储数据，应用程序对 BigTable 的要求各不相同，数据大小也不同，反应速度也不同（从后端的大批处理到实时数据服务）。对于不同的要求，BigTable 都成功地提供了灵活高效的服务。

NoSQL 是水平可扩展的数据库。水平扩展性指能够连接多个软硬件的特性，这样可以将多个服务器从逻辑上看成一个实体。NoSQL 主要用于大规模的非关系型数据存储，具有模式自由、支持简易复制、简单的 API、最终的一致性（非 ACID）、大容量数据等特性。除键值对存储方式外，NoSQL 还有文档型存储方式、列存储方式、图型存储方式等存储方式。

（1）NoSQL 特点

CAP、BASE 和最终一致性是 NoSQL 数据库存在的三大基石。NoSQL 存储满足了数据存储的横向伸缩性的需求。一些开源的 NoSQL 体系，如 Facebook 的 Cassandra、Apache 的 HBase 等，也得到了广泛认同。

① 运行在 PC 服务器集群上。

PC 集群非常方便并且成本很低，避免了传统商业数据库共享操作的复杂性和高成本。

② 突破了性能瓶颈。

通过 NoSQL 架构可以省去将 Web 或 Java 应用和数据转换成 SQL 格式的时间，执行速度快。

③ 没有过多的需求。

虽然关系型数据库提供了无可比拟的功能集合，而且在数据完整性上也绝对稳定，但是企业的具体需求可能没有那么复杂。

④ 支持者源于社区。

因为 NoSQL 项目都是开源的，所以它们缺乏供应商提供的正式支持。与大多数开源项目一样，NoSQL 项目不得不从社区中寻求支持。

⑤ 弹性扩展。

NoSQL 数据库从设计之初就是为了利用新结点的优势进行透明扩展，通常在设计时就考虑使用低成本的廉价硬件。多年以来，当数据库的负载增加的时候，技术上多采用"纵向扩展"（安置更大型的服务器来承载增加的负载）而不是"横向扩展"（在多台主机上分配增加的负载）。但随着交易率和可用性需求的增加，数据库也正在迁移到云端或虚拟化环境中，横向扩展更为明显。

⑥ 大数据量。

为了满足数据量增长的需要，关系数据库的容量也在日益增加，单一数据库需要管理的数据约束的数量也变得越来越大。通过 NoSQL 系统能够处理的数据量远超出了最大型的关系数据库所能处理数据的极限，如 Hadoop 开源软件已超过目前最大的关系数据库可以管理的数据规模。

⑦ 灵活的数据模型。

键值对存储与文档存储的 NoSQL 允许应用任何结构，即使是定义更加严格的 BigTable，NoSQL 数据库通常也允许创建新的字段。

（2）NoSQL 的潜力

NoSQL 数据库除了具有灵活的可扩缩性和支持大数据量存储外，与关系数据库相比具有的潜力如下所述。

① 降低管理的要求。

虽然关系数据库在可管理性方面做出了很多改进，但是高端的关系数据库系统维护仍然十分昂贵，而且还需要 DBA 参与高端的关系数据库系统的设计、安装和调优。NoSQL 数据库从一开始就是为了降低管理方面的要求而设计的，从理论上来说，自动修复、数据分配和简单的数据模型的确可以降低管理和调优方面的要求。

② 经济效率高。

NoSQL 数据库通常使用廉价的服务器集群来管理数据和事务数量，而关系数据库通常需要依靠昂贵的专用服务器和存储系统来完成这项工作。使用 NoSQL 可使每 GB 的成本或每秒处理的事务的成本都比使用关系数据库的成本少很多，这就可以花费更低的成本存储和处理更多的数据。

③ 灵活的数据模型。

对于大型的关系数据库来说，变更管理是一件很困难的事情。即使只对一个关系数据库的数据模型做了很小的改动，也许还需要停机或降低服务水平。NoSQL 数据库在数据模型约束方面更为宽松。NoSQL 的键值对数据库和文档数据库可以让应用程序在一个数据元素中存储任何结构的数据。

（3）NoSQL 的主要类型

基于存储方式的不同，可将 NoSQL 数据库分为文档式存储、列式存储、键值式存储、对象式存储、图形式存储和 XML 存储的 NoSQL 数据库。表 14-1 所示的内容就是各种典型的 NoSQL 数据库产品，但它们之间也有交叉的情况，如 Tokyo Cabinet / Tyrant 的 Table 既可以划为键值式存储类型，又可以理解为文档式存储类型。

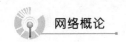

表 14-1　存储类型及其所对应的典型 NoSQL 数据库

存 储 类 型	典型的 NoSQL 数据库产品
文档式存储	MongoDB
	BaseX
	CouchDB
	eXist
	Jackrabbit
	Lotus Notes
	MarkLogic Server
	Terrastore
	OrientDB
列式存储	Hbase
	Cassandra
	Hypertable
键值式存储	Redis
	Tokyo Cabinet/ Tyrant
	Flae
	BigTable
	Memcachedb
	Keyspace
对象式存储	Db4o
	Versant Object Database
	iBoxDB
	GemStone/S
	InterSystems Cache
	JADE
	Objectivity/DB
	ZODB
	ObjectStore
图形式存储	Neo4J
	FlockDB
	AllegroGraph
	DEX
XML 式存储	Berkeley DB XMLBaseX

　　也可以按使用语言类型不同分类，有的 NoSQL 数据库用 C/C++编写，有的用 Java 编写，还有的用 Erlang 编写，每种 NoSQL 数据库都有独到之处，可以根据需要选择使用。

3. 虚拟化技术

　　通过虚拟化技术可实现软件应用与底层硬件相隔离，可将单个资源划分成多个虚拟资源的裂分模式，也包括将多个资源整合成一个虚拟资源的聚合模式。根据对象虚拟化技术可分成存储虚拟化、计算虚拟化、网络虚拟化等。计算虚拟化又分为系统级虚拟化、应用级虚拟化和桌面虚拟化。

4. 云计算平台管理技术

云计算资源规模庞大，服务器数量众多并分布在不同的地点，同时运行着数百种应用。云计算系统的平台管理技术能够使大量的服务器协同工作，方便地进行业务部署和开通，快速发现和恢复系统故障，通过自动化、智能化的手段实现大规模系统的可靠运营。

14.3　云计算的架构

1. 显示层

多数数据中心云计算架构的这层主要是用于以友好的方式展现用户所需的内容和服务体验，并会利用到下面中间件层提供的多种服务，主要有五种技术。

① HTML：标准的 Web 页面技术，现在主要以 HTML4 为主，但是将要推出的 HTML5 会在很多方面推动 Web 页面的发展，如视频和本地存储等方面。

② JavaScript：一种用于 Web 页面的动态语言，通过 JavaScript，能够极大地丰富 Web 页面的功能，并且用以 JavaScript 为基础的 AJAX 创建更具交互性的动态页面。

③ CSS：主要用于控制 Web 页面的外观，而且能使页面的内容与其表现形式之间进行优雅地分离。

④ Flash：业界最常用的 RIA（Rich Internet Applications）技术，能够在现阶段提供 HTML 等技术所无法提供的基于 Web 的应用，而且在用户体验方面也非常不错。

⑤ Silverlight：来自微软的 RIA 技术，虽然其现在市场占有率稍逊于 Flash，但由于其可以使用 C#来进行编程，所以对开发者非常友好。

2. 中间件层

中间件层是承上启下的，在下面的基础设施层所提供资源的基础上提供了多种服务，如缓存服务和 REST 服务等，而且这些服务既可用于支撑显示层，也可以直接让用户调用，主要有下述五种技术。

① REST：通过 REST 技术，能够非常方便地将中间件层所支撑的部分服务提供给调用者。

② 多租户：就是能让一个单独的应用实例可以为多个组织服务，而且保持良好的隔离性和安全性，并且通过这种技术，能有效地降低应用的购置和维护成本。

③ 并行处理：为了处理海量的数据，需要利用庞大的 X86 集群进行规模巨大的并行处理，Google 的 MapReduce 是这方面的典型之作。

④ 应用服务器：在原有的应用服务器的基础上为云计算做了一定程度的优化，例如用于 Google App Engine 的 Jetty 应用服务器。

⑤ 分布式缓存：通过分布式缓存技术，不仅能有效地降低对后台服务器的压力，而且还能加快相应的反应速度，例如著名的分布式缓存 Memcached。

3. 基础设施层

基础设施层是为上面的中间件层或者用户准备其所需的计算和存储等资源的，主要有下述四种技术。

① 虚拟化：也可以理解为基础设施层的"多租户"，因为通过虚拟化技术，能够在一个物理服务器上生成多个虚拟机，并且能在这些虚拟机之间实现全面的隔离，这样不仅能降低服务器的购置成本，而且还能同时降低服务器的运行维护成本，成熟的 X86 虚拟化技术有

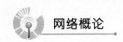

VMware 的 ESX 和开源的 Xen。

② 分布式存储：为了存储海量的数据，同时也要保证这些数据的可管理性，所以需要一整套分布式的存储系统。

③ 关系型数据库：基本是在原有的关系型数据库的基础上做了扩展和管理等方面的优化，使其在云中更适应。

④ NoSQL：为了满足一些关系数据库所无法满足的目标，如支撑海量的数据等，采用了 NoSQL 数据库系统。

4. 管理层

这层是为横向的三层服务的，并给这三层提供多种管理和维护等方面的技术，主要有下面六个方面。

① 账管理：通过账号管理技术，能够在安全的条件下方便用户登录，并方便管理员对账号的管理。

② SLA 监控：对各个层次运行的虚拟机、服务和应用等进行性能方面的监控，以使它们都能在满足预先设定的 SLA（Service Level Agreement）的情况下运行。

③ 计费管理：也就是对每个用户所消耗的资源等进行统计，以准确地向用户索取费用。

④ 安全管理：对数据、应用和账号等资源采取全面的保护，使其免受犯罪分子和恶意程序的侵害。

⑤ 负载均衡：通过将流量分发给一个应用或者服务的多个实例来应对突发情况。

⑥ 运维管理：主要是使运行与维护操作尽可能地专业和自动化，从而降低云计算中心的运行维护成本。

云计算架构中的显示层、中间件层和基础设施层是横向的，通过这三层技术能够提供非常丰富的云计算能力和友好的用户界面；云计算架构中的管理层是纵向的，主要任务是更好地管理和维护横向的三层。

14.4 典型云计算平台

由于云计算技术范围很广，所以各大 IT 企业提供的云计算服务主要是根据自身的特点和优势实现的，目前典型云计算平台主要有 Google、IBM、Amazon 等公司的平台。

1. Google 的云计算平台

Google 的云计算主要由 MapReduce 算法、Google 文件系统（GFS）、BigTable 组成。它们是 Google 云计算基础平台的 3 个主要部分。Google 还构建其他云计算组件，包括一个领域描述语言以及分布式锁服务机制等。Sawzall 是一种建立在 MapReduce 基础上的领域语言，专门用于大规模的信息处理。Chubby 是一个高可用、分布式数据锁服务，当有机器失效时，Chubby 就会使用 Paxos 算法来保证备份。

2. IBM 的蓝云计算平台

蓝云计算平台是由 IBM 开发的企业级云计算平台。该解决方案可以对企业现有的基础架构进行整合，利用虚拟化技术和自动化技术来构建企业的云计算中心，实现企业硬件资源和软件资源的统一管理、统一分配、统一部署、统一监控和统一备份，避免了应用对资源的独占，从而帮助企业实现云计算理念。蓝云特别注重 IT 管理简化方面的突破性需求，以保证安全性、隐私性、可靠性、高使用率和高效率。另外，也主要针对大规模数据密集型工作负载。

IBM 的蓝云计算平台是一套软、硬件平台，将 Internet 上的技术扩展到企业平台上，使得数据中心使用类似于互联网的计算环境。蓝云平台大量使用了 IBM 先进的大规模计算技术，结合了 IBM 自身的软、硬件系统以及服务技术，支持开放标准与开放源代码软件。

蓝云平台基于 IBM Almaden 研究中心的云基础架构，采用了 Xen 和 PowerVM 虚拟化软件、Linux 操作系统映像以及 Hadoop 软件。蓝云的硬件平台环境与一般的 x86 服务器集群类似，使用刀片的方式增加了计算密度。蓝云软件平台的特点主要体现在虚拟机以及对于大规模数据处理软件 Apache Hadoop 的使用上。

蓝云平台的一个重要特点是虚拟化技术的使用。在蓝云中有两个级别的虚拟化的方式：一个是在硬件级别上实现虚拟化；一个是通过开源软件实现虚拟化。硬件级别的虚拟化可以使用 IBM p 系列的服务器，获得硬件的逻辑分区 LPAR（Logic Partition）。逻辑分区的 CPU 资源能够通过 IBM Enterprise Workload Manager 来管理。通过这样的方式加上在实际使用过程中的资源分配策略，能够使相应的资源合理地分配到各个逻辑分区。p 系列系统的逻辑分区最小粒度是 1/10 颗 CPU。Xen 则是软件级别上的虚拟化，能够在 Linux 基础上运行另外一个操作系统。

3. Amazon 的弹性计算云

Amazon 是互联网上最大的在线零售商，为了应付交易高峰，不得不购买了大量的服务器，而在大多数时间，大部分服务器闲置，造成了很大的浪费。为了合理利用空闲服务器，Amazon 建立了弹性计算云 EC2（Elastic Compute Cloud），这是第一家将基础设施作为服务出售的公司。

Amazon 将自己的弹性的变粒度计算云建立在公司内部的大规模集群计算平台上，而用户可以通过弹性计算云的网络界面去操作在云计算平台上运行的各个实例。用户的使用状况决定用户使用实例的付费方式，即用户只需为自己所使用的计算平台实例付费，运行结束后计费也随之结束。这里所说的实例即是由用户控制的完整的虚拟机运行实例。通过这种方式，用户不必自己去建立云计算平台，节省了设备与维护费用。

弹性计算云用户使用客户端通过 SOAP over HTTPS 协议与 Amazon 弹性计算云内部的实例进行交互。这样，弹性计算云平台为用户或者开发人员提供了一个虚拟的集群环境，在用户具有充分灵活性的同时，也减轻了云计算平台拥有者的管理负担。弹性计算云中的每一个实例代表一个运行中的虚拟机。用户对自己的虚拟机具有完整的访问权限，包括针对此虚拟机操作系统的管理员权限。实际上，用户租用的是虚拟的计算能力。

Amazon 通过提供弹性的变粒度计算云满足了小规模软件开发人员对集群系统的需求，减小了维护负担。其收费方式相对简单明了，用户只需为使用的资源付费。

14.5 云计算的应用

（1）云物联

云计算和物联网之间的关系可以这样描述："云计算"是"互联网"中神经系统的雏形，而"物联网"是"互联网"正在出现的末梢神经系统的萌芽。

"物联网就是物物相连的互联网"。这有两层意思：第一，物联网的核心和基础仍然是互联网，是在互联网基础上的延伸和扩展的网络；第二，其用户端延伸和扩展到了任何物品与物品之间，可进行信息交换和通信。

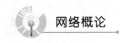

（2）云安全

云安全的策略是使用者越多，每个使用者就越安全。因为如此庞大的用户群，足以覆盖互联网的每个角落，一旦某个网站被挂马或某个新木马病毒出现，就会立刻被截获。

云安全通过网状的大量客户端对网络中软件行为的异常监测，获取互联网中木马、恶意程序的最新信息，并推送到 Server 端进行自动分析和处理，最后把病毒和木马的解决方案分发到每一个客户端。

（3）云存储

云存储是在云计算概念上延伸和发展出来的一个新的概念，是指通过集群应用、网格技术或分布式文件系统等功能，将网络中大量各种不同类型的存储设备通过应用软件集合起来协同工作，共同对外提供数据存储和业务访问功能的一个系统。当云计算系统运算和处理的核心是大量数据的存储和管理时，云计算系统中就需要配置大量的存储设备，那么云计算系统就转变成为一个云存储系统，所以云存储是一个以数据存储和管理为核心的云计算系统。

（4）云呼叫

云呼叫中心是基于云计算技术而搭建的呼叫中心系统。企业无需购买任何软、硬件系统，只需具备人员、场地等基本条件，就可以快速拥有属于自己的呼叫中心，且软硬件平台、通信资源、日常维护与服务由服务器商提供。云呼叫具有建设周期短、投入少、风险低、部署灵活、系统容量伸缩性强、运营维护成本低等众多特点。无论是电话营销中心、客户服务中心，企业只需按需租用服务，便可建立一套功能全面、稳定、可靠、座席可分布各地的呼叫中心。

（5）私有云

私有云是将云基础设施与软、硬件资源创建在防火墙内，以供机构或企业内各部门共享数据中心内的资源。创建私有云，除了硬件资源外，一般还有云设备软件等。

（6）云游戏

云游戏是以云计算为基础的游戏方式。在云游戏的运行模式下，所有游戏都在服务器端运行，并将渲染完毕后的游戏画面压缩后通过网络传送给用户。在客户端，用户的游戏设备不需要任何高端处理器和显卡，只需要基本的视频解压能力。

（7）云教育

流媒体平台采用分布式架构部署，分为 Web 服务器、数据库服务器、直播服务器和流服务器。如有必要可在信息中心架设采集工作站搭建网络电视或实况直播应用，在各个学校已经部署录播系统或直播系统的教室配置流媒体功能组件，这样录播实况可以实时传送到流媒体平台管理中心的全局直播服务器上，同时录播的学校也可以上传存储到信息中心的流存储服务器上，方便检索、点播、评估等各种应用。

（8）云会议

云会议是基于云计算技术的一种高效、便捷、低成本的会议形式。使用者只需要通过互联网界面，进行简单易用的操作，便可快速、高效地与全球各地团队及客户同步分享语音、数据文件及视频，而会议中数据的传输、处理等复杂技术由云会议服务商帮助使用者进行操作。

（9）云社交

云社交是一种物联网、云计算和移动互联网交互应用的虚拟社交应用模式，以建立著名的资源分享关系图谱为目的，进而开展网络社交。云社交的主要特征就是把大量的社会资源统一整合和评测，进而构成一个资源有效池向用户按需提供服务。参与分享的用户越多，能够创造的利用价值就越大。

14.6 大数据问题

大数据问题是云计算的延伸。

1. 背景

近年，来自人们日常生活，特别是互联网服务的数据量飙升。预测 2020 年，全世界需要管理的数据将达到 35 个 ZB，其中主要包括网络日志、音频、视频、图片、地理信息等各种类型，存储在不同地域的各类服务器中。数据是重要的战略资源，隐含着巨大的经济价值，通过对大量数据的交换、整合、分析与利用，可以发现新的知识，创造新的价值，形成大知识和大科技，带来大利润和大发展。因此，许多国家政府已将数据提升为与水、石油、煤炭一样的高度，并将拥有数据的规模和数据分析能力视为国家的核心竞争力。

2. 大数据定义与生态环境

（1）定义

大数据是指规模大、类型多、高变化率的数据集合。大数据的定义至少涉及容量、种类和传输速度三个要素。

数据的增长快速，如何快速访问数据，如何有效处理包含数千万个文档、数百万张照片或者工程设计图的数据集等，成为大数据研究者面临的挑战。

（2）大数据的生态环境

大数据主要来自互联网世界与物理世界。

① 互联网世界。

互联网的发展为数据的存储、传输与应用创造了基础与环境。社交网络服务（SNS，Social Network Service），以认识朋友的朋友为基础，扩展自己的人脉。基于 W2.0 网站建立的社交网络，用户既是网站信息的使用者，也是网站信息的制作者。

② 物理世界。

科学实验是科技人员设计的，其中的数据采集、数据处理需要事先设计，不管是检索还是模式识别，都有科学规律可循。例如，希格斯粒子（又称为上帝粒子）的寻找，采用了大型强子对撞机实验。这是一个典型的基于大数据的科学实验，即至少要在 1 万亿个事例中才可能找出一个希格斯粒子。从这一实验可以看出，科学实验的大数据处理是整个实验的一个预定步骤，这是一个有规律的设计，可以预见性地发现有价值的信息。

3. 大数据的特点

分析大数据的特点对有效传输、存储、处理、应用和管理大数据至关重要。

（1）容量巨大

一般说来，超大规模数据是指 GB（千兆字节，1GB=1 024MB）级的数据，海量数据是指 TB（万亿字节，1TB=1 024GB）级的数据，而大数据则是指 PB（千万亿字节，1PB=1 024TB）级及其以上（EB、ZB 和 YB）的数据。可以想象，容量的指标是动态变化的。相对于当前的 CPU 和存储技术水平而言，系统管理这些规模过大的数据需要特别对待。

（2）类型繁多

大数据包含大量不同的数据和文件类型，如各种声音和电影文件、图像、文档、地理定

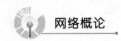

位数据、网络日志、文本字符串文件、元数据、网页、电子邮件、社交媒体供稿、表格数据等。

（3）速度快

大数据的速度快是指数据的变化率高，传统技术并不适于大数据的高速储存、管理和使用。

（4）非结构化

非结构化数据是指在获得数据之前无法预知其结构的数据。目前所获的数据 85%以上是非结构化数据，而不再是纯粹的关系数据，传统的系统无法胜任这些数据的处理。从应用角度来说，非结构化数据的计算是计算机科学的前沿。大数据的高度异构也导致了抽取出合适数量语义信息的困难。

（5）价值密度低

以视频为例，在连续不间断监控过程中，可能有用的数据仅仅为 1～2 秒时间内的数据。

4．大数据的研究领域

大数据可分成大数据科学、大数据技术、大数据工程、大数据应用等领域。大数据科学关注大数据网络发展和运营的过程，注重发现和验证大数据的规律及其与自然和社会活动之间的关系；大数据工程是指大数据的规划、建设、运营和管理；大数据应用的行业和领域有很多，当前大数据的研究主要包括科学决策、应急管理（如疾病防治、灾害预测与控制、食品安全与群体事件等）、环境管理、社会计算以及知识经济的应用领域。

大数据科学是关于数据的科学，是在某个领域中有条件地寻找数据相互关系和普适性规律。因为各领域的数据分析方法和结果存在一定程度的普适性，所以抽取领域的共性科学问题很有意义，但这往往需要较长的时间，需要一段时间的实践积累，通过分层次、不断抽象，共性科学问题才会逐步清晰明朗。科学研究的轨迹是先做白盒模型研究，通过积累就可以抽象出通用性强大的黑盒模型。

大数据研究是一种方法研究，数据本身不作为研究目标，而是作为一种研究方法或一种发现新知识的工具。大数据研究是一种交叉学科研究，它与数据挖掘、统计分析、搜索等人工智能方法密切相关。在传统数据挖掘研究中，当数据维度和规模增大时，所需资源呈指数级增加，但对 PB 级以上（EB、ZB 和 YB）的大数据需要研究新的方法。统计学的目标是从各种类型的数据中提取有价值的信息，进而实现预见性，但一般不强调因果逻辑，需要将其他方法和统计方法结合，采用多元化的方法来建立综合性模型。

目前业界探讨最多的是大数据技术和大数据应用。

5．大数据技术

获取并动态高效处理大数据将成为关键技术。由于大数据的异质异构、非结构及不可信等特征，大数据的管理和分析研究需要解决表示、处理和可靠性等一系列重要问题。

（1）数据量复杂性估算

时间复杂性和空间复杂性是计算机科学的基本问题。对于大数据处理，除了考虑时间和空间复杂性外，还需要考虑数据量复杂性。数据量复杂性是指解决一个问题需要多大的数据量，即需要建立求解一个问题达到某种满意程度需要多大规模的数据量理论。显然，这类问题为预言型数据分析问题。目前社会科学的研究已开始涉及大数据的问题，如舆情分析、情感分析等，这都迫切需要计算机学者与社会科学领域的学者密切合作，共同开拓新的理论。

（2）大数据的表示

利用统一的模型对非结构化数据进行分析处理困难巨大，传统的数据表示方法不能直观地展现数据本身含义。为了有效利用数据并挖掘其中的知识，必须寻找最合适而有效的数据表示方法。目前使用的方法是数据标识，标识方法可减轻数据识别和分类的困难，但标识将给用户增添预处理工作。研究既有效又简易的数据表示方法是进行大数据处理首先必须解决的技术难题之一。

（3）大数据的处理

全球数据量每 18 个月翻一番（遵循摩尔定律），数据规模急剧扩大，已超越现有计算机存储与处理能力。不仅数据处理规模巨大，而且处理需求多样化，数据处理能力已成为企业核心竞争力的关键。而数据处理需要结合多学科探索一种处理新型数据的方法，以便在数据多样性和不确定性的前提下进行数据规律和统计特征的研究。研究的大数据特征包括以下几个方面：

① 非结构性。

大量出现的各种数据本身是非结构化的或弱结构化的，例如，留言、博客、图像和视频数据，等等。如何将这些数据转化成一个结构化的格式是一项重大挑战。

② 不完备性。

数据的不完备性是指在大数据条件下所获取的数据常常包含一些不完整的信息，甚至是错误的数据。数据的不完备性必须在数据分析阶段得到有效的处理。

③ 时效性。

处理大数据的速度非常重要。数据规模越大，分析处理时间就会越长。如果设计一个专门处理固定大小数据量的数据系统，其处理速度可能会非常快，但并不能适应大数据的要求。在许多情况下，用户要求立即得到数据的分析结果，这需要在时间处理速度与规模上折中考虑，并寻求新的方法。

④ 安全性。

大数据高度依赖数据存储与共享，所以，只有积极考虑寻求更好的方法消除各种隐患与漏洞，才能有效地管控安全风险。数据的隐私保护是大数据分析和处理的一个重要问题。而隐私保护既是技术问题也是社会学问题，对个人数据使用不当，尤其是有一定关联的多组数据泄露，将导致用户的隐私泄露。

⑤ 大数据的可靠性处理。

通过数据清洗、去冗等技术来提取有价值数据，实现对数据质量的高效管理。其中，对数据的安全访问和隐私保护已成为大数据可靠性的关键需求，因此，满足对互联网大规模真实运行数据的高效处理和持续服务的需求，数据的可靠性处理将成为重要环节。

6. 大数据处理的工具

Hadoop 是一个开源软件框架，被称为处理大数据的利器。一些大零售商常常通过 Hadoop 平台用大数据锁定客户。Hadoop 平台包括多种专门设计的组件，主要用于解决大规模分布式数据存储、分析和检索任务。但并不是所有的 Hadoop 组件都是必要的，对于一个大数据解决方案，其中的一些组件可取代某些技术，更好地配合用户的需求。

数据为王的时代已经到来，研究热点从计算速度转向大数据处理能力，从编程为主转变为以数据为中心。云计算、社交计算和移动计算三大技术趋势正在重塑着信息世界，并推动数据以更大容量、更多种类及更快速度迅猛增长。中国信息技术的发展比世界任何地方都要

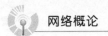

快，数据产生量也是最多的。未来十年，将是一个由大数据引领的智慧科技时代，其广阔的研究领域和应用前景将会越来越受到人们的重视。

● 小　　结

本章概括介绍了云计算技术，主要包括云计算的发展过程、云计算的概念、云计算特征、云计算的特点、云计算的主要服务、云计算典型平台、云计算的核心技术、云计算的应用等；简单介绍了作为云计算延伸的大数据的生态环境、定义与特征、主要技术与应用作。

● 拓展练习

1. 说明云计算的概念与特征。
2. 简述 MapReduce 程序的执行过程。
3. 简述云计算的架构层。
4. 说明大数据产生的源泉。
5. 什么是 NoSQL？有什么用处？
6. Web 1.0 网站与 Web2.0 的主要区别是什么？
7. 科学研究大数据有什么特点？

参 考 文 献

[1] 李环. 计算机网络[M]. 北京：中国铁道出版社，2010.

[2] 陈明. 计算机网络工程[M]. 北京：中国铁道出版社，2010.

[3] 施威铭研究室. 网络概论[M]. 北京：中国铁道出版社，2002.

[4] 谢希仁. 计算机网络[M]. 3 版. 大连：大连理工大学出版社，2000.

[5] 华蓓，钱翔，刘永. 计算机网络原理与技术[M]，北京：科学出版社，1998.

[6] 胡道元. 计算机局域网络[M]. 北京：清华大学出版社，1997.

[7] 陈明. 计算机网络实用教程[M]. 2 版. 北京：清华大学出版社，2008.

[8] 陈明. 计算机广域网络教程[M]. 2 版. 北京：清华大学出版社，2008.

[9] 陈明. 计算机网络设计教程[M]. 2 版. 北京：清华大学出版社，2008.

[10] 陈明. 网络安全教程[M]. 北京：清华大学出版社，2004.

[11] 陈明. 计算机网络协议教程[M]. 2 版. 北京：清华大学出版社，2008.

[12] 陈明. 计算机网络设备教程[M]. 2 版. 北京：清华大学出版社，2009.

[13] 高传善. 局域网与城域网[M]. 北京：电子工业出版社，1998.

[14] 李海泉，李健. 计算机网络安全与加密技术[M]. 北京：科学出版社，2001.

[15] 王利. 计算机网络实用教程[M]. 北京：清华大学出版社，2001.

[16] 陈鸣. 网络工程设计教程[M]. 北京：北京希望电子出版社，2002.

[17] 张公忠. 现代网络技术教程[M]. 北京：电子工业出版社，2000.

[18] 陈明. 计算机网络[M]. 北京：中国铁道出版社，2012.